中国热带农业
科研管理现状与对策研究

魏 艳　卢 琨　刘晓光◎编著

中国农业科学技术出版社

图书在版编目（CIP）数据

中国热带农业科研管理现状与对策研究 / 魏艳，卢琨，刘晓光编著 . -- 北京：中国农业科学技术出版社，2021.3
ISBN 978-7-5116-5223-2

Ⅰ . ①中… Ⅱ . ①魏… ②卢… ③刘… Ⅲ . ①热带 - 农业技术 - 科研管理 - 研究 - 中国 Ⅳ . ① S

中国版本图书馆 CIP 数据核字（2021）第 043623 号

责任编辑 周丽丽
责任校对 李向荣
责任印制 姜义伟 王思文

出 版 者 中国农业科学技术出版社
北京市中关村南大街 12 号 邮编：100081
电 话 （010）82109194（编辑室）（010）82109702（发行部）
（010）82109709（读者服务部）
传 真 （010）82109194
网 址 http://www.castp.cn
发 行 各地新华书店
印 刷 者 北京建宏印刷有限公司
开 本 185 mm × 260 mm 1 /16
印 张 14.5
字 数 300 千字
版 次 2021 年 3 月第 1 版 2021 年 3 月第 1 次印刷
定 价 68.00 元

《中国热带农业科研管理现状与对策研究》编著人员

主 编 著	魏　艳　卢　琨　刘晓光
副主编著	吴　湾　徐磊磊　王小芳　金　琰 李　娜
编 著 者	王　强　孙爱花　吴志霖　杨　丹 阳庆玲　冯　韵　梁信息　陈希用 邓　颂　彭　莎　古宝莹　林紫华 于　佳

前　言

热作农业一直是我国农业重要的组成部分，既为我国天然橡胶作物等重要的工业原料和战略物资供给保障，也为我国1.3亿热区农村人口的全面小康社会建设发挥了重要的支撑作用。在新的历史时期，我国已向基本实现社会主义现代化的奋斗目标进军，安全优质、营养健康的热带农产品将成为承接广大人民群众从温饱需求向营养健康需求转变的重要供给保障，成为国家赋予中国热带农业新的历史担当。此外，随着“一带一路”建设、《区域全面经济伙伴关系协定》（RCEP）签署和海南自贸港建设的深入推进，世界热区和热作产业成为我国农业走出去的重点区域和产业。中国热区小、世界热区大，热带农业在推动构建国内大循环为主体，国内国际双循环相互促进的新发展格局中将发挥更加重要的作用。

然而，当前世界经济全球化与逆全球化并存加速了全球经济秩序重组，新一轮科技革命和产业变革正推动全球价值链重构，中国热带农业将面临前所未有的挑战。例如，随着全球经济一体化的发展，更多的国家将关注点放在提升其在全球价值链中的地位，以获取更大农业生产附加值，谁主导了国际农产品价值链，谁就掌控了价值的流向，构建我国主导的全球热带农产品价值链的作用日益突出。可以预见，未来国际热带农产品市场竞争将更为激烈，东盟国家是世界重要的热带农产品国际供给市场，其凭借优异的农业气候资源、较低的中间投入、低廉的劳动力资源成本等优势直接转化成为国际竞争力优势，更容易承接热带农业产业的国际转移，进而更容易获得国际先进农业生产技术，将对我国热带构建主导的热带农产品价值链形成严峻挑战。此外，国内外消费结构正在改变，海南将打造“国际旅游消费中心”，等等，消费市场日趋注重绿色、健康、营养，绿色食品、无公害食品、有机食品消费渐成时尚，客观要求热带农产品消费要走品质化、开放化、国际化、多元化、精致化的中高端消费之路，消费市场升级必然带来生产升级、农产品换代的需求，这都将对热带农业科技创新发展提出更加严峻挑战。

面对这些严峻挑战，热区各省份需要突破区域性小生产经营圈子的发展思维，用全球化的视角、市场化的思维、价值链的角度来分析研判未来热带农业科技创新发展问题，用热带农业发展的整体性思维来思考我国的热带农业科技创新如何更有效支撑利用国内外热区两种资源、两个市场获取自身发展，需要思考如何构建开放互通区域热带农业科技创新体系，营造创新要素自由流动的创新环境，聚集国际热带农业科技创新人才等形成热带农业科技创新合力，代表国家参与全球科技创新竞争，为新一轮全球热带农产品价值链变革提前有所准备。这也正是本书梳理热区主要省区热带农业科研管理现状的最终目的，以期通过全面翔实的基础情况梳理分析，便于热带农业科技管理及研究人士掌握我国农业科技发展基本现状与问题、热区各政府农业科技科研政策制定取向等，为未来研究和提出新形势下热带农业科技创新如何高效支撑热带现代农业产业发展的应对战略等提供对策建议参考。

本书共设置了6章，其中，第一章简要阐述了本研究的研究背景与意义；第二章分别从农业科研管理以及科研绩效管理两个角度对农业科研管理、科研绩效管理相关理论基础、研究进展进行了梳理，便于相关农业科技管理研究人士对农业科研进展脉络有个整体了解；第三章从国家整体层面、热区主要省区层面对热带农业科研发展现状与进展进行了梳理，重点对热区主要省区热带农业科技投入、产出、人才、科技政策等方面进行了分析，并结合存在问题提出了相应的对策建议；第四章从科研项目管理、科技成果管理、科技交流与合作、主要科技政策等角度对热区主要省区科技热带农业科研管理实践与经验进行了梳理分析，并提出了相应对策建议；第五章对国内外科研机构绩效管理模式进行了比较分析，通过分析比较国内外主要科研机构在科研绩效管理方面的不同探索路径，以期从中找到值得借鉴的方面；第六章结合上述的梳理分析，总结出目前我国热带农业科研管理存在的主要问题，并初步提出了热带农业科研管理优化升级对策建议。

本书可供各级农业科研部门领导干部、有关决策部门、科技管理部门、科技政策研究工作者等参阅。由于时间和水平有限，书中难免有不足之处，恳请读者谅解并提出宝贵意见。

刘晓光

2021年1月

目　录

第一章

热带农业科研管理的研究背景和意义

一、研究背景

自《国家中长期科学和技术发展规划纲要（2006—2020年）》颁布后，我国财政投入科技的比例不断增长，为推动我国科技事业的发展提供了强有力的支撑。但是在科技实力不断提升的过程中，也存在科研项目安排不合理、管理方法落后、资金使用不透明等问题，亟待解决。农业科研单位承担着我国主要的科研任务，有效推动了农业科技的创新与发展，加快科技成果转化以及农业经济发展。因此，农业科研单位的科研管理工作显得尤为重要，是科研人员提高工作效率，提升科技产出的重要保障。

2017年5月12日，农业部、国家发展改革委、商务部、外交部共同发布的《共同推进“一带一路”建设农业合作的愿景与行动》中指出，要以农业科技交流合作为先导，打造优势技术、重点产品农业合作大通道，多渠道加强沿线国家间知识分享、技术转移、信息沟通和人员交流。随着“一带一路”建设的稳步推进，我国热带农业对外合作也迎来前所未有的发展机遇，热带农业对外合作领域不断拓展。在“一带一路”沿线国家和地区中近一半是热带国家，我国的热区面积虽小，但热带农业技术水平较高，科技人才储备雄厚，与热带国家在热带农业产业领域具有明显的互补性和广阔的合作空间。热带农业对外合作已逐渐成为我国与世界各国和地区外交合作的重要载体。提升热区农业科技水平，是响应国家号召推进农业对外合作的重要保障，而提升热区农业科研管理水平是重要前提。因此，如何提升热区农业科研管理水平是目前我国热区农业科研单位的重点工作之一。

近年来，为了进一步做好科研项目管理、科技成果管理、经费管理、推动科技创新以及提高科研人员的研发积极性，国家相继出台了一系列相关政策文件。2012年，《中共中央、国务院关于深化科技体制改革加快国家创新体系建设的意见》；2014年，《国务院关于改进加强中央财政科研项目和资金管理的若干意见》(国发〔2014〕11号);2015年,《农业部关于深化农业科技体制机制改革加快实施创新驱动发展战略的意见》(农科教〔2015〕3号);2016年,中共中央办公厅、国务院办公厅联合印发的《关于进一步完善中央财政科研项目资金管理等政策的若干意见》(国发〔2016〕50号),《国务院关于印发2016年推进简政放权放管结合优化服务改革工作要点的通知》(国发〔2016〕30号);2017年,科技部、财政部联合印发的《国家重点研发计划管理暂行办法》(国发〔2014〕11号),财政部、科技部、教育部、发展改革委联合印发的《关于进一步做好中央财政科研项目资金管理等政策贯彻落实工作的通知》;2018年,《国务院关于优化科研管理提升科研绩效若干措施的通知》(国发〔2018〕25号),中共中央办公厅、国务院办公厅印发了《关于进一步加强科研诚信建设的若干意见》(厅字〔2018〕23号)。这些政策的出台为科研项目、经费管理、科研管理指明了方向,把科研人员从烦琐的日常填报各种表格、提交各种总结报告中解放出来,精简了各种报账、审计流程,赋予科研人员更大的自主权,增加了许多激励政策,提高了科研诚信,进一步鼓励科研人员做创新思考,激发科研人员的能动性。

2014年,《国务院关于改进加强中央财政科研项目和资金管理的若干意见》中指出,要从加强科研项目和资金配置的统筹协调、实行科研项目分类管理、改进科研项目管理流程、改进科研项目资金管理、加强科研项目和资金监管、加强相关制度建设、明确和落实各方管理责任几个方面加强对中央财政科研项目和资金的管理。

2016年,中共中央办公厅、国务院办公厅联合印发的《关于进一步完善中央财政科研项目资金管理等政策的若干意见》指出,要坚持以人为本,以调动科研人员积极性和创造性为出发点和落脚点,强化激励机制,加大激励力度,激发创新创造活力。坚持遵循规律。按照科研活动规律和财政预算管理要求,完善管理政策,优化管理流程,改进管理方式,适应科研活动实际需要。坚持"放管服"结合。进一步简政放权、放管结合、优化服务,扩大高校、科研院所在科研项目资金、差旅会议、基本建设、科研仪器设备采购等方面的管理权限,为科研人员潜心研究营造良好环境。同时,加强事中事后监管,严肃查处违法违纪问题。坚持政策落实落地。细化政策规定,加强督查,狠抓落实,打通政策执行中的"堵点",增强科研人员改革的成就感和获得感。要改进中央财政科研项目资金管理,完善中央高校、科研院所差旅会议管理,完善中央高校、科研院所科研仪器设备采购管理,完善中央高校、科研院所基本建设项目管理,规范管理,改进服务,加强制度建设和工作督查,确保政策措施落地见效。

2016年,《国务院关于印发2016年推进简政放权放管结合优化服务改革工作要点的通知》要求持续简政放权,进一步激发市场活力和社会创造力,扩大高校和科研院所自主权。凡是束缚教学科研人员积极性创造性发挥的不合理规定，都要取消或修改；凡是高校和科研院所能够自主管理的事项，相关权限都要下放，特别是要扩大高校和科研院所在经费使用、成果处置、职称评审、选人用人、薪酬分配、设备采购、学科专业设置等方面的自主权。落实完善支持教学科研人员创业创新的股权期权激励等相关政策，促进科技成果转化。为教学科研人员从事兼职创业积极创造宽松条件。

2018年，《国务院关于优化科研管理提升科研绩效若干措施的通知》中指出，一要优化科研项目和经费管理，从简化科研项目申报和过程管理，合并财务验收和技术验收，推行“材料一次报送”制度，赋予科研人员更大技术路线决策权，赋予科研单位科研项目经费管理使用自主权和避免重复多头检查6个方面对科研项目和经费进行优化管理。二要完善有利于创新的评价激励制度，从切实精简人才“帽子”，开展“唯论文、唯职称、唯学历”问题集中清理，加大对承担国家关键领域核心技术攻关任务科研人员的薪酬激励几个方面完善评价激励制度。三要强化科研项目绩效评价。要推动项目管理从重数量、重过程向重质量、重结果转变，要实行科研项目绩效分类评价，要严格依据任务书开展综合绩效评价。强化契约精神，严格按照任务书的约定逐项考核结果指标完成情况，对绩效目标实现程度作出明确结论，要加强绩效评价结果的应用。绩效评价结果应作为项目调整、后续支持的重要依据，以及相关研发、管理人员和项目承担单位、项目管理专业机构业绩考核的参考依据。四要完善分级责任担当机制。建立相关部门为高校和科研院所分担责任机制。项目管理部门应建立自由探索和颠覆性技术创新活动免责机制，对已履行勤勉尽责义务但因技术路线选择失误导致难以完成预定目标的单位和项目负责人予以免责，同时认真总结经验教训，为后续研究路径等提供借鉴。单位主管部门、项目管理部门和其他相关部门要支持高校和科研院所按照国家科技体制改革要求和科技创新规律进行改革创新，合理区分改革创新、探索性试验、推动发展的无意过失与明知故犯、失职渎职、谋取私利等违纪违法行为。对科研活动的审计和财务检查要尊重科研规律，减少频次，与工作对象对相关政策理解不一致时，要及时与政策制定部门沟通，调查澄清。强化高校、科研院所和科研人员的主体责任。主管部门要在岗位设置、人员聘用、内部机构调整、绩效工资分配、评价考核、科研组织等方面充分尊重高校和科研院所管理权限。高校和科研院所要根据国家科技体制改革要求，制定完善本单位科研、人事、财务、成果转化、科研诚信等具体管理办法，强化服务意识，推行一站式服务，让科研人员少跑腿。强化科研人员主体地位，在充分信任的基础上赋予更大的人事财物支配权，强化责任和诚信意识，对严重违背科研诚信要求的，实行终身追究、联合惩戒。完善鼓励法人担当负责的考核激励机制。以科研机构评估为统领，协调推进项目评审、人才评价、机构评估相关工作，形成合力，压实项目承担单位对科研项目和人才的管理责任。主管部门在对所属高校、科研院所开展考核时，应当将落实国家科技体制改革政策情况作为重要内容。对于落实国家科技体制改革政策到位、科技创新绩效突出的高校、科研院所，在申请国家科技计划和人才项目、核定绩效工资总量、布局建设国家科技创新基地、核定研究生招生指标等方面给予倾斜支持。五要开展基于绩效、诚信和能力的科研管理改革试点。科技部、财政部会同教育部、中国科学院在教育部直属高校和中国科学院所属科研院所中选择部分创新能力和潜力突出、创新绩效显著、科研诚信状况良好的单位开展支持力度更大的“绿色通道”改革试点。开展简化科研项目经费预算编制试点。项目直接费用中除设备费外，其他费用只提供基本测算说明，不提供明细。进一步精简合并其他直接费用科目。各项目管理专业机构要简化相关科研项目预算编制要求，精简说明和报表。开展扩大科研经费使用自主权试点。允许试点单位从基本科研业务费、中国科学院战略性先导科技专项经费等稳定支持科研经费中提取不超过 20% 作为奖励经费，由单位探索完善科研项目资金的激励引导机制。奖励经费的使用范围和标准由试点单位在绩效工资总量内自主决定，在单位内部公示。对试验设备依赖程度低和实验材料耗费少的基础研究、软件开发、集成电路设计等智力密集型项目，提高间接经费比例，500 万元以下的部分不超过 30%，500 万～1 000 万元的部分不超过 25%，1 000 万元以上的部分不超过 20%。对数学等纯理论基础研究项目，可进一步根据实际情况适当调整间接经费比例。间接经费的使用应向创新绩效突出的团队和个人倾斜。开展科研机构分类支持试点。对从事基础前沿研究、公益性研究、应用技术研究开发等不同类型的科研机构实施差别化的经费保障机制，结合科研机构职责定位，完善稳定支持和竞争性经费支持相协调的保障机制。对基础前沿研究类机构，加大经常性经费等稳定支持力度，适当提高人员经费补助标准，保障合理的薪酬待遇，使科研人员潜心长期从事基础研究。开展赋予科研人员职务科技成果所有权或长期使用权试点。对于接受企业、其他社会组织委托项目形成的职务科技成果，允许合同双方自主约定成果归属和使用、收益分配等事项；合同未约定的，职务科技成果由项目承担单位自主处置，允许赋予科研人员所有权或长期使用权。对利用财政资金形成的职务科技成果，由单位按照权利与责任对等、贡献与回报匹配的原则，在不影响国家安全、国家利益、社会公共利益的前提下，探索赋予科研人员所有权或长期使用权。

二、研究意义

对热带农业科研管理工作进行研究，不仅有利于明确热带农业科研单位的发展目标，提高热带农业科研单位的科研管理效率，从根本上调动科研人员的主动性，提高其科研水平，也有利于优化热带农业科研资源的配置，提高我国热带农业科技发展水平，加快我国热带农业对外合作的步伐。

（一）有利于增强热带农业科研单位的管理意识

随着国家对科技体制改革的推进，热带农业科研管理的内容也在变化着，涉及的范围也越来越广，传统的管理模式已经不能适应新时代的要求，热带农业科研单位的科研管理人员也亟须与时俱进。通过对国内外热带农业科研管理的现状进行分析与研究，能够加快热带农业科研单位的科研管理人员管理意识的觉醒，可以使得热带农业科研单位的管理人员在今后的工作中，更加注重管理意识的培养，学习借鉴他人的科学管理方法，更好地服务科研人员，促进热带农业科技工作的开展。

（二）有利于提高热带农业科研单位的科研管理水平

在科技兴国的大背景下，国家对农业基础性研究的投入不断加大，热带农业科研单位的科研项目越来越多，给热带农业科研单位的科研发展带来了机遇，同时也带来了挑战。因此，对热带农业科研管理进行研究，可以更好地规范热带农业科研管理的方式与方法，改进目前不太理想的科研管理现状，精简不必要的管理环节，提升热带农业科研单位的科研管理水平。

（三）有利于提高热带农业科研单位科研水平

党的十八大报告中提出了两个“百年目标”，再次强调了农业在经济发展中的基础地位。在新形势下，提升农业科技水平是促进农业生产的重要举措。农业科研院所是我国农业科研的主力军，在构建国家农业创新体系过程中起着重要的作用，农业科研管理作为科研工作的重要组成部分，是提升科研能力、创新农业科技的重要保障（孙敏杰等，2019）。科研管理是农业科研院所进行科研立项、科研创新、成果转化、知识产权管理等一系列科研活动的主要工作手段，也是提高研究所自身学术地位和竞争力的重要举措（程静等，2018）。因此，对热带农业科研管理的研究，有利于提升热带农业科研单位科研项目的管理效率，有利于提高科研创新能力，有利于加快科技成果的转化力度，加强知识产权的管理等，进而促进热带农业科研单位科研水平的发展。

（四）有利于加快热带农业对外合作的步伐

国家乡村振兴战略规划（2018—2022年）提出要积极参与全球粮农治理，加强与“一带一路”沿线国家合作，积极支持有条件的农业企业走出去。在“一带一路”沿线国家中，大多为典型的热带农业国家，这些国家虽然拥有良好的农业资源、巨大的农业市场，但农业技术水平亟待提升。而我国的热带农业技术在境外具有广泛的市场需求。因此，通过对热带农业科研管理的研究，有利于进一步提升我国热带农业科技水平的发展，促进热带农业技术的转移与转让，科技支撑企业走出去，进一步加快热带农业对外合作的步伐，服务国家外交大局。

第二章

农业科研管理以及科研绩效管理研究进展

一、农业科研管理研究进展

（一）内涵和原则

1. 内涵

农业科研管理是农业科研机构开展科研活动、促进科技创新的方式，把管理学融入农业科研整个活动的组织过程中，是为了促进农业科技的发展，对农业科研项目、经费、科技成果转移转化等活动进行科学的规划，合理的整合，并对其执行过程进行监督，提高科学研究的水平与效率，达到预期的效果。农业科技的进步离不开农业科研的发展，而农业科研机构承担着我国主要的科研任务，因此，只有重视和加强农业科研机构的科研管理工作，才能更好地提高科研人员的工作效率，促进科技产出，推动我国农业科技水平的发展。

2. 原则

有效的农业科研管理可以促进农业科研机构科研项目的顺利申报与高效实施，科技成果的产出与转化、科研人才的培养、科研水平的进步。农业科研管理需要协调处理好科研人员的工作积极性、主动性与科研项目管理高效的关系，需要协调处理好农业科学技术研究与农民和企业实际需求的关系，需要协调处理好农业科学技术研究与农业科技成果转化的关系，需要协调处理好科研人才引进与高效管理的关系。农业科研管理需要遵守科研项目及经费管理高效的原则，科研资源优化配置的原则，科研人才工作能动性充分调动的原则，科研成果高水平转化的原则。

（二）理论基础

1. C 管理模式

C 管理模式是根据成中英先生的 C 理论发展而成的一种新型的管理模式，成中英先生结合中国传统文化的五行学说和西方的管理理论提出了 C 理论。王汝平（2009）提出，C 管理模式将中国传统国学与西方现代管理学相结合，构建一个以人为核心，神形兼备，遵循宇宙和自然组织的普遍法则，并能够随机应变的智慧型组织，对企业进行人性化管理的运营模式。C 管理模式坚持构建灵活多变的智慧型组织，强调以人为本，重视人与人之间的沟通交流，主张根据实际情况及时调整与完善管理方式，促进组织的高效发展。C 管理的应用范围主要在企业，但是 C 管理模式的应用空间不应该只局限在企业，在科研机构科研管理的过程中也可以应用和发挥优势。

2. 公平理论

公平理论即社会比较理论，创始人是美国心理学家亚当斯。该理论注重劳动报酬分配制度的合理性、公平性，以及激励制度对于员工工作积极性的影响的研究。公平理论认为，员工的工作主动性受其所得的绝对报酬和相对报酬的影响。员工会将自己在工作中得到的结果与自己的付出做对比，也会将自己的付出与所得与他人的付出与所得进行对比，当他发现自己的报酬达到预期目标的时候，他就会觉得自己受到了公平合理的待遇，会认真工作；相反，当他发现自己的报酬没有达到预期目标就会消极工作。公平理论的主要内容是该理论能够影响和预测员工的行为，通过制度的制定和调整来引导员工的行为，达到人力资源管理的目标（李荣芳，2020）。公平理论在科研管理工作中的运用表现为：科研人员的工作主动性与个人实际报酬的多少有关，科研人员更在意的是他们对报酬的分配是否感到公平（颜佳，2010）。

3. 协同理论

著名物理学家 Hermann Haken 于 1976 年提出了协同理论，主要内容：一是协同效应，二是伺服原理，三是自组织原理（黄祥嘉，2014）。协同理论认为，任何一个系统都是由许多的子系统组成，各个系统间相互作用相互影响，就如同一个单位的部门之间相互合作与配合。协同理论认为，客观世界存在着各种各样的系统，这些远离平衡态的开放系统在与外界有物质或能量交换的情况下，能通过自己内部协同作用，自发地出现时间、空间和功能上的有序结构。协同理论注重对系统内部如何通过子系统间的协同作用，使系统实现由无序向有序转变的研究，即协同导致有序。将协同理论应用于高校科研经费管理，以及促进多元主体合作、提高科研经费管理水平，确保高校科研经费的合理合法使用，是具有很强的适用性和可操作性的（李春阳，2018）。

4. 全面质量管理理论

20 世纪 60 年代初期，美国质量管理专家菲根堡姆首次提出了“全面质量管理”的概念。到 20 世纪 80 年代后期，该理论开始被普遍应用。全面质量管理理论包含 4 个主要理念：一是消费者满意；二是全员参与；三是质量的持续改善；四是依据事实进行管理（胡铭，2007）。全面质量管理是一种全员、全过程、全企业的品质经营，它指一个组织以质量为中心，目的在于通过让顾客满意和本组织所有成员及社会受益而达到长期成功的管理途径。全面质量管理的基本观点包括为用户服务的观点、全面管理的观点、以预防为主的观点和用数据说话的观点。国内外的许多单位的科研管理也正借鉴其管理理念和方法。

（三）国内外农业科研管理研究

1. 国内农业科研管理研究

近年来，随着国家加大对农业科研的投入，农业科研机构的项目和经费持续追加，科技成果产出不断增长，在科研水平提升的过程中，科研项目和经费管理、科技成果转化、科研人才引进等方面的问题越来越多，科研管理工作显得越来越重要。农业科研管理在农业科学研究中起着关键作用，能够把管理学和农业科研有效结合在一起。随着时代的发展，知识和理念的不断更新，传统的农业科研管理正面临着严峻的考验，因此，做好农业科研管理工作的研究迫在眉睫，目前农业科研管理的研究主要包含以下几个方面。

（1）农业科研管理创新发展研究

王曙文等（2010）、杨永坤和赵华（2013）、李尚民等（2015）、何健南（2015）、曹栎等（2016）、杜霖春和董丽晶（2016）、高彩红和杨璞（2016）、田红英（2016）、张小燕等（2016）、还红华等（2017）、卢劲梅等（2018）、韩立英等（2019）、岳佩琪（2020）在科技创新背景下，基于目前我国农业科研管理的实际情况，分析制约科研管理创新发展的因素，提出从创新管理模式、创新管理理念、创新管理思维、创新管理体制机制、加强科研平台建设、改革现有用人制度、完善科研综合评价体系、加强科研管理信息化建设等方面来促进农业科研管理的创新发展。

（2）国内外农业科研管理对比及相关经验研究

张帼俊和李容容（2017）、姜德福和梁美萍（2018）、钟春艳和张斌（2019）从国内外的科研管理政策、管理体系、科研投入等方面进行比较，并借鉴国外的先进管理理念及管理经验，提出提升我国农业科研管理水平的举措。穆德智和尹卫（2012）汇总国外农业科研管理体制和机制概况，总结先进国家的管理经验，提出从完善科技管理体制、加快农业科技成果转化、提高农业科技人才素质，完善农业推广体系和将农业科研管理转向国际化的等方面来构建我国现代农业科技管理新体系。杨振锋等（2014）通过对美国、英国、加拿大、日本和韩国从事果树科研工作的科研机构进行研究，梳理科研管理的先进经验。姜德福和梁美萍（2018）通过汇总国外农业科研管理改革的经验，对我国的农业科研管理改革工作提出相关建议，建议从组建专项小组科研团队、探索独具特色的科研课题、提升农业科研管理的效率和优化农业科研结构体系进行改革。李燕萍等（2011）通过对英国科研经费使用支出管理进行分析，对中国科研经费的管理提出建议，一是管理机构按学科领域分设研究委员会；二是对全部经济成本的详细规定。

（3）农业科研管理存在的问题与对策研究

黄如鑫（2008）、王福军等（2008）、吉晓芹等（2010）、汪秀华等（2010）、楚小强等（2014）、卢劲梅等（2015）、王芸芸（2016）、姜德福（2016）、张连菊（2018）、张有龙等（2018）、王春敏和何瑞（2019）、张立颖等（2019）、夏伏建（2019）、钟伶涵和张丽萍（2018）、刘友梅等（2019）系统梳理了我国农业科研管理的现状，深入总结与剖析我国农业科研管理工作中存在的问题，并从健全科技管理体制、加强科研管理队伍建设，提升管理人员素质、开展绩效评估、优化激励机制，激发科研人员的工作积极性、完善科研管理制度、加强对重大农业科研项目的管理等方面，提出了提升农业科研管理工作效率的对策。

2. 国外农业科研管理研究

国外农业科研机构的设置均立足于本国的基本国情，并根据科技与经济的发展，调整机构设置，进而形成不同的管理模式（穆德智和尹卫，2012）。例如，美国建立了多层次型的农业科研管理模式。美国、韩国等国家对科研机构，用法律方式对农业科研机构进行管理，提高了科研效率。发达国家都比较重视科研经费的投入、科研项目的管理，注重发展跨学科的研究中心，科研管理更加细致化。通过对国外农业科研管理的研究相关文献进行梳理和总结发现，几十年前，西方国家就提出了对于科研人员的管理研究，主要集中在如何留住科研人员、如何提升科研人员工作的满足感以及如何提升科研人员的绩效等方面。Kirchoff et al.（1994）提出科研机构聘请科研人员并不是只看重他们的专业技能，更多的是关注他们的多种才能。James（2002）认为要为科研人员提供一个能够充分展示他们才华的角色，能够激发科研团队做出最好的成绩。Keller（2001）认为科研管理中已广泛接受跨功能团队，团队之间相互合作，减少成本和节约时间，能够提高工作质量。Fournier（2001）提出跨功能团队的科研人员，需要正确有效的管理。

二、国内外科研绩效管理研究

科研绩效管理已在国内外受到高度重视。自 1985 年以来，中国一些研究机构和学者就区域科学技术创新能力和科研绩效进行了综合评价。2002 年 6 月，教育部在《教育部关于充分发挥高等学校科技创新作用的若干意见》文件中指出，必须在全面利用自身的科技和人才优势的基础上，创建并培养出可以独立创新科技的高等学校，使中介科学评价机构服务于社会，在此基础上积极开展科学评价工作。2003 年 5 月，科技部、教育部等五部委联合发布了《关于完善科学技术评价的决定》的相关文件。2003 年 9 月，科技部发布了《科学技术评价方法（试行）》的相关文件。此后，社会各界逐渐注意到科技评价在科研机构发展过程中的重要性和关键作用。科技部科学技术评价中心、中国科学技术发展战略研究院、中国科学技术情报研究院、中国科学院科学技术政策与管理科学研究院、湖南大学、武汉大学信息中心、中国科学评价研究中心、浙江大学、北京理工大学、中国科学院以及中国管理科学研究院等多个单位带头开始进行科学技术评价，其中包括很多涉及科研绩效评价问题，并且取得了一些重要的研究成果。但中国在科研绩效评价方面的研究工作和实证分析还不够深入，科研绩效评价体系尚未完全形成，科研绩效评价的相关理论、模型和方法有待通过进一步研究完善和发展。相比之下，国外研究绩效管理系统处于较为成熟和完善的阶段。1983 年，《美国新闻与世界报道》发布了世界上第一份涉及科研绩效问题的大学排名。1990 年，美国国家科学基金会（NSF）资助了《科学，技术和人类价值》季刊，发表了一系列讨论科研绩效管理的文章。2004 年 6 月，国家科学基金会编辑出版了《科研创新能力质量评价》，阐述了科研绩效评价的社会背景、方向和检验方法。在英国，研究评价活动（RAE）与大学研究资助直接相关，并由 5 个区域资助机构联合组织和实施。RAE 是欧洲较先进的大学科研评价系统之一，已经成为英国监测和改进大学科研质量和水平的有效手段。其他一些欧洲国家也建立了类似于 RAE 的半官方的国家和权威评价机构，例如，法国国家评价委员会和意大利国立大学评价委员会。这些机构的评价结果关系到政府对大学在教育和科研方面的直接和间接拨款，这种做法既有利于促进大学之间的公平竞争，资源分配的优化，也有利于激励大学不断提高自身的科技创新能力（戚湧和李千目，2009）。

（一）国内科研院所的绩效管理现状

国内科研机构的绩效管理起步较晚。20 世纪 90 年代初，促进产学研合作成为深化科技体制改革的主题。为鼓励科研、教育、设计和生产单位以及企业加强科技创新能力，国家出台了一系列政策措施，鼓励大学科研机构加强科研创新，与企业建立各种联系。通过建立国家工程中心，企业技术中心和其他组织，消除了科学研究和生产之间的体制障碍。同时，国家还鼓励集体和个人组建科研或技术服务机构，通过资本市场、投融资体系和担保体系的建设，促进企业的研发投入和技术创新。与此同时，各级科技管理部门开始重视科研论文作为基础研究的评价指标，并相继引入 SCI 和核心期刊作为评价科研机构和研究人员绩效的重要指标。在20世纪90年代中期，随着“科教兴国”战略的提出，我国增加了对基础研究的投资，并利用同行评议为各种政府科技投资计划提供决策支持，使得同行评议方法的使用更彻底。科研绩效评价作为一种新的管理理念，已经被引入科研管理，成为科研管理的重要手段和工具。这是一套以“投入—产出”概念为框架设计的评价指标体系，其运作方式主要是：对科研活动的过程和结果进行综合评价，根据评价结果对科研机构进行排名，最后按等级对资源进行定位和再分配。将评价结果与资源再分配紧密结合在一起，使用评价方法来管理和控制科研过程，是中国科研管理的重要特征。在这种管理模式下，科学研究绩效评价对整个科学研究活动的影响深度和广度实际上不仅取决于科学本身，而且取决于将政治纳入国家目标的国家政治结构的强大程度。

改革开放以来，我国通过不断学习外国先进经验，逐步形成了具有中国特色的科研绩效评价理论体系和科学方法。20世纪80年代以来，科学技术界对科学技术评价越来越重视。同行评议作为国际科学技术界公认的定性评价方法，首先被引入科学研究领域，并成为分配科学技术资源和信誉的重要手段和工具，并且逐渐制度化。1986年，国家自然科学基金委员会秉承公平、公开、公正的原则，率先实施了符合国际标准的同行评审制度。随后，同行评审得到了进一步的推广和使用，成为分配国家科学技术资源的重要工具。同时，在信誉分配方面，同行评议也广泛用于科技奖励和科研成果的评价。20世纪90年代以来，同行评审已被认可并广泛应用于科学技术界（戚湧和李千目，2009）。

1. 国内科研院所绩效管理的发展历程

自20世纪90年代起，我国开始引入绩效管理的理念，众多科研机构开始了绩效考核的探索与实践（沈银书，2015）。但由于起步较晚，我国对绩效的评价目前还处于探索期，还未形成较为统一、权威的评价方法（罗莎莎等，2018）。在逐步市场化的过程中，国内科研机构的绩效管理发展过程大致包含：主观评价阶段，经济效益评价阶段，综合绩效评价阶段和关键绩效指标评价阶段。

（1）主观评价阶段

在市场化改革的初期，部分应用开发机构已经打破了传统的“铁饭碗”和“平均分配”管理模式，建立了灵活的分配机制，并改变了他们能力和贡献的分配标准。但是，由于缺乏管理基础和技术手段，绩效考核主管的意识较强，人为因素的影响较大，考核缺乏标准，因此在这一阶段，领导者有权确定评价结果和收入分配，这时的评价是比较主观的。

（2）经济效益评价阶段

由于市场化的影响以及科研机构的不断发展，利用经济效益来评价绩效的方法应运而生。其中，雇员报酬与经济利益直接相关，以提高经济效率并提高雇员对市场的热情。尽管这种方法在短期内促进了科研机构的发展和盈利能力，但也导致了员工的短期谋利行为，从长远来看，这不利于核心竞争力的提高和团队文化的建设。

（3）综合绩效评价阶段

进入 21 世纪以后，国民经济进入快速发展时期，一些科研机构发展成为从事多种业务的综合性实体，他们认识到全面绩效考核制度的重要性，逐步建立了较为完善的绩效考核制度。在此阶段，绩效管理的主要缺陷是考核指标复杂，定性指标多于定量指标，考核重点不突出，针对性不强，员工参与度和认可度不高。

（4）关键绩效指标评价阶段

近年来，随着现代人力资源管理理论在中国的推广应用，在一些研究所所在地的咨询公司的帮助下，逐步建立了岗位管理制度、招聘管理制度、培训发展制度、绩效管理制度。建立了管理系统，一个薪资和福利相对完整的人力资源管理框架，以及绩效管理关键绩效指标（KPI）评价体系。KPI 评价体系的建立，使得科研机构的绩效管理发展进入新阶段，较之前几个阶段更先进，更高效。在实际应用中，大多数关键绩效指标（KPI）来自部门职责或工作职责，指标之间没有明确的内部联系，它们经常忽略部门或员工绩效与战略实施之间的关系，使得研究成果和贡献在部门以及员工间的分配不公平。

2. 国内科研院所绩效管理研究评述

绩效这一词最开始出现于《企业法》中，随后在 20 世纪 70 年代西方将其应用于公共行政领域，并且在公共管理方面取得了较好的成绩，因此，我国学术界和公共组织也开始研究绩效相关的内容，并将其运用于实践中，以期促进我国管理方面的进步（董文伟和朱李根，2016）。

随着绩效研究的发展，我国在介绍、借鉴西方相关理论的基础上开始研究具有现代意义的绩效管理。我国早期的绩效管理主要是基于业绩和财务指标进行评价，进入 21 世纪之后主要是依靠经济增加值考核方法（EVA）和平衡计分卡（BSC）（王化成和刘俊勇，2004）。常见的 3 种绩效管理模式是财务模式、价值模式和平衡模式，部分学者认为平衡模式更适合我国的国情，他们还以平衡计分卡法建立了绩效综合评价体系（赵全超等，2004）。但是也有学者认为各种方法和模式之间没有特别明显的好坏之分，以 EVA 和 BSC 为例，两种方法分别反映了绩效评价的两个方面，即股东对代理人的绩效评价和代理人对代理企业的整体绩效评价，因此，不同的方法只是侧重的方向不同，在应用时要实事求是，因地制宜（李建丽，2006）。

20 世纪 90 年代，我国进行了科技体制改革，开始重视科研机构绩效管理研究及其实践运用，随着绩效管理研究的深入，我国将绩效管理应用于政府、事业单位、科研机构等。21 世纪以后，我国科研机构逐渐暴露出其管理中存在的问题，例如机构设置结构不合理、人才使用与开发机制不科学、激励机制不顺等，导致我国科研机构绩效管理发展陷入瓶颈期，面对这一困境，学者们对于科研机构绩效管理的理论研究迫在眉睫。

随后，学者们纷纷开始研究不同科研机构的绩效管理，包括电力科研机构、农业科研机构、中医药科研机构等，促进了我国科研机构绩效管理的发展。同时，也有学者做出更细化的研究，跳出企业绩效管理的限制，创新了科研绩效管理的内容。郑艳丽和张景春（2010）通过梳理事业型科研单位评价考核机制的总体思路，在其中增添了新的内容，即量化的考核指标，这一新内容可以提高绩效考核的准确性和有效性。提出的定量考核的方法主要包括 3 个方面的内容：第一，在考核之前，科研单位需要给出工作职责、岗位条件、工作评价的相关标准；第二，将定量考核的内容分为五部分，即“德、能、勤、绩、廉”，每部分都给出了相应的考核标准；第三，对于考核分数的设置，满分 100，及格 60，不及格的将待岗观察或者淘汰。这 3 个方面的内容具体体现了科研事业单位的评价考核的整个过程。吴德（2007）则在绩效管理中引入激励机制，提出了知识型员工激励的原则，知识作为一种无形的资源，在绩效评价过程中很难量化，因此对于知识型员工采取激励的模式更能发挥绩效管理的作用，提高员工工作的积极性。在激励机制的基础上，价值创造、价值评价、价值分配的全过程奖励机制是更有效的激励模式，更有利于促进绩效管理的优化。赵春明（2007）在西方理论的基础上，提出了科研机构实现高绩效的新观点，认为科研机构内部应该实行“内企业家”的管理，体现了科研人员是具有创新精神的“内企业家”，为科研机构绩效管理提供了新思路。王伟安和夏海英（2018）认为在科研事业单位的绩效虽然具有特殊性，但通过平衡计分可以实现多种绩效考核指标之间的相互补充，达到全面考核的目的，而且他们建立的层级较多，说明科研单位的绩效管理比企业单位的绩效管理要复杂很多。除此之外，也有很多学者关注并分析了科研绩效管理的影响因素。总体来看，影响因素主要包括文献计量指标、共词分析、经济指标、同行评议和投入产出指标（申红芳等，2010）。科研机构绩效管理与企业最大的不认同之处就是科研机构更难将经济指标作为绩效考核的主要标准。

由此可见，在尊重科研工作本身规律的基础上，我国科研机构的绩效考核倾向于量化的科学考核，科研机构的绩效考核和绩效管理在发展中逐渐趋于合理。虽然科研机构的绩效管理促进了科研机构稳定发展，但是，绩效管理与考核本身也存在一些弊端，需要对科研机构的绩效管理模式不断进行优化。综观目前研究，我国科研机构的绩效考核管理存在的弊端主要有以下几个方面，一是科研院所的绩效管理模式仍然用的是传统的模式，而传统模式存在很多问题需要解决（杨哲欣，2011）。二是存在科研机构为了追求量化的绩效考核，将管理目标设置过于具体，违背了科研本身的规律。因此，有人提出了“量化并不是设定绩效指标的目标，可验证才是真正的目标”（卢振举，2007）。三是我国绩效考核方式大多是直接照搬国外的经验，且方法过于单一，导致科研机构的管理难以有重大突破。四是对通过科研绩效管理进行科研人员淘汰的研究很少，有少数研究虽有提及，也只是涉及皮毛，缺乏深入研究，国外已经有科研机构采取淘汰机制，并取得了一定成就，因此关于科研机构绩效管理中引入淘汰机制的研究十分有意义。近十年来，对于科研机构绩效管理的实证研究逐渐增多，林连生等（2013）以中国水产科学研究院为例，探索了绩效管理在我国科研机构的实践与应用状况，为优化绩效管理体系添砖加瓦。朱熊（2014）深入分析了中国科学院上海分院绩效管理的模式以及应用的现状，为科研院所的绩效管理优化提供了对策建议。从已有的实证研究来看，我国科研机构绩效管理的应用已经得到推广，但是应用中还存在较多问题亟待解决，因此，优化完善科研机构绩效管理模式的道路还很长。

此外，也有研究通过将国内外科研绩效评价领域的发展和现状进行对比，提出迫切需要解决的问题，一是科研绩效评价和科研绩效管理尚未形成制度化、统一化的理论和方法框架，没有国家级的评价管理机构。西方主要国家已在政府管理和市政管理中实施了绩效评价的技术和方法。日本也在内务省内设立了专门的行政评价局，并在自治省、府和县进行了广泛的科学技术评价。因此中国也应加快建立高效、完善的科研绩效评价体系，以实现国际一体化。二是用于科研绩效评价的知识管理和数据库系统欠缺，以及信息反馈和宣传不足，导致决策者和管理者无法及时调整科研管理政策和科研管理目标。同时，基于评价反馈信息的及时处理科研管理失去了时效性和适应性，大大降低了政策效果。三是评价方法相对简单，评价的深度和广度还不够。同时，科研机构本身对评价工作的理解不足，特别是在项目申请和建设过程中，因为科研机构不愿暴露问题，从而影响了评价结果的准确性（戚湧和李千目，2009）。

总的来说，科学技术是人类文明和社会进步的强大动力。长期以来，分析和评价科学研究的绩效，进行科研绩效管理以及促进科学技术的创新和进步一直是学术界的研究热点。绩效评价和管理理论与方法的科学研究对国家和社会战略的发展具有重要意义。国内对科研机构绩效管理的研究还远远落后于国外。近年来，科研机构也引入了绩效管理的概念，但是缺乏绩效管理的理论知识和实践经验。然而国内相关文献主要回顾了国外的一些主要研究成果，并借鉴国外的理论和经验来描述中国科研机构绩效管理的现状和绩效，能够解决科研绩效管理现有问题的理论创新很少。原因可能是我国科技体制改革的步伐不大，限制了学者对科研机构绩效管理的深入研究（李巨光和李璐，2009）。因此，如何有效抓住改革的“时间窗口”，更加科学地开展绩效管理的研究迫在眉睫（孔伟丽等，2016）。

（二）国外科研院所的绩效管理现状

1. 国外科研院所绩效管理的发展历程

国外的科学研究绩效评价起步于20世纪50年代，其发展分为以下几个阶段，第一阶段是20世纪80年代以前的决策事件阶段；第二阶段是20世纪80—90年代的决策过程阶段；第三阶段是20世纪90年代以后的综合评价阶段。20世纪90年代中后期以来，在一些国际性的专业学术期刊如*Research Technology Management*、*IEEE Transactions on Engineering Management*、*Research Policy*和*R&D Management*等，发表了一系列科研管理和绩效管理的学术论文；在一些综合性的国际学术期刊如*America Economics Review*、*Management Science*、*International Journal of Project Management*等，也发表了不少关于科研管理的研究论文。欧盟、加拿大、澳大利亚和日本等国家和地区在科研绩效管理实践方面进行了有益的探索，为国内外科研绩效管理的研究提供了可借鉴的范例和素材（戚湧和李千目，2009）。

2. 国外科研院所绩效管理研究综述

国外绩效管理始于18世纪，分为以下4个阶段，观察绩效管理、成本绩效管理、财务绩效管理和战略绩效管理。可观察绩效管理阶段主要在19世纪以前，许多企业规模相对较小，绩效管理只停留在观察阶段；成本绩效管理主要是建立以成本指标为核心的成本考核绩效管理体系；财务绩效管理是20世纪40—50年代比较流行的一种管理方法，主要是用财务指标来评价绩效。战略绩效管理自20世纪80年代出现以来，得到了蓬勃发展，并产生了广泛的影响。因此，20世纪90年代以后，战略绩效管理主要在国外流行。

国外绩效管理最初应用于企业，也称企业绩效管理。坎贝尔建立了行为表现模型。该模型包含适合于任何工作绩效评价的8个要素：特定工作细化任务的熟练程度、非特定工作细化任务的熟练程度、书面和口语交流任务的熟练程度、努力程度、保持自律、合作中的相互促进、领导与监督、管理与执行（Campbell et al.，1993）。Borman et al.（1993）提出了关系绩效管理。该模型强调了任务执行的重要性，同时与他人建立了良好的工作关系。实际上，它是“关系绩效和任务绩效的二维模型”。Bernardin（1995）提出了绩效输出模型。该模型将绩效理解为任务的完成，目标的实现以及面向结果的差异。该模型认为，员工绩效差异的根源在于个人执行活动的有效性。Thor（1994）提出的FOM绩效模型包括员工的经验和培训，包括内部和外部素质（例如，盈利能力、生产力、创新、效率和损失），是一项综合评价。Robert et al.（1996）提出了BSC绩效管理模型，即平衡计分卡管理模型，这是一个绩效衡量指标体系，包括财务、客户、内部运营流程、学习和成长4个维度。这是一种综合的绩效管理方法。

上述提及的绩效管理方法多在企业进行实践，也就是说国外科研机构的绩效管理主要基于企业绩效管理的方法和模型。以美国为例，科研机构的大多数绩效管理都是基于对公司绩效管理的借鉴，结合自身的实际情况，并创新性地调整和考虑了科研机构的特殊性，但也有一些科研机构仿照企业的绩效管理方法，根据自身特点对企业的绩效管理方法进行改进，以更准确地进行科研院所的绩效管理与评价，从而促进机构的高效管理，例如，20 世纪 90 年代桑迪亚实验室在使用平衡计分卡进行绩效管理之后的 3 年内，节约了 6 000 多万美元的经费，真正达到了高效管理，为之后的科研院所绩效管理提供了一定经验。

美国科研机构的绩效管理是西方的早期国家，其经验相对丰富。最初的绩效管理由美国国会领导，用于监视美国政府对科学研究的巨额财政投资的效率。为了更好地应用绩效管理，美国于 1993 年开始全面改革绩效管理方法，并颁布了《政府绩效和成果法案》，简称 GPRA，其实施目标包括政府拨款的科研机构，例如，美国国立卫生研究院（NIH）等。GPRA 的主要内容是：尽管科研机构的绩效管理很困难，但也需要继续进行绩效管理，并且必须使科学研究机构处于法律的约束之下，对于一些难以测量的内容，可以找一些灵活的替代方法进行测量。以美国能源部研究院为例，其技术绩效评价的内容包括：关于质量、能源部方面的任务；关于国家需求等相关性的内容；关于如何研究项目管理，使其更加具有有效性；关于如何有效地运行与管理大型设备；采用自我评价、同行评审相结合的方法（Jordan，2001）。这实际上是将绩效评价与科研成果，资金和设备的使用效率以及主管部门的需求密切联系起来，并且在评价中引入第三方因素，从而可以更好地反映科学和有效的绩效评价。自全面实施绩效管理后，美国科研机构取得了以下主要成就。第一，科研机构的绩效管理大大节省了资金。第二，在美国公务员队伍缩水和福利减少的背景下，良好的绩效管理吸引了大量优秀人才，并促进了科学研究任务的完成。自克林顿政府颁布相应的办法，即《政府绩效与结果法》，之后的 20 年间，缩进了政府预算，减少了政府雇员，但隶属于政府的科研机构的数量并未受到影响。公正激励人心的绩效管理“成为维护实验室高素质科技人员和完成国家重要任务的主要因素”。第三，美国在科学技术上处于世界领先地位，这与它的巨额研究投资和更先进的绩效管理有关，并且绩效管理促进科学研究成果的输出。

当然，美国科研机构的绩效管理也存在一些弊端。其中一些比较突出的问题主要包括以下内容。第一，长期科学研究很难进行初步和分阶段的绩效评价。第二，许多科学研究不仅是由一个人完成的，而要依靠科研团队的力量。因此，很难将每个人的研究结果量化，这就使得科研机构的绩效评价缺乏准确性。第三，应用科学研究成果易于衡量，基础理论成果难以衡量（王庆波，2005）。此外，美国科研管理机构也认识到了绩效管理本身存在的一些局限性，一是文献计量法只是数量计算方法，适用于某些计划和领域，对跨领域、跨国家的计划不适用；二是经济回报测评方法可依定量评价科研的经济效益，无法测定社会效益；三是同行评议可突出专业性，却易造成“熟人网络”；四是案例方法可以用于评价研究过程，但不能用于计划之间的比较。因此，在美国有一些学者认为，《政府绩效与结果法》有可能对科研活动造成很大损害，这也正表明，科学研究具有特殊性，科研机构在实施绩效管理的实践中，要不断地进行探索，结合实际，建设富有自身特色的绩效评价体系。

第三章

热带农业科研发展现状与进展

《国家中长期科学与技术发展规划纲要（2006—2020 年）》指出：科学技术是第一生产力，是先进生产力的集中体现和主要标志。创新是引领发展的第一动力，抓创新就是抓发展，谋创新就是谋未来，适应和引领我国经济发展新常态，关键要依靠科技创新转换发展动力。纵观人类发展历史，创新始终是推动一个国家、一个民族向前发展的重要力量，纵观全球，许多国家都把强化科技创新作为国家战略，把科技投资作为战略性投资，大幅度增加科技投入，并超前部署和发展前沿技术及战略产业，实施重大科技计划，着力增强国家创新能力和国际竞争力。

2015 年，中国人均国内生产总值（GDP）超过 8 000 美元，经济总量逐年增长。2016 年 9 月，世界经济论坛（WEF）发布了《全球竞争力报告（2016—2017）》：在全球 138 个经济体中，我国的国际综合竞争力排名第 28 名，保持最具竞争力的新兴市场地位。《2016 年自然指数》显示我国已经成为仅次于美国的全球高质量论文第二大贡献国。欧盟 2016 年全球企业研发投入排行榜显示，全球有 2 500 家研发投入经费最高的企业，中国企业有 327 家，在榜上排名第 3，仅次于美国和日本。根据第四次国家技术预测报告显示，在信息、材料、能源、农业和海洋等 13 个研究领域的 1 049 项技术的中外竞争分析里，我国拥有 195 项领先于世界水平的技术，355 项与同等科技发达国家持平的技术，科技创新进入了跟跑、并跑和领跑“三跑并存”的历史性阶段。每万人口发明专利拥有量达到 4.9 件，2016 年 PCT 专利申请量居全球第 3 位。

根据《国家创新指数报告（2016—2017）》显示，我国国家创新能力排名世界第 17 位。科技创新能力显著增强，创新资源投入持续增加，创新绩效明显提升，科研体系日益完备，科技整体水平处于从量的积累向质的飞跃，从点的突破向系统能力提升的时期。

一、我国 GDP 与 R&D 投入情况

中国热区主要分布在海南省、台湾省、广东省、福建省、云南省、广西壮族自治区（以下简称广西）、贵州省，以及湖南和江西省南部地区，四川省凉山彝族自治州和攀枝花市，贵州省干热河谷地区，西藏自治区（以下简称西藏）的墨脱县、察隅县和波密县的低海拔地区等。热带地区的科技创新发展对热区经济增长和居民经济收入，特别是对热带边境和少数民族地区的农民收入和农业农村发展起到促进作用。

（一）热区主要省区的 GDP 总量情况

2010—2019 年，广东省的 GDP 总量为 6 个省区中最高，2010 年广东省的 GDP 达到 46 013 亿元，此后每两年上一个台阶，2011 年和 2012 年达 50 000 亿元以上，2013—2014 年突破 60 000 亿元，2015—2016 年突破 70 000 亿元，2017—2018 年突破 90 000 亿元，2019 年突破 100 000 亿元（图 3-1）。

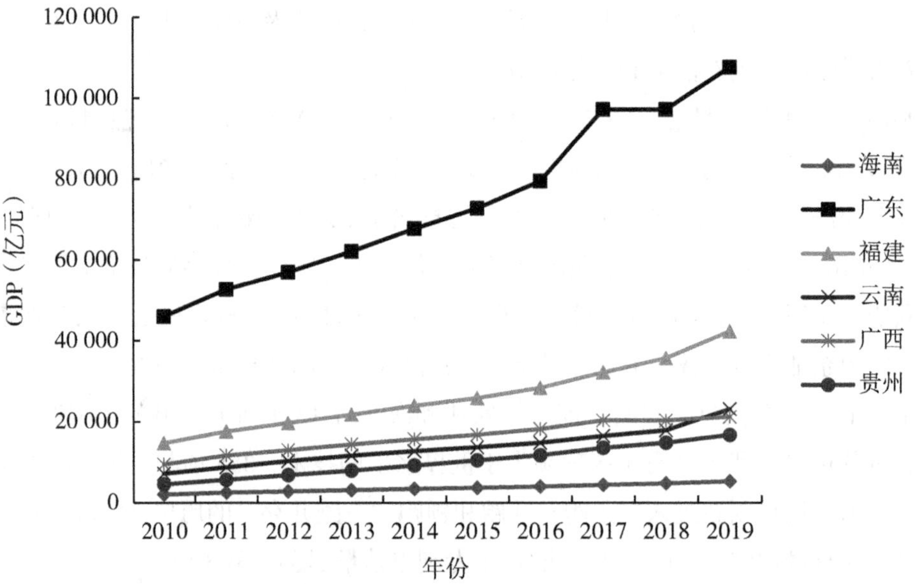

图 3-1　2010—2019 年热区主要省区的 GDP 总值

（数据来源：2010—2019 年热区各省国民经济与社会发展统计公报等）

其次是福建省，2013 年福建省 GDP 也跃上新台阶，超过 20 000 亿元，比 2012 年增长 11%，2017—2018 年突破 30 000 亿元；2011 年广西、2012 年云南和 2015 年贵州的 GDP 分别突破 10 000 亿元，年均 GDP 增幅最大的是贵州省，GDP 连续 7 年保持

10% 的增长率。

2013 年海南省 GDP 突破了 3 000 亿元，2013 年 3 146.46 亿元，2014 年 3 500.7 亿元，2015 年 3 702.8 亿元，GDP 连续 3 年突破 3 000 亿元的纪录；2016—2018 年突破 4 000 亿元，意味着海南省的经济发展上了一个新台阶。

（二）热区主要省区的人均 GDP

海南人均 GDP 水平低于广东和福建，高于云南、广西和贵州，2015 年海南人均 GDP 水平突破 4 万元 / 人，达到 40 818 元 / 人，2017 年人均 GDP 增长到 48 430 元 / 人，比上年增长 9.44%。2018 年，海南人均 GDP 增长到 51 955 元 / 人，上了一个新台阶。广东和福建的人均 GDP 水平分别于 2014 年和 2016 年同时突破 6 万元 / 人和 7 万元 / 人；海南和广西的人均 GDP 水平在 2013 年突破 3 万元 / 人，云南和贵州的人均 GDP 水平在 2016 年突破 3 万元 / 人。2019 年，福建人均 GDP 为热区主要省份中最高，达到 107 139 元 / 人，同比增长了 17.48%；其次是广东，当年人均 GDP 达到 94 172 元 / 人，同比上一年增长了 8.98%，海南的人均 GDP 增长到 56 507 元 / 人，同比上一年增长了 8.76%，均高于云南、广西和贵州的当年人均 GDP 值（图 3-2）。

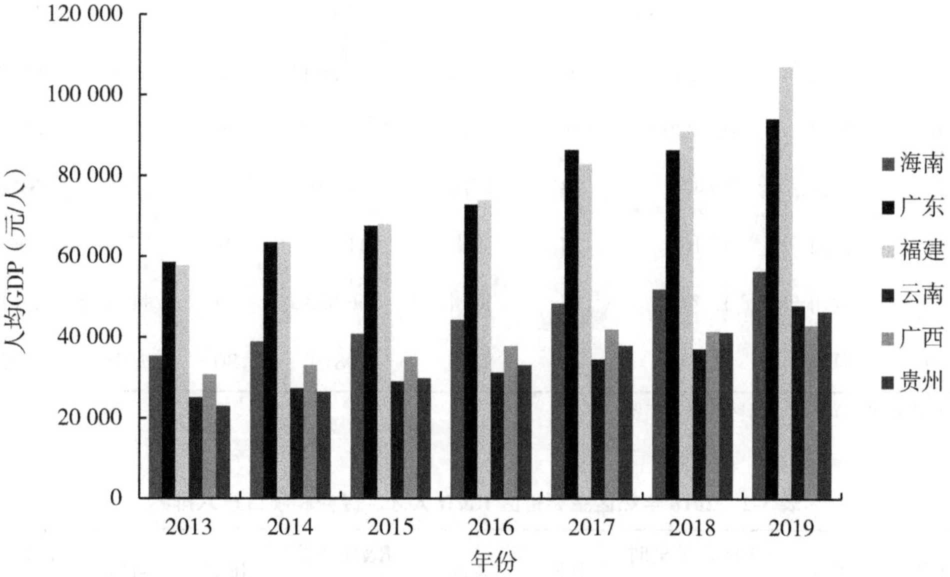

图 3-2 2013—2019 年热区主要省区的人均 GDP

（数据来源：2013—2019 年热区各省国民经济与社会发展统计公报等）

（三）2016 年和 2018 年热区主要省区的科研投入排名

2016 年全国的科学研究与试验发展（Research and Development, R&D）经费全时当量为 270.25 万人 / 年，R&D 经费 10 944.66 亿元，R&D 项目 360 997 项，这 3 个指标，广东均排名前 4，反映出广东省较强且稳定的科技创新投入水平，海南省的这 3 个指标分别略高于青海省和西藏自治区，远远在热区的其他省份之后，明显处于落后水平，属于科技欠发达地区。在热区省份中，2016 年，广东的 R&D 经费支出 1 676.28 亿元，居全国第一位，2018 年增至 2 107.20 亿元，保持全国第一的排名；2016 年广东的 R&D 人员全时当量 423 730 人 / 年，排名第 2，2018 年增至 621 950 人 / 年，排名提高到全国第一；2016 年广东的 R&D 项目 50 740 个，排名第 3，2018 年增至 76 985 个，排名也提高到第二；同年度福建也能进入全国前 10 名，科研经费和人力投入也较大；其次是广西、云南和贵州，R&D 经费支出、R&D 人员全时当量和 R&D 项目这 3 个指标排名在 20 名左右，均排名在海南之前。2018 年，海南的 R&D 经费支出，R&D 人员全时当量和 R&D 项目数的排名均在 29 名（表 3–1 和表 3–2）。

表 3-1　2016 年热区主要省区 R&D 人才、经费和项目投入排名

排名	省区	R&D 人员全时当量（人年）	排名	省区	R&D 经费（万元）	排名	省区	R&D 项目数（项）
2	广东	423 730	1	广东	16 762 749	3	广东	50 740
6	福建	102 250	9	福建	3 882 632	6	福建	12 849
23	广西	19 402	23	广西	827 248	19	云南	3 441
24	云南	17 166	24	云南	741 847	21	广西	2 664
25	贵州	15 774	25	贵州	556 853	25	贵州	2 145
30	海南	2 688	30	海南	79 819	30	海南	552

数据来源：2017 年中国科技统计年鉴。

表 3-2　2018 年热区主要省区 R&D 人才、经费和项目投入排名

排名	省区	R&D 人员全时当量（人年）	排名	省区	R&D 经费（万元）	排名	省区	R&D 项目数（项）
1	广东	621 950	1	广东	21 072 031	2	广东	76 985
6	福建	120 723	8	福建	5 249 417	5	福建	18 716
22	广西	17 228	22	广西	891 031	19	云南	4 216

（续表）

排名	省区	R&D 人员全时当量（人年）	排名	省区	R&D 经费（万元）	排名	省区	R&D 项目数（项）
20	云南	24 048	20	云南	1 070 172	21	广西	2 884
21	贵州	20 041	23	贵州	762 280	22	贵州	2 860
29	海南	1 971	29	海南	113 708	29	海南	548

数据来源：2019 年中国科技统计年鉴。

（四）R&D 经费投入情况

美国基础研究占 R&D 经费的比重基本稳定在 15% ～ 20%，日本则在 12% ～ 17% 波动，且都在不断上升（吕亮雯，2012）。2015 年美国的研发投入高达 5 063 亿美元，居于全球首位，其次是中国、日本、德国、法国和英国，中国的研发投入约为 2 285 亿美元，德国、法国和英国是欧洲科技中心，巴西和澳大利亚是南半球的科技研发中心。我国科技进步贡献率从 2012 年 52.2% 提高至 2017 年的 57.5%，国家创新能力排名从 2012 年第 20 位升至第 17 位。2010—2015 年，我国科技进步贡献率达 55.3%，2016 年，我国农业科技进步贡献率达 56.2%。

（五）R&D 经费支出与 GDP 之比

研发投入强度是 R&D 经费支出与 GDP 之比，是国际上通用反映自主创新能力和技术密集度，以及评价一个区域经济增长质量和发展潜力的重要指标。R&D 经费投入强度小于 1%，说明其科技创新能力弱；1% ～ 2% 则表明具有一定科技创新能力；大于 2% 显示出相对较强的科技创新能力，基本达到创新型国家水平，进入科技发展平稳时期。2011 年全国的 R&D 经费支出与 GDP 之比为 1.78%，2013 年 2.00%，2018 年提高至 2.14%，说明了我国科技创新能力在稳步提升，2011—2018 年，在热区省份中，仅广东的每年研发投入强度高于全国平均水平，从 2011 年的 1.96% 提升至 2018 年的 2.78%，说明了广东的科技创新能力和水平大幅度提高，2012 年开始广东进入科技发展平稳时期。福建省的研发投入强度处于 1% ～ 2%，在热区省份中属于第 2 梯队，具有一定科技创新能力；云南、广西和贵州的研发投入强度在 0.6% ～ 1%，海南的研发投入强度在 0.4% ～ 0.5%，海南的 R&D 经费投入支出和研发投入强度在热区中都是最低，相对而言，海南的科研投入力度有待加强（图 3–3）。

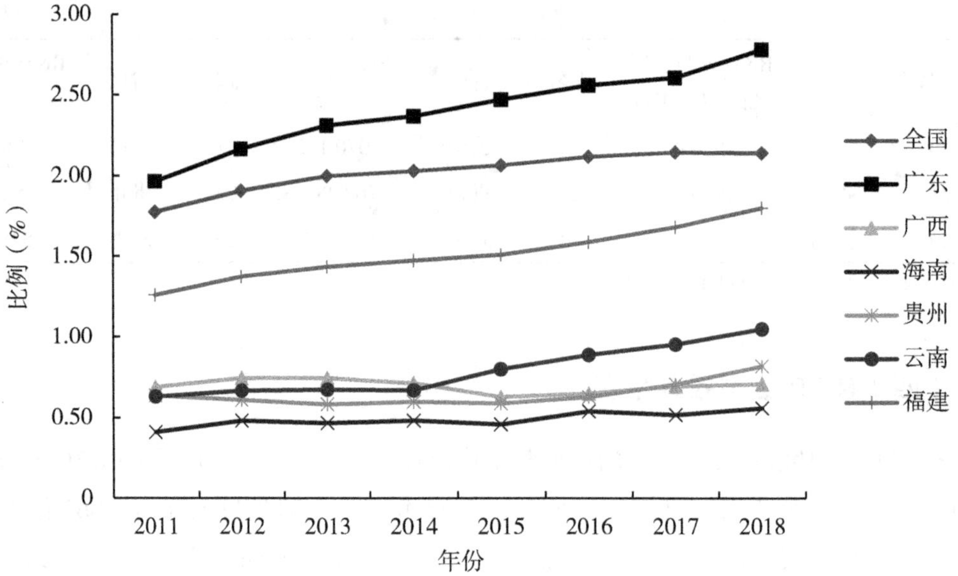

图 3-3　全国及热区主要省区的 R&D 经费支出与 GDP 之比

（数据来源：2019 年中国科技统计年鉴）

（六）科技人力资源投入

人才是科技创新的第一资源，广州和深圳是高素质人才的聚集地，随着粤港澳大湾区的建立，被吸引到大湾区工作的人才比例大幅增长。广东陆续出台并实施了“珠江人才计划”“广东特支计划”和“扬帆计划”三大人才计划，搭建了“留交会”“高交会”人才与成果交流平台。2010—2016 年，广东的科技人才引进增幅最大，2010 年 44.66 万人，2016 年增至 73.52 万人，增幅高达 64.62%。其次是福建，从 2010 年的 17.93 万人增至 2016 年的 27.28 万人，增幅 52.15%。海南的科技人才总量和年增长幅度远低于广东和福建。

人才队伍建设对科技发展发挥至关重要的作用，20 多年来，云南非常重视培养和引进科技人才，从 1995 年启动的云南省中青年学术和技术带头人培养计划，到 2014 年的院士自由探索专项，2017 年的云岭高层次人才专项和高层次创新创业团队专项，实施了一系列的递进式科技人才计划和专项。“十二五”期间云南省投入经费 5.12 亿元对高层次科技人才实施“精准培养”，云南省有 18 名科研工作者入围第三批国家“万人计划”领军人才，其中 5 人入围“科技创新领军人才”人选、13 人入围“科技创业领军人才”人选。除了广东和云南，广西推出的“科教兴桂”和“人才强桂”战略也取得较好成效。

（七）科研产出

专利是科学创新的成果之一，具有排他性、时间性和地域性。专利的研发实力取决于研发机构的创新能力，与科技投入程度、科研基础息息相关，2017 年我国每万人口发明专利拥有量 9.8 件，共发明专利授权 32.7 万件，同比增长 8.2%。截至 2017 年年底，广东每万人口发明专利拥有量在我国各省份排名第 5。专利授权量和 PCT 国际专利申请量均居全国首位，2010—2016 年，广东的专利申请量和授权量在热区中稳居第一，其次是四川和福建，广西和贵州是第 3 梯队，云南和海南处于较弱势；从横向比较，以 2016 年为例，广东专利申请量 505 667 项，专利授权量 259 032 项，授权比例 51.23%，申请量和授权量远高于其他热区省区，但授权比例与福建基本持平，且略低于海南省的 53.01%，福建的专利申请量有 13 万～ 14 万项，贵州、云南和广西分别有 2 万～ 5 万项。省份间纵向比较，广东的专利授权比例逐年减少，广西的减幅最大，从 2010 年的 71.27% 降至 2016 年的 25.08%，每万人口发明专利拥有量为 3.71 件。2017 年贵州专利申请量首次突破 3 万项，同比增长 36.7%，其中发明专利 13 884 项，同比增长 26.8%；授权专利 12 559 项，同比增长 20%。

新一轮科技革命已经在信息、生命、装备、材料、能源、空间、海洋等多个学科和技术领域呈现多点突破、群体推进态势，自主科技创新水平的提升主要依靠基础性研究工作的投入，而基础研究的投入风险大，周期长，回报不确定，部分省区的财政拨款更倾向于应用示范和成果转化类项目，近年来虽然 R&D 经费投入逐年增加，但是基础研究占 R&D 经费的比重一直较低，在热区省份的科技经费投入中“轻基础重应用开发”的现象凸显。

二、广东省

（一）科研投入情况

广东省聚焦粤港澳大湾区国际科技创新中心和科技创新强省建设，坚持问题导向，以深化“放管服”改革为契机，大力提升广东省整体科技创新能力，广东科技创新领跑热区各省，主要优势在总体经济实力强，高新技术产业发展快，创新和创业环境优越，占据粤港澳大湾区的区位优势等。总体呈现出珠三角地区科技创新实力较强，粤西北地区的科技创新实力较弱的趋势（李妍，2018）。广东省农业现代化发展“十三五”规划中提到，广东省农业科技贡献率从 2010 年的 53% 提高到 2015 年的 62.7%，居全国前列。优质水稻、鲜食玉米、生猪、家禽等育种处于国内先进水平，全省主要农作物、生猪、家禽良种覆盖率分别达 97%、95%、85%。构建了农业信息采集监测预警、农业大数据综合应用管理和农业政务管理等信息化平台等。

热区主要省份里，广东对 R&D 的经费投入远远高于其他省份，2011 年广东的 R&D 经费支出突破 1 000 亿，2016 年高达 2 035.14 亿元，是同一年份福建 R&D 经费支出的 4.5 倍，是四川 R&D 经费支出的 3.6 倍，是广西 R&D 经费支出的 17.3 倍。2017 年广东的 R&D 经费支出达到 2 344 亿元，同比上一年增长了 15.18%（图 3-4）。

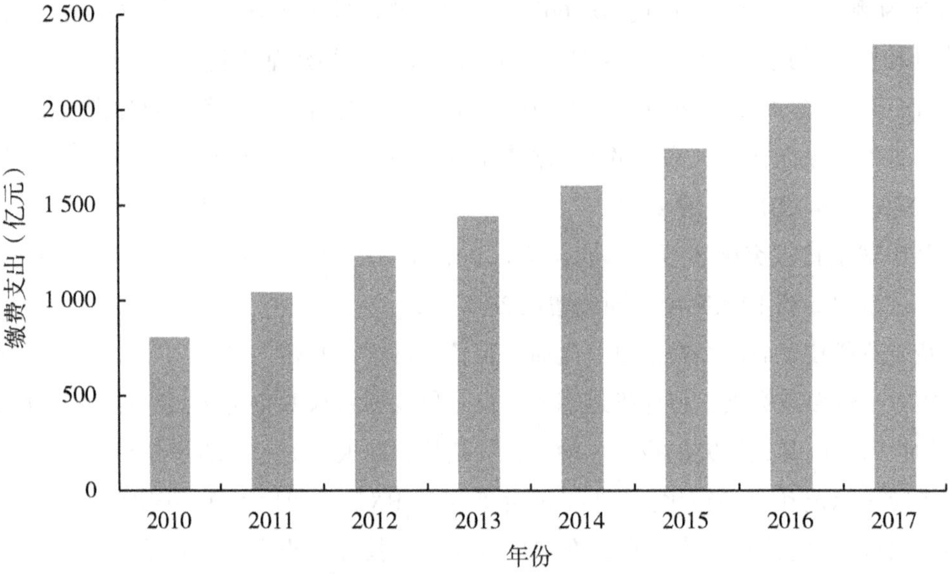

图 3-4 2010—2017 年广东省研究与实验发展（R&D）经费支出

（数据来源：2011—2018 年广东省统计年鉴）

高等学府和著名院校云集广东，也是广东省科技发展的一大优势，2017 年，广东有 2 700 多个项目获国家自然科学基金资助，资助金额达 12.3 亿元。中山大学立项数高达 831 项，位居全国第二，此外，广东省还拨出 32 亿元专项资金继续支持企业研发。到 2019 年年底，广东省高校和科研院所承担国家自然科学基金项目超过 4 000 项，获批中央财政拨款近 20 亿元（李妍，2018）。

2011—2018 年，在热区省份中，仅广东省的每年研发投入强度高于全国平均水平，从 2011 年的 1.99% 提升到 2017 年的 2.61%，2012 年开始广东省进入科技发展平稳时期。2017 年，广东省区域创新能力综合排名居全国第 2 位，此排名已连续保持 7 年，全省 R&D 经费支出 1 627 亿元，占 GDP 比重提高到 2.61%，技术自给率 71%（图 3-5）。

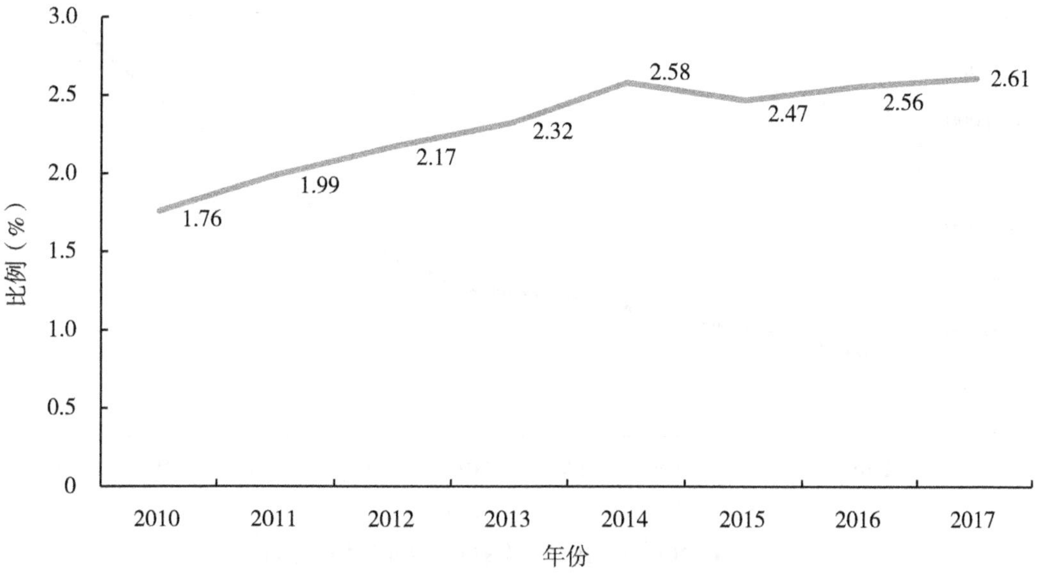

图 3-5　2010—2017 年广东省 R&D 经费支出占地区生产总值（GDP）

（数据来源：2011—2018 年广东省统计年鉴）

（二）科研产出成果

2018 年，广东专利申请量高达 79.38 万件，当年授权量达 47.81 万件，授权比例高达 60.23%。广东有 5 家企业进入了国际专利申请的前 50 强，华为以 4 024 件 PCT 国际专利申请量排名全球企业第一。广东高新技术企业达 3.3 万家，居全国首位，技术市场成交合同金额达 949.48 亿元，技术成交规模在持续扩大。2017 年，“大亚湾反应堆中微子实验发现中微子振荡模式获国家自然科学奖一等奖，填补了我国在中微子基础物理研究领域的空白”（李东璠，2019）（图 3-6）。

2010—2018 年，广东省获得国家科技进步奖 200 多项，高于国家自然科学奖、国家发明奖和国际合作奖等国家级科技奖励成果的数量，2010 年、2014 年和 2018 年度国家级科技奖励的数量达到峰值，每年都突破 30 项。

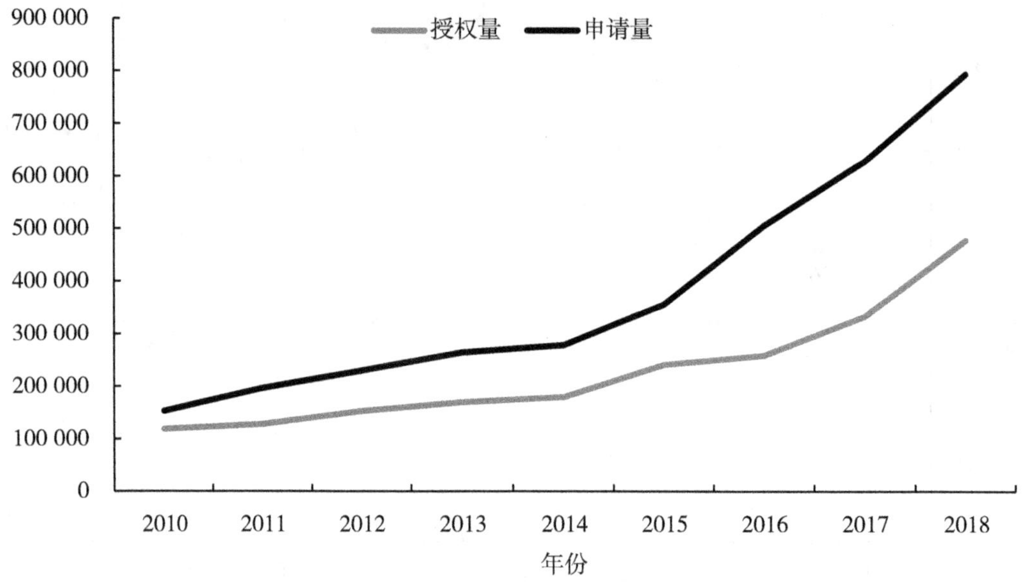

图 3-6　2010—2018 年广东省专利申请和授权情况

（数据来源：2011—2018 年广东省统计年鉴）

（三）激励机制

广东省推出一系列在全国先行先试的重大创新政策，包括激励企业创新投入的普惠性政策、促进科技企业孵化器和新型研发机构建设发展的引导性政策，激励科技人员创新积极性的松绑性政策。运用财政补助机制激励引导企业普遍建立研发准备金制度。对已建立研发准备金制度的企业，省市县财政通过预算安排，根据经核实的企业研发投入情况对企业实行普惠性财政补助，引导企业有计划、持续地增加研发投入。高等学校、科研机构科技成果转化所获收益全部留归单位自主分配，纳入单位预算，实行统一管理，处置收入不上缴国库。科技成果转化收益用于人员激励的支出部分，按国家和省有关规定执行，暂不纳入绩效工资管理。科技人员参与职称评审与岗位考核时，发明专利转化应用情况与论文指标要求同等对待，技术转让成交额与纵向课题指标要求同等对待，有助于激发高校、科研机构的自主创新活力。

（四）人才引进

广州和深圳是高素质人才的聚集地，随着粤港澳大湾区的建立，吸引到大湾区工作的高素质人才比例大幅增长。广东陆续出台实施了“珠江人才计划”“广东特支计划”和“扬帆计划”三大人才计划，搭建了“留交会”“高交会”人才与成果交流平台。2019 年“珠江人才计划”引进团队 44 个、高层次人才 276 名；“广东特支计划”支持打造 20 个广东省科研团队、169 名高层次人才。中山大学、华南理工大学等入选国家建设世界一流大学和一流学科的“双一流”学校。

（五）科技平台建设

广东省科技资源共享服务平台（粤科汇），汇聚了科学仪器、生物种质、科学数据、研究实验基地等多类科技资源，汇聚科研仪器 8 000 多台套，管理单位近 300 家，共享制度 150 例，生物种质 10 多万例，研究实验基地 300 多家。截至 2019 年 8 月，广东省级实验室及社会总投入近 60 亿元，自主立项科研项目超过 200 项，引进高水平人才团队近百个，聚集院士超 200 名，重点投入再生医学与健康、网络空间、先进制造、材料、化学与精细化工、南方海洋、生命信息与生物医药等研究领域。对珠三角地区承建的省实验室采用考核后奖补方式，省财政按不高于省市 1∶2 比例给予奖补；对粤东西北地区承建的省实验室，省财政按照省市 2∶1 比例给予同步支持。

（六）存在问题分析和对策建议

1. 存在问题

（1）科研立项分散和投入重复现象依然存在，各项机制有待完善

广东省科研经费总体投入力度非常大，但仍然存在立项较为分散、各级财政经费投入重复的现象，产学研联合攻关的深度和广度不足，柔性人才引进机制、市场调节下的科研激励机制、大型仪器设备共建共享机制都有待完善。

（2）粤港澳联合科研攻关存在制度和习惯差异

广东省与港澳地区的科研机构和高校在科研管理、财务管理、成果管理等方面的制度和习惯有差异，因此，粤港澳大湾区的联合科研攻关存在诸多困难。“科技创新十二条”发布后，2019 年港澳机构牵头承担或者参与广东省财政科研项目，科研经费已经成功跨境拨付，但仪器设备等科技创新资源的跨境自由流动仍面临制度规则障碍。

2. 对策建议

（1）抓住历史机遇，推动科研攻关

广东省应紧紧抓住粤港澳大湾区和深圳先行示范区的历史机遇，加快推动粤港澳大湾区的科技联合攻关，推动建设粤港澳联合实验室，鼓励建设港澳青年创新创业基地，支持基础研究和应用研究，特别是加大支持生命科学等高精尖前沿领域的科学研究。进一步落实粤港澳大湾区个人所得税优惠政策，充分利用“科技创新十二条”科研人员可办理商务签注往返粤港澳等优惠政策。把珠三角地区作为科技创新的桥头堡，充分发挥深圳和广州的科技创新引领作用，带动粤东和粤西北地区的科技创新发展，推动广东省科技创新整体水平和高新技术产业竞争力提升。

（2）重视重点实验室的建设，探索科技成果转化新机制

布局建设重大科技基础设施集群，创新省部级重点实验室的运行模式，探索重点实验室的绩效评估和跟踪监测模式，探索科技成果处置权、收益权和分配权问题，支持高校和科研院所成立科研成果转化机构，引导和鼓励银行对科技信贷的支持力度，培养科技创新研究团队。

（3）充分发挥广东科技服务业发达优势

在热区省份里，广东省是地区创新能力最强的省份，广东的科技服务业比较发达，拥有广东技术经济发展研究中心、广东省科技信息研究所等开展科技评估评价的科技服务单位，在全国范围仅次于北京和上海；各级政府对科研的财政投入很大，且保持稳定增长的态势，科技成果的市场转化率高，高层次人才引进力度大。

广东省对科研工作的经费支持和政策优惠倾斜力度较大，而且珠江三角洲地区经济发达，生活水平较高，气候条件和人文环境良好，近年来，广东重视优化公共服务机构和设施，兴建国际学校、国际医院、国际文体中心等，加快补齐公共服务短板（李东播，2019）。能吸引高层次科研人才去广东省的高校和科研单位发展。

三、广西壮族自治区

近 10 年广西科研水平一直都在不断发展，科研投入和产出均呈现增长趋势，技术创新机制不断完善，人才引进和激励制度不断优化。但是，与科研水平较高地区相比还存在一定差距，广西科研发展处于低水平状态。

（一）科研投入情况

从广西近十年的科研投入情况来看，R&D 经费投入和科研投入呈现增长趋势。但与全国其他地区相比，研究开发强度低，技术密集度不高。2009—2016 年，科研投入排名基本上保持在 23 位或者 24 位，科研经费投入在全国总体排名靠后，且长期处于较低的排名。2017 年和 2018 年有小幅度的提升，科研投入排名分别为 22 位和 21 位（表 3-3）。

表 3-3　广西近 10 年科研投入情况

项目	2009 年	2010 年	2011 年	2012 年	2013 年	2014 年	2015 年	2016 年	2017 年	2018 年
R&D 经费（亿元）	47.2	62.9	81.0	97.2	107.7	111.9	105.9	117.7	142.2	144.9
R&D 经费投入强度（%）	0.61	0.66	0.69	0.75	0.75	0.71	0.63	0.65	0.77	0.71

（续表）

项目	2009 年	2010 年	2011 年	2012 年	2013 年	2014 年	2015 年	2016 年	2017 年	2018 年
科研投入排名	23/31	23/31	23/31	23/31	23/31	23/31	24/31	24/31	22/31	21/31
R&D 人员全时当量（人年）	10 392	11 895	20 155	20 845	20 700	22 793	19 000	19 402	16 163	17 228

数据来源：国家统计局。

（二）科研产出成果

广西科研产出总体上呈现不断增长的趋势。科学著作、科学论文、专利等都有所发展。2018 年的科学著作为 106 篇，同比增长 25%，比 2009 年增长 68%。但是，科学著作和科学论文中缺乏有影响的国际论文。以 2018 年为例，国内专利申请受理量为 4 323 112 项，广西为 44 224 项占全国的 1%。国内发明专利申请受理量为 1 393 815 项，广西为 20 302 项，占全国的 1.5%，科研产出量远远低于其他地区（表 3-4 和表 3-5）。

表 3-4　主要年份科学著作与科学论文发表情况

项目	2009 年	2010 年	2011 年	2012 年	2013 年	2014 年	2015 年	2016 年	2017 年	2018 年
科学著作（种）	63	72	39	48	87	102	96	108	85	106
科学论文（篇）	2 736	3 104	3 178	3 342	3 328	3 868	3 731	3 024	38 97	3 619

数据来源：广西统计局。

表 3-5　主要年份专利申请统计　　（单位：项）

指标	2009 年	2010 年	2011 年	2012 年	2013 年	2014 年	2015 年	2016 年	2017 年	2018 年
国内专利申请受理量	4 277	5 117	8 106	13 610	23 251	32 298	43 696	59 239	56 988	44 224
国内发明专利申请受理量	1 280	1 574	2 757	6 511	14 382	22 237	30 815	43 078	37 976	20 302
国内实用新型专利申请受理量	2 091	2 512	3 614	5 017	6 755	7 911	97 40	11 599	14 595	18 105
国内外观设计专利申请受理量	906	1 031	1 735	2 082	2 114	2 150	3141	4 562	4 417	5 817
国内专利申请授权量	2 702	3 647	4 402	5 900	7 884	9 664	13 573	14 858	15 270	20 551
国内发明专利申请授权量	326	4 26	634	902	1 295	1 933	4 017	5 159	4 553	4 330

（续表）

指标	2009 年	2010 年	2011 年	2012 年	2013 年	2014 年	2015 年	2016 年	2017 年	2018 年
国内实用新型专利申请授权量	1 506	2 167	2 564	3 422	5 044	6 138	7 091	6 535	7 755	12 069
国内外观设计专利申请授权量	870	1 054	1 204	1 576	1 545	1 593	2 465	3 164	2 962	4 152

数据来源：国家统计局。

（三）激励机制

为了鼓励科技人员申报国家科学技术奖和社会力量科学技术奖，广西制定了相关的管理办法，建立了相应的激励机制及措施。在 2012 年广西壮族自治区人民政府办公厅印发了《关于鼓励科技人员申报国家科学技术奖和社会力量科学技术奖的暂行办法》，办法中提到要建立以下奖励机制。一是加大对国家科学技术奖获奖项目的奖励力度，在国家奖励的同时，自治区以 1∶1 比例的奖金给予奖励；二是以广西为第一完成单位或第一完成人推荐国家科学技术奖并进入答辩程序的项目，自治区给予 2 万元的奖励；三是获经国家登记的社会力量设立科学技术奖项目，自治区视奖项给予项目组适当奖励；四是获国家科学技术奖或经国家登记的社会力量设立科学技术奖的项目主要完成单位（第一完成单位）、主要完成人员（前三名）申报自治区科技计划项目的，在同等条件下予以优选立项支持。

（四）人才引进

在人才引进方面，2016 年广西出台了《关于加强高层次创新型人才队伍建设的实施办法》，办法中对引进的高层次人才实行分类认定制度，按照标准分为 5 个层次，并根据认定的人才层次，在岗位津贴、住房补贴、科研补助、人才激励等方面给予相应支持。办法中将全职引进人才认定为第一至第四层次的人才，自治区财政给予年度税后岗位津贴。标准为第一层次 100 万元，第二层次 30 万元，第三层次 20 万元，连续发放 5 年；第四层次 10 万元，连续发放 3 年。对第一至第四层次人才所带的科研团队分别给予 100 万元、30 万元、20 万元、5 万元税后岗位津贴。对非全职引进的高层次人才，按实际工作时间分别给予每人每月 8 万元、2 万元、1.5 万元、0.8 万元税后岗位津贴。

在住房补贴方面，各层次人才与用人单位签订 5 年以上聘用合同均可享受一次性税后住房补贴。第一至第三层次人才，自治区财政分别给予每人 200 万元、120 万元、100 万元的住房补贴。第四、第五层次人才的住房补贴，用人单位或工作地本级财政根据当地经济社会发展水平来确定补贴金额。

在科研补助方面，对第一至第四层次人才及其团队给予不同的补助，按人才层次分自然科学类和哲学社会科学类分别发放补助。第一层次人才一次性补助 1 000 万元；第二层次自然科学类人才每年补助 100 万元、哲学社会科学类人才每年补助 30 万元，连续补助 5 年；第三层次自然科学类人才每年 60 万元、哲学社会科学类人才每年补助 20 万元，连续补助 5 年；第四层次自然科学类人才每年补助 20 万元、哲学社会科学类人才每年补助 10 万元，连续补助 3 年。用人单位需按照不低于 1∶1 比例提供配套经费。

除了在人才层次、住房补贴、科研补助方面分类补贴，还重点奖励研究成果和贡献突出的高层次人才。对于获评为本行业领域里国际或国家科技奖的人才，区财政将一次性给予 10 万～50 万元奖励。对参加“世界技能大赛”获奖的高技能人才，以及新获“中华技能大奖”“全国技能能手”的高技能人才，区财政一次性分别给予每人 50 万元、20 万元、10 万元奖励。在高层次人才创新创业自主权方面，提出被认定为第一至第四层次的高层次人才，用人单位要确保高层次人才在科研方向、组建科研团队、科研平台建设等方面有充分的自主权。

为了全面对接《粤港澳大湾区建设规划纲要》，深入贯彻落实国务院《关于促进两岸经济文化交流合作的若干措施》，加快构建以“东融”为重点的广西全方位开放发展新格局，更好地吸引和集聚港澳台青年科学家入桂，广西启动了“港澳台英才聚桂计划”，进一步拓展自治区层面招才引智的平台与渠道。2019 年下半年启动实施“港澳台英才聚桂计划”，首批支持领域为中医药、新材料、电子信息、物联网、海洋资源、节能环保、汽车、高端装备制造、制糖等广西重点发展的产业领域，初步考虑是对每名港澳台博士在广西工作期间每月补助生活费 1.25 万元，并给予一定的工作岗位补贴。

为了加快建立中外科研院所、高校与企业间的长期合作关系，吸引东盟国家杰出青年科学家来广西参与科研工作，共同合作培养青年科技领军人才，共同解决面临的共性关键技术问题，为相互发展提供有利的技术和智力支持，进一步夯实广西在东盟国家的科技合作关系，为加强科技人文交流、提升科技创新能力、夯实合作基础等奠定坚实基础。2019 年广西科技厅发布了《百名东盟杰出青年科学家来华入桂工作计划实施指南（2019 年修订版）》。该实施指南的接受对象主要是东盟国家具有博士学位或具有 5 年以上科研从业经验，从事科研工作或科技政策研究工作，资助时间为 6 个月或 12 个月，资助标准分为，生活补助按税前 1.25 万元 / 月，科研工作经费补助 6 个月按 2.5 万元，12 个月按 5 万元，经费由主管部门一次性划拨给接收单位，再由接收单位逐月向外籍专家发放生活费，科研工作经费据实报销。

截至 2020 年 4 月，广西完成“三百二千”科技创新工程任务的 92%，其中“突破

100 项重大技术”完成 81%，“创建 100 家国家级创新平台”完成 91%，“引育 100 个高层次创新人才和团队”完成 94%，“新增 1 000 家高新技术企业”提前一年 100% 完成，“转化 1 000 项重大科技成果”完成 94%。在重大产业科技攻关方面，实施 13 个重大科技专项 112 个项目，突破了 81 项重大技术，在高端铝、装备制造、新能源汽车、高性能新材料等领域产生了一批产业重大科技成果。在引进“高精尖缺”人才方面，2019 年引育高端铝、高端装备制等 13 个领域的高层次人才和团队 94 个。实施“科技部高端外国专家项目”自治区“外专聚桂”项目计划、“东盟杰出青年科学家来华入桂工作计划”等，引进各领域外国高端人才、东盟杰青、港澳台英才等 357 名人才入桂。在转化重大科技成果方面，认定了 91 家自治区级技术转移示范机构，修订“重大科技成果转化项目核验标准”，转化重大科技成果 944 项。

（五）科技平台建设

截至目前的数据显示，广西拥有国家重点实验室有 3 个，广西重点实验室有 96 个，广西工程技术研究中心有 269 个，广西临床医学研究中心有 12 个。在创新平台（载体）建设方面，强化创新平台和载体建设，已创建国家企业技术中心、国家地方联合工程研究中心等 91 家国家级创新平台。桂林市国家可持续发展议程创新示范区成为国家首批 3 个可持续发展议程创新示范区之一。来宾、玉林农业科技园区获批建设国家级农业科技园区，广西国家级农业科技园区达到 6 家。认定首批新型研发机构 23 家。新增 5 家国家级科技企业孵化器，增幅达 50%（广西县域经济网，http://www.gxcounty.com/news/jjyw/20200429/156578.html）。

（六）存在问题分析和对策建议

1. 存在问题

科研项目管理存在的主要问题。长期以来，主要存在科技计划项目管理机制不灵活、管理方式有限等因素影响了科技管理工作的质量和效率，造成以下问题，一是科技管理分散。当前广西科技计划预算由科技厅某处室完成，但具体实施过程监控由多个相关处室管理，管理力量分散、缺乏沟通、共同负责的情况易造成在实施监督中缺少真正的负责部门。二是重立项、轻管理。虽然广西科技计划项目在项目立项前的评审评估、项目资金分配等方面有较为详细的管理流程，但对项目立项后的实施过程、项目验收等工作关注较少，重视程度不高，存在着项目无法按期结题，验收结题率低等问题，项目的实施成效无法及时汇总分析，难以准确评价科技计划投入与产出成效。三是监督管理办法简单。目前科技计划项目监控信息主要是收集项目承担单位填报统计表的方式，缺乏完善的系列跟踪统计调查方法。由于统计表相关指标的设置不合理或不完善，不能全面反映项目的实施情况和实施成效。资料收集手段落后，难以全面收齐资料，无法对项目实施情况做出全面评价。此外，科研管理部门的抽查往往很难全面、深入地了解项目实施过程的真实情况。项目监管运行机制存在缺陷，立项和管理由同一行政主管部门负责，容易出现腐败。专家小组监管时，可能会出现专家也是项目承担者的情况，影响项目的公正评价（纪军，2017 年）。

科研经费管理存在的主要问题。我国财政科技计划项目申报普遍采取“一年一报”制度，广西科研项目申报管理模式上也遵循“一年一报”制，要求每年固定时间段进行集中申报，科技主管部门的科研项目预算年度剩余资金交由财政收回，并对科研项目经费完成情况进行绩效考核。现行科技计划项目“一年一报”制度和结余经费收回管理属于一种静态管理模式，有悖于科学研究“三性”规律，容易造成高质量科研成果产出不多、科研经费的使用效益较低、影响科研人员积极性等问题。突出表现在以下方面，一是立项决策信息不准确，不利于优质项目的刷选。由于科研项目集中申报，项目数量多，评审时间较短，科技管理部门难以为所有申报项目找到合适的小同行评审专家对项目进行全面评审，只能选择大同行专家进行项目立项评审。随着现代科学研究方向的日益细分和深化，即便是同一学科的研究人员之间，对彼此的研究领域也并非十分熟悉，而项目是否立项的依据往往由评审专家的意见决定，这就会造成立项决策信息不准确不全面，让部分创新不强的项目得以立项，不利于优质项目的遴选，不利于前瞻性、重大突破性科研成果的产出。二是科研经费管理不科学。科技管理部门对预算下达绩效考核，在没有全面评估项目进展和完成质量的前提下，只能将年度项目预算全部下达到项目承担单位。项目承担单位和负责人为了使用完下拨的项目资金，有可能盲目购买不必要的实验设备或其他科研资源，造成“突击花钱”的现象，降低了科研经费的使用效益。

2. 对策建议

根据中共中央办公厅、国务院办公厅印发的《关于进一步完善中央财政科研项目资金管理等政策的若干意见》的要求，改进科研项目资金管理，项目年度剩余资金可结转下一年度继续使用，项目完成任务目标并通过验收后，结余资金留归项目承担单位使用，两年内由承担单位统筹安排用于科研活动直接支出，两年后未使用完才按照规定收回。

针对科技项目管理存在的问题，还可以从以下方面提升管理效率：一是建立健全立法监管。改变长期以来科技部门集中大检查的做法，加强监管观念，创新管理方法，科学化监管项目，规范监督的职能、要求、标准等方面。二是采取信息化管理方法。加强项目信息管理系统的开发与应用，简化项目申请立项程序，实现无纸化管理。加强项目的进度管理、质量监督、风险控制，加强数据库建设与应用。三是强化结题管理，实行成果评估。引入第三方专业机构进行项目管理，加强专业机构的遴选择优，科技管理部门及时了解计划项目运行的全过程，加强科技计划全过程的信息公开和痕迹管理，项目管理公开透明，提高管理效率，有利于后期的科技成果转化应用。建立科学合理的成果评估指标体系，保证项目成果评价的公正性和透明度（纪军，2017 年）。

为了探索科学的、有规律的科研项目申报和经费管理模式，可实行科研项目申报常态制和经费管理滚存制的动态管理模式。该模式存在如下优点，一是提高了科研经费的使用效益。动态的管理模式，对项目申报、立项可以做到成熟一项立项一项，避免项目立项盲目性，且有利于优质项目立项和优质科研成果产出。二是能激发科研人员的活力。科研人员在研项目完成的情况下可申请提前结题验收，进而可申请下一个项目，给科研人员提供更多申报科研项目的机会，极大地激发了科研人员的活力，为经济社会发展做出更多的贡献。三是降低科技经费管理风险。在该模式下，科技管理工作者有更多时间对项目申报、评审、立项等环节进行监督，对项目的科学性和可行性作出更准确的判断，提高优质项目立项率，可避免项目结不了题，降低管理风险。

科研项目申报常态制和经费管理滚存制模式主要采取以下方式，一是科技管理部门按照科研项目申报常态制的模式优化管理流程。提前做好规划编好项目指南，建立统一规范的信息管理平台和科技信息制度，为一年 4 次申报或常态申报做好条件准备。二是预算管理部门要按照经费滚存管理的模式统筹好资金安排。设定 5 年左右的科研经费预算管理周期，周期范围内科研经费有结余资金可结转到下年使用，对科研项目较多而预算不足的可提前安排下年预算予以调剂，调动科研人员创新积极性，提高科研经费使用效益。三是绩效管理和监督部门按照常态制和滚存制模式做好监督管理。绩效管理和监督部门按照 5 年左右的时间周期来监督考核科研项目经费执行情况，在考核周期末对经费使用情况进行综合评价。

四、云南省

云南省科研水平一直都在不断发展，科研投入和产出都呈现增长趋势，技术创新机制不断完善，人才引进和激励制度不断优化。近几年随着云南 GDP 的大幅度上调（相比其他省区），科研投入经费也在不断增多。但是，与科研水平较高地区相比还存在一定差距，云南科研发展仍然处于低水平状态。

（一）科研投入情况

近 10 年，云南的科研经费投入和科研人员数量均呈现增长趋势，特别是近两年，云南的科研投入相比过去有着明显的进步。近两年云南的 R&D 经费每年都保持在一个稳定且比较高的增长水平，2018 年 R&D 经费相比 2017 年增长了近 18.70%，2017 年 R&D 经费相比 2016 年增长了近 18.83%，科研投入排名也提前到第 19 位。人员投入也在不断增长，2018 年的 R&D 人员全时当量相比 2017 年增长了 12.41%，2017 年的 R&D 人员全时当量相比 2016 年增长了 24.62%（表 3-6）。

表 3-6　云南科研投入情况

项目	2009 年	2010 年	2011 年	2012 年	2013 年	2014 年	2015 年	2016 年	2017 年	2018 年
R&D 经费（亿元）	37.2	44.2	56.1	68.8	79.8	85.9	109.4	132.8	157.8	187.3
R&D 经费投入强度（%）	0.60	0.61	0.63	0.67	0.68	0.67	0.80	0.89	0.96	1.05
科研投入排名	25/31	24/31	24/31	24/31	24/31	24/31	23/31	22/31	19/31	19/31
R&D 人员全时当量（人年）	6 973	7 589	10 335	12 321	11 811	12 980	16 381	17 166	21 393	24 048

数据来源：国家统计局。

（二）科研产出成果

云南科研产出总体上呈现不断增长的趋势。近十年的国内专利申请受理量（项）呈现增长趋势。2018 年的国内专利申请受理量（项）比 2017 年增长了 27.25%。但从全国来看，全国专利申请受理量（项）为 4 323 112，云南为 36 515 项，约占全国的 0.8%。全国国内发明专利申请受理量（项）为 1 393 815，云南为 9 606 项，约占全国的 0.7%，远远低于其他地区，产出能力较弱（表 3-7）。

表 3-7　主要年份专利申请统计　（单位：项）

指标	2009 年	2010 年	2011 年	2012 年	2013 年	2014 年	2015 年	2016 年	2017 年	2018 年
国内专利申请受理量	4 633	5 645	7 150	9 260	11 512	13 343	17 603	23 709	28 695	36 515
国内发明专利申请受理量	1 637	2 333	2 796	3 324	3 961	4 732	6 301	7 907	7 801	9 606
国内实用新型专利申请受理量	1 825	2 212	3 175	4 482	5 705	6 508	9 147	13 549	17 867	23 655
国内外观设计专利申请受理量	1 171	1 100	1 179	1 454	1 846	2 103	2 155	2 253	3 027	3 254

（续表）

指标	2009年	2010年	2011年	2012年	2013年	2014年	2015年	2016年	2017年	2018年
国内专利申请授权量	2 923	3 823	4 199	5 853	6 804	8 124	11 658	12 032	14 230	20 340
国内发明专利申请授权量	476	652	1 006	1 301	1 312	1 423	2 079	2 125	2 259	2 297
国内实用新型专利申请授权量	1 338	2 026	2 217	3 456	4 322	5 438	7 437	8 063	10 085	15 573
国内外观设计专利申请授权量	1 109	1 145	976	1 096	1 170	1 263	2 142	1 844	1 886	2 470

数据来源：国家统计局。

（三）奖励机制

为了奖励在云南省科学技术进步活动中做出显著贡献的公民、组织，调动科技工作者的积极性和创造性，2000年6月，云南省人民政府发布了《云南省科学技术奖励办法（试行）》。云南省科学技术奖奖励办法按突出贡献类、自然科学类、技术发明类、科学技术进步类和国际科学技术合作类等划分奖励范围和评审标准。云南省科学技术奖突出贡献类、国际科学技术合作类不分等级；云南省科学技术奖突出贡献类每年授予人数不超过1名；云南省科学技术奖国际科学技术合作类每年授予人数或组织不超过3个；其他三类分为一等奖、二等奖、三等奖3个等级，每年奖励项目总数不超过250项。云南科学技术奖励办法的实施，在促进科学研究、技术开发与经济、社会发展方面起到了非常重要的作用，同时促进了云南科技成果商品化和产业化的发展（表3-8）。

表3-8　云南近十年自然科学研究成果科学技术奖成果

年份	申报数	获奖数	一等奖	二等奖	三等奖
2009	411	198	18	40	140
2010	401	174	14	35	125
2011	346	192	21	40	131
2012	360	194	20	41	133
2013	322	180	14	37	129
2014	339	180	14	38	128

（续表）

年份	申报数	获奖数	一等奖	二等奖	三等奖
2015	310	180	26	38	116
2016	311	198	24	39	135
2017	340	196	25	40	131
2018	348	193	27	37	129

数据来源：云南统计年鉴。

（四）人才引进

2016年，云南省制定出台《关于深化人才发展体制机制改革的实施意见》（云发〔2016〕27号），针对评用脱节、培引不够、流动不畅、激励不足等突出问题，提出8个方面33条措施。围绕上述文件，云南省又出台了50多个贯彻落实措施，政策持续向优、平台持续向上、服务持续向好、保障持续向实、氛围持续向良，人才发展体制机制改革效果初显，为人才干事创业提供了坚实的制度保障，为大规模引进高层次人才提供了可能。

为牢固树立人才引领发展战略地位，加快推进人才强省战略，加快高层次人才引进。近年来，云南省先后实施了“百名海外高层次人才引进计划”“高端科技人才引进计划”和“高端外国专家引进计划”，引进了一批高层次创新创业人才，为云南省经济社会发展提供了较好智力保障和人才支持。

2017年，云南省委、省政府统一实施了“云岭英才”计划。实施“云岭英才计划”的意见主要内容包括总体要求，经费补助，创业支持，引才激励，工作机制等。人才引进方面包括重点培养、引进和支持“云岭高层次人才”200名，“云岭高端外国专家”100名，“云岭青年人才”1 000名，“云岭高层次创新创业团队”100个；设置云岭高层次人才、云岭高端外国专家、云岭青年人才、云岭高层次创新创业团队和“人才培养激励”5个专项，对引进人才，给予50万元、100万元、200万元一次性工作生活补贴；同时给予100万元、500万元、3000万元项目经费支持。在资金上予以支持的同时，给予发展基金、贷款贴息、住房保障、办公用房、科研经费、设备采购、税收支持、成果转化8个方面政策支持，对符合条件的引进人才，享受“云南省引进高层次人才绿色通道”有关服务。

2020年，云南省开展了“高层次人才引进计划”“高层次人才培养支持计划”两个计划的项目申报。云南省“高层次人才引进计划”包括高层次人才、高端外国专家、人文社会科学人才、产业人才、青年人才、高层次创新创业团队6个专项。云南省“高层次人才培养支持计划”包括为科技领军人才、云岭学者、产业技术领军人才、首席技师、教学名师、名医、文化名家、青年拔尖人才 8 个专项。

在柔性引才方面，柔性引进的人才（团队），符合条件的，可对应申报云南省“高层次人才引进计划”高层次人才、人文社会科学人才、产业人才、青年人才、高层次创新创业团队 5 个专项。

此外，其他专项还有“科学家工作室”“研修访学”“引才伯乐”“人才培养激励”。其中“引才伯乐”专项是鼓励有条件的部门和单位在发达省区和国外设立招才引智工作站，推荐引进各类人才。

（五）科技平台建设

截至 2018 年，全省共有国家重点实验室 6 个，省重点实验室 63 个，省重点实验室培育对象 25 个；国家工程技术研究中心 4 个，省工程技术研究中心 124 个；国家大学科技园 2 个，国家科技企业孵化器 12 个；国家创新型企业 5 家，国家创新型（试点）企业 8 家，省创新型企业 268 家，省创新型（试点）企业 150 家；国家科技型中小企业 1 379 家，省科技型中小企业 6 734 家；高新技术企业 1 362 家；国家高新技术产业化基地 10 个，省高新技术特色产业基地 18 个；院士专家工作站 242 个。

（六）存在问题分析和对策建议

1. 存在的问题

（1）创新主体能力不强

如果一个地区研发投入低于 GDP 水平，说明该地区经济发展中研发经费少，科技创新含量较低。随着经济新旧动能的转化，创新发展已成为引领发展的第一动力。作为技术创新主体的企业，其创新能力直接影响区域创新能力。云南省 R&D 投入强度与 GDP 长期落后。2009 年云南省 R&D 投入强度为 0.6%，2016 年云南省 R&D 投入强度为 0.89%，排名第 22 至第 25，十年来，云南省 R&D 投入强度长期处于全国下游水平。云南企业创新能力弱是制约区域创新能力的一个重要因素，无论是企业的研发投入、设计能力、生产和制造能力，还是新产品销售收入等均处在低水平状态。在已经发布的《中国区域创新能力评价报告 2019》中，云南区域创新能力综合效用值排在第 22 位，处于较落后的水平。

（2）项目预算调整流程不健全

为进一步落实“放管服”的相关要求，充分下放权限给项目单位，根据科研计划项目资金管理办法的规定，项目单位在项目实施期内可以对项目资金预算进行调剂，但必须按照规定的内容和程序进行。但实际情况却是项目承担单位对经费预算的重视度不够，对项目资金的预算调剂随意性较强。在项目的实施期内发现事先编制的资金预算不尽合理时，往往不进行预算调剂，就随意执行项目经费，或者不按规定进行预算调剂，在后期项目执行中多次进行预算调整，随意性较强，最终给项目验收造成极大的困难（李张华，2019 年）。

（3）结余经费使用率不高

按照科研计划项目资金管理办法的规定，项目单位对项目实施期满，通过验收且信用评价好的，项目结余资金在 2 年内由项目承担单位统筹安排，专门用于科研活动的直接支出。若 2 年后结余资金仍有剩余的，应当按规定收回。但是项目单位对结余经费的后期使用缺乏有效管理，结余经费计划用后续科研活动的经费可能没有得到有效利用，或者列支与科研活动支出无较大关系的费用支出，统筹使用经费没有按照要求及时统筹管理等等，从而造成了科研结余经费利用率低和浪费的情况。

2. 对策建议

（1）企业科研经费预算的编制需要多部门共同参与

项目组应与科研管理部门、财务部门主动地加强沟通交流。紧紧围绕项目研发的目标，结合科研项目的具体要求，充分与财务部门进行对接。财务部门根据相关规定对支出标准及测算依据提出合理化建议，科学准确的判断必须支出的内容、标准、金额及范围，以保证预算编制的严谨度，提高预算编制的科学性和合理性。

（2）严格规范项目结余资金的合理使用

为了进一步规范和加强科研项目经费结余资金使用和管理，保证经费使用的合规性、合理性、有效性，需要制定相应的科研项目结余资金管理办法，项目单位科研主管部门按照各类专项科研资金制定管理办法，财务部门履行好监督责任，明确责任主体，不能将项目结余资金造成大量闲置或挪作他用，只能将结余资金完全用于科研活动的直接支出。这就充分提高了项目结余资金的使用效率，创造出更大的社会价值（李张华，2019 年）。

（3）严格执行科研项目经费预算

科研部门和财务部门应根据经费预算严格执行经费预算。根据项目单位制定的内部报销管理办法并结合相关规章制度，明确开支范围、开支标准。坚持“无预算不支出，有预算不超支”的原则严格执行项目经费预算，项目单位应尊重预算编制的严肃性和约束性，科研部门和财务部门都必须严格执行项目预算，对于有预算的支出，财务部门要严格控制在预算范围内执行，对于无预算的开支坚决不予列支。

加强对项目中形成的资产实施统一管理。项目单位应该将科研项目采购中形成的资产纳入单位的统一核算和管理中。应制定固定资产和无形资产的管理办法，包括购置审批、验收入库、领用保管、维修报损、清理报废等制度，以便对资产实行全方位的监督管理。另外，为了提高资产的利用效率，应该对现有的设备进行充分利用或改造提升，增加功能功效。尽可能避免重复购置设备，造成不必要浪费。

落实科研人员的绩效支出。预算中有绩效支出预算的，项目单位应按照预算额度对科研人员进行公开透明的奖励，充分发挥绩效支出的激励机制作用，体现科研人员的劳动价值。这样不仅充分肯定了科研人员的付出，同时又有利于调动项目单位和科研人员的积极性、创造性，以便更好地执行项目资金的预算（李张华，2019 年）。

五、贵州省

（一）科研投入情况

1. 研究与试验发展（R&D）人力资源投入情况

贵州省研究与试验发展 R&D 人员不断增长。2017 年，贵州省研究与试验发展（R&D）人员为 52 746 人，R&D 人员折合全时当量达到 28 290 人年（2019 年贵州统计年鉴）。

2. 研究与试验发展（R&D）经费投入情况

2017 年，贵州省研究与试验发展（R&D）经费投入 95.88 亿元，经费投入强度为 0.71%，尽管 R&D 投入保持持续稳定增长，但总体水平仍低于国内平均水平。

（二）科研产出成果

1. 专利情况

2013—2017 年，贵州省专利申请数成增加趋势，2013 年仅为 5 449 项，2017 年达到了 10 376 项，较 2013 年增长了 90.42%，同比增长 51.3%，其中发明专利为 4 458 项，同比增长 46.80%。2013—2017 年，贵州省专利授权数从 652 项增加到了 2 247 项，增加了 244.63%，其中，发明专利从 182 项增加到了 339 项。有效发明专利数从 4 080 件增加到了 10 400 件，增加了 154.90%。

2. 论文发表情况

2013—2017 年，贵州省科技论文发表数量从 18 629 篇增加到了 21 251 篇，增加了 14.07%；出版科技著作从 490 篇增加到了 890 篇，增加了 81.63%。

3. 合同登记情况

（1）技术登记合同

2019 年贵州省技术市场共登记合同 2 906 项，同比增长 3.3%；合同成交额为 227.18 亿元，同比增长 32.5%；技术交易额为 74.68 亿元，同比下降 1.40%。2019 年技术交易合同登记数最多的合同类型是技术服务合同，共登记合同 1 073 项，占贵州全省总合同数的 36.9%，同比增长 27.7%；登记合同成交额最多的合同类型是技术服务合同，共登记成交 165.88 亿元，占全省总成交额的 73.0%，同比增长 43.7%。技术服务合同中，合同登记数最多的是一般性技术服务合同，共登记合同 1 037 项，占技术服务合同总登记数的 96.6%；技术开发合同中，合同登记数最多的是委托开发合同，共登记合同 793 项，占技术开发合同总登记数的 84.6%；技术转让合同中，合同登记数最多的是专利权转让合同，共登记合同 15 项，占技术转让合同总登记数的 38.5%。

从知识产权分类来看，2019 年全省登记合同中，共有 589 项合同涉及知识产权，占比为 20.3%；登记成交额为 67.62 亿元，占比为 29.8%。在涉及知识产权的合同中，专利和技术秘密合同成交额分别为 48.44 亿元、14.46 亿元，占比分别为 71.6%、21.4%。

（2）技术吸纳合同

2019 年，贵州省技术市场共吸纳技术合同 5 770 项，成交额为 398.92 亿元，同比下降 22.30%，包括：吸纳省技术合同 2 686 项，成交额为 204.39 亿元；吸纳省外技术合同 3 084 项，成交额为 194.54 亿元。从市场看，贵阳市吸纳技术合同成交额最多，吸纳省内技术合同和吸纳省外技术合同成交额分别为 79.70 亿元、143.31 亿元。

（三）奖励机制

为了做好贵州省科学技术奖励工作，贵州省先后颁布了《贵州省科学技术奖励办法》《贵州省科学技术奖励办法实施细则》等，用于贵州省最高科学技术奖、省自然科学奖、省技术发明奖、省科学技术进步奖和省科学技术合作奖的评奖活动。

2001 年 9 月 30 日，贵州省人民政府令第 56 号令发布《贵州省科学技术奖励办法》，设立省最高科学技术奖、省国际科技合作奖、省科技进步奖；根据 2008 年 8 月 4 日贵州省人民政府令第 107 号《贵州省人民政府修改废止部分规章的决定》第一次修改，增设了科技成果转化奖，社会力量设奖审批改为登记；根据 2010 年 12 月 1 日贵州省人民政府令第 119 号《省人民政府修改部分省政府规章的决定》进行了第二次修改，将省国际合作奖修改为省科技合作奖；根据 2018 年 10 月 19 日贵州省人民政府令第 186 号《省人民政府关于修改和废止部分省政府规章的决定》进行了第三次修改。

2001 年，《贵州省科学技术奖励办法》制定时期，贵州省基础研究和应用基础研究还是比较薄弱的，科学发现较少；技术创新能力较弱，作为技术发明奖重要指标的有效发明专利积累不够，没有单设自然科学奖、技术发明奖，而是分别作为科技进步奖的一个类别。目前参考的是国家科学技术奖的奖种设置及各省（区、市）的情况，《贵州省科学技术奖励办法》中的奖种分为最高科学技术奖、自然科学奖、技术发明奖、科学技术进步奖和科技合作奖。

随着贵州省科技成果数量的增加，每年申报的奖励数量也成增长的趋势，奖励项目的总数增加。但由于奖励项目总数较少，在一定程度上影响了科技奖励申报的积极性，特别是企业，因获奖期望值较低，致使申报数量有限。另外，贵州省已撤销对市、州级的科学技术奖励，增加了奖励项目的总数，这有利于调动市（州）高校、院所和企业申报奖励的积极性，从而调动科技人员的科技创新主动性。

（四）人才引进

为深入贯彻落实《国务院办公厅关于改革完善博士后制度的意见》（国办发〔2015〕87号）、《人力资源社会保障部全国博士后管理委员会关于贯彻落实〈国务院办公厅关于改革完善博士后制度的意见〉有关问题的通知》（人社部发〔2017〕20号）精神，不断深化改革贵州省博士后制度，进一步提升贵州省博士后工作内涵建设，切实发挥博士后科研流动站（工作站）聚集培养高层次人才、推动科技创新、服务经济社会发展，助推决战脱贫攻坚、决胜同步小康的作用。贵州省出台了《贵州省人民政府办公厅关于改革完善博士后制度的实施意见》（黔府办发〔2018〕6号），这是全面落实党的十九大和贵州省第12次党代会精神的重要举措，对于牢固树立创新、协调、绿色、开放、共享的发展理念、深入实施创新驱动发展战略和人才优先发展战略、推进人才发展体制改革和政策创新、创新管理制度、完善体制机制，健全服务体系具有重要的作用，利于为贵州省经济社会的跨越发展做出重要的贡献，有利于吸引、培养高层次青年人才。到2020年，贵州省博士后研究人员招收培养数量进一步增加，博士后科研成果转换率显著增长，人才吸引效应也得到了显著增强。

根据贵州省战略性新兴产业发展规划，贵州省探索建立博士后研究院培养方式，鼓励市场主体和科研机构围绕重点产业创新研发需要，主动与“双一流”高校及国家级科研院所加强合作，借助高校、科研院所博士后的培养资源及科研优势，促进了贵州省重点产业科研成果的本土转化，助力高层次人才规模化培养及相关产业的转型升级发展。并结合重点科研基地和项目培养，鼓励设站单位、备案的非设站单位依托国家重点科研基地或承担的国家重大科技项目招收培养博士后研究人员，并鼓励设站单位围绕博士后研究人员组建科研创新团队，支持博士后研究人员参与国家和省重点领域、重大专项、前沿技术和重大科学研究计划。

另外，贵州省大力吸引国内外博士来贵州从事博士后研究，支持有条件的设站单位设立博士后国际交流项目，鼓励设站单位与国际国内一流大学、科研院所等签订博士后研究人员交流协议，定期或不定期开展学术交流活动，进一步提升学术水平，深入推进博士后学术交流活动。建立了实时、动态评估体系，遵循“客观、公正、科学、简便”的原则，依照规范的标准、程序、方法开展评估工作。

（五）科技平台建设

《贵州省人民政府办公厅关于改革完善博士后制度的实施意见》（黔府办发〔2018〕6号）中指出，贵州省要建设科技交流平台，为博士后人才、科技成果与用人单位和市场的信息沟通搭建服务交流平台，最大限度发挥好科技服务团作用，采取项目对接、科研成果落地转化、技术服务等形式，为贵州省战略性新兴产业和特色优势产业提供服务指导；支持有关地区、部门和社会组织搭建博士后交流平台，进一步推进博士后人才和科技项目对接。并提出，创新平台能有效提高自主创新能力、促进技术引进和创新成果转化。2018年，贵州省科技厅积极整合科技资源，搭建创新载体，不断加大对创新平台的投入和管理，创新平台建设取得新进展。

1. 园区平台升级

贵州省“1+8”开放创新平台阵容进一步扩大，并超前谋划了申建贵遵安国家自主创新示范区；设立了省级六盘水高新区、黔西南高新区方案；新建30家省级农业科技园区，全省累计150家。

2. 企业平台增强

2018年，贵州全省又新增高新技术企业299家，截至2018年年初，已经有高新技术企业891家、科技型企业1 108家；初步确定18家企业作为“独角兽、瞪羚企业”培育对象；在“双千工程”中，组织开展“千企面对面”、科研机构服务企业行动计划，对全省1 464家科技型企业开展面对面服务，投入经费6 600万元引导科研机构服务企业；与建行合作设立500万科技贷款风险资金池，支持中小微科技企业融资；落实科技型企业创新优惠政策，兑现296家高新技术企业后补助经费8 285万元，363家科技型中小企业享受研发费用加计扣除32 231.90万元、减免企业所得税8 057.98万元。

3. 研发平台创新

2018年，全省具有5家国家重点实验室、5家国家工程技术研究中心；中国科学院FAST重点实验室在贵州挂牌。启动“马歇尔专项”，引进诺贝尔奖获得者巴里·马歇尔及团队，以政府拥有、委托运营（GOCO）机制建设国内一流的人体肠道微生物临床医学研究中心。

4. 服务平台壮大

贵州技术市场交易活跃，2018年，平台已征集到科技成果和专利技术4万余项，到各地组织举办成果转化对接活动累计30余次、对接项目50余项。围绕贵州省大扶贫、大数据、大生态三大战略，依托特色产业园区、龙头骨干企业、科研院所建设孵化载体，累计培育省级众创空间、星创天地等创新创业孵化载体107家，入孵企业和团队2 300余家。推动了大型科研仪器开放共享，并有209家单位的3 874台（套）仪器纳入大型科研仪器开放共享平台。

（六）存在问题与对策建议

1. 存在问题

（1）体制机制建设仍不健全，全省科研联动效应不强

与发达地区相比，贵州省科研能力总体偏低，科研投入和产出也较少，科研竞争力总体不高，全省科研联动效应不强，科研聚集度较分散。

（2）引进高层次人才制度不健全

贵州省出台了博士后管理办法，但对于高层次人才、柔性人才的管理制度相对欠缺，引才用才的政策不够集中、覆盖面也不够广泛，对人才的吸引力相较于外省尤其是沿海省份明显不足，制约了贵州省科研水平的提升。

2. 对策建议

（1）强化机制体制建设，全省上下“一盘棋”

贵州省科研发展应强化领导，加强内部治理，建立并完善基础科学研究、资金管理等一系列科研管理制度，推进贵州省科研工作制度化、规范化、长效化发展。

（2）加强人才引进制度建设，健全考核评价机制

强化科研队伍建设与管理，加快对贵州省引才量化标准的制定，充分发挥各类人才的作用，加快对紧缺人才、大师级人才的引进管理办法的制定，加快制定对各类科研工作者的奖励范围，提升科研工作者的科研水平。

六、福建省

（一）科研投入情况

1. 研究与试验发展（R&D）人力资源投入情况

（1）R&D 人员总体情况

福建省研究与试验发展 R&D 人员不断增长。2009 年，福建省研究与试验发展（R&D）人员仅 85 745 人，其中规模以上工业企业 R&D 人员数量最多，为 59 897 人，占 2009 年福建省 R&D 总人员的 69.85%；其他类人员 12 438 人，占比 14.51%；高等院校人员 10 144 人，占 11.83%；科研机构人员最少，为 3 266 人，仅占福建省 R&D 总人员的 3.81%。2018 年，福建省 R&D 人员达到 243 391 人，较 2009 年增长了 183.85%，其中规模以上工业企业人员数量仍最多，为 172 832 人，占 2018 年福建省 R&D 总人数的 71.01%，较 2009 年增长了 188.55%；高等院校人数 35 239 人，占 14.48%，较 2009 年增长了 247.39%，增长幅度最大；其他类人员 29 539 人，占比

12.14%，较 2009 年增长了 137.49%；科研机构人员数量仍最少，为 5 781 人，占福建省 R&D 总人员的 2.38%，较 2009 年人员数量仅增加 77.01%（图 3-7）。

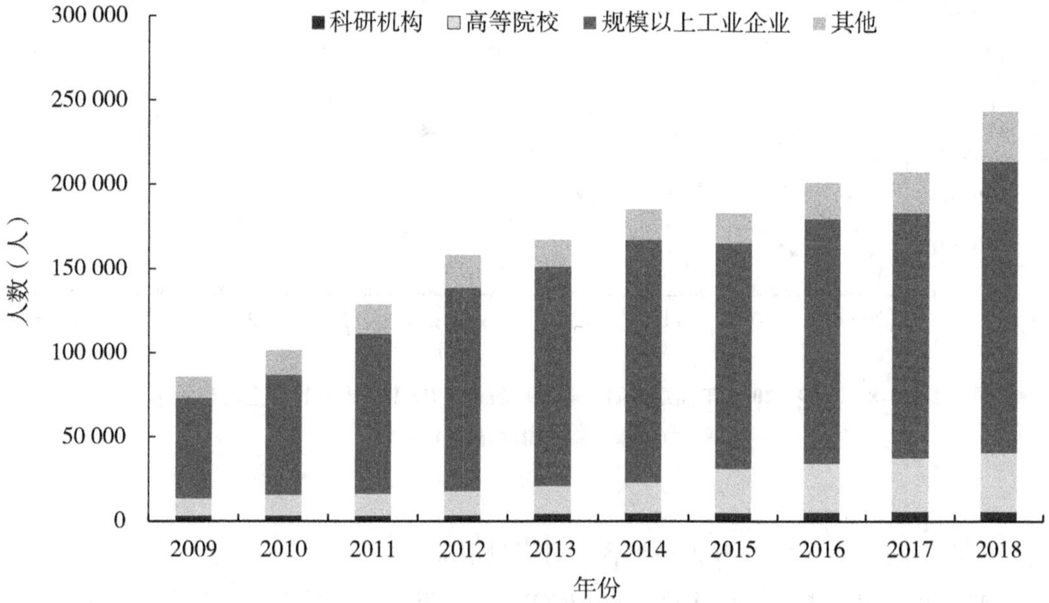

图 3-7　2009—2018 年福建省研究与试验发展（R&D）人员情况

（数据来源：福建省统计年鉴）

（2）R&D 人员折合全时当量情况

2009 年，福建省研究与试验发展（R&D）人员折合全时当量仅 63 269 人年，其中高等院校人员折合全时当量 5 241 人年，占 2009 年福建省 R&D 总人员折合全时当量的 8.28%；科研机构人员折合全时当量为 2 496 人年，占 2009 年福建省 R&D 总人员折合全时当量的 3.95%。2018 年，福建省 R&D 人员折合全时当量达到 160 922 人年，较 2009 年增长了 154.35%，其中高等院校人员折合全时当量 13 251 人年，占 2018 年福建省 R&D 人员折合全时当量的 8.23%，较 2009 年增长了 152.83%；科研机构人员折合全时当量为 5 158 人年，占 2018 年福建省 R&D 总人员折合全时当量的 3.21%，较 2009 年人员数量仅增加 106.65%（图 3-8）。

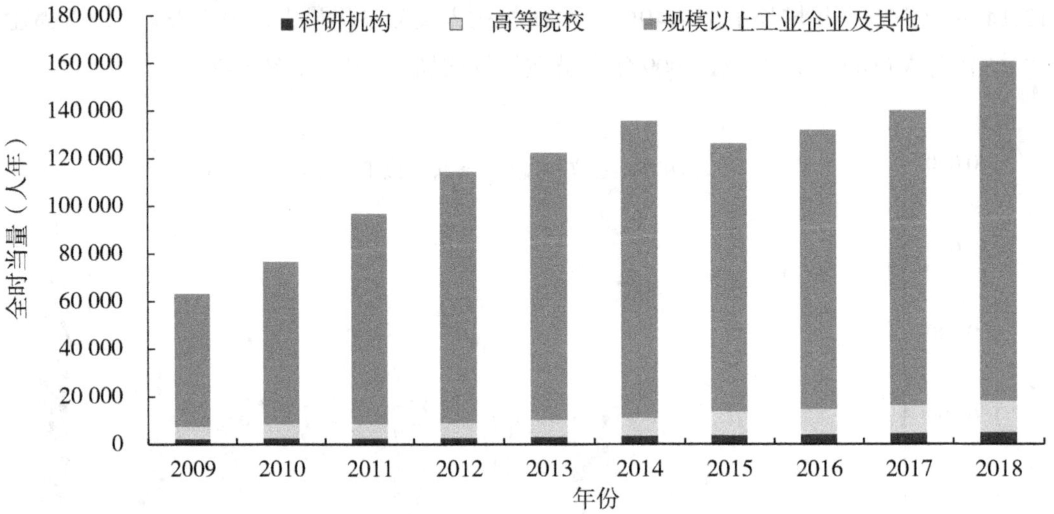

图 3-8　2009—2018 年福建省研究与试验发展（R&D）人员折合全时当量情况

（数据来源：福建省统计年鉴）

（3）不同活动类型 R&D 人员折合全时当量情况

2018 年，福建省研究与试验发展（R&D）试验发展类人员折合全时当量 137 623 人年，占 2018 年 R&D 人员折合全时当量之比最高，为 86%；应用研究类人员折合全时当量 16 742 人年，占 10%；基础研究类人员折合全时当量 6 557 人年，仅占 4%（图 3–9）。

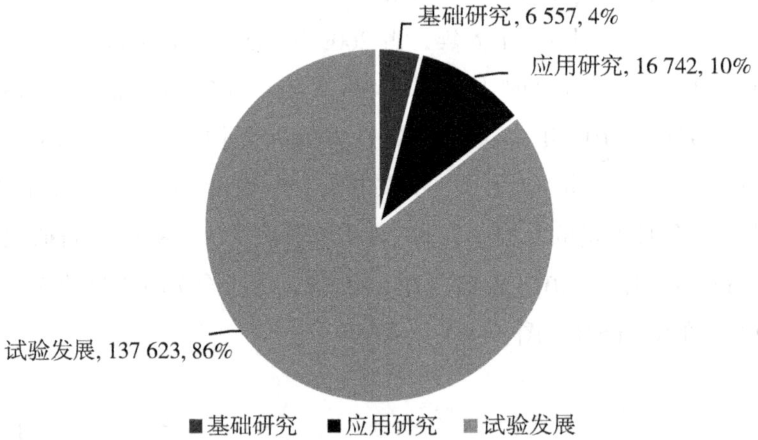

图 3-9　2018 年福建省研究与试验发展（R&D）不同活动人员折合全时当量情况

（数据来源：福建省统计年鉴）

（注：研究与试验发展人员全时当量，指全时人员数加非全时人员按工作量折算为全时人员数的总和。例如，有两个全时人员和 3 个非全时人员（工作时间分别为 20%、30% 和 70%），则全时当量为 2+0.2+0.3+0.7=3.2 人年。为国际上比较科技人力投入而制定的可比指标）

2. 研究与试验发展（R&D）经费投入情况

（1）不同机构 R&D 经费投入金额

2009 年，福建省研究与试验发展 R&D 经费投入 135.38 亿元，其中大中型工业企业 R&D 经费投入最多，为 86.12 亿元，占 2009 年福建省 R&D 经费总投入的 63.61%；其他类 R&D 经费投入 37.21 亿元，占比 27.49%；科研机构 R&D 经费投入 6.11 亿元，占 4.51%；高等院校 R&D 经费投入 5.94 亿元，占 4.39%。2018 年，福建省 R&D 经费投入达 642.79 亿元，较 2009 年 R&D 经费投入大幅度提高，增长了 374.80%，尽管 R&D 投入保持持续稳定增长，但总体水平仍低于国内平均水平，其中大中型工业企业 R&D 经费投入最多，为 382.17 亿元，占 2018 年福建省 R&D 经费总投入的 59.45%，较 2009 年增加了 343.76%；其他类 R&D 经费投入 188.13 亿元，占比 29.27%，较 2009 年增加了 405.59%；高等院校 R&D 经费投入 43.67 亿元，占比 6.79%，较 2009 年增加 635.19%，增加幅度最大；科研机构 R&D 经费投入 28.82 亿元，占 4.48%，较 2009 年增加了 371.69%（图 3-10）。

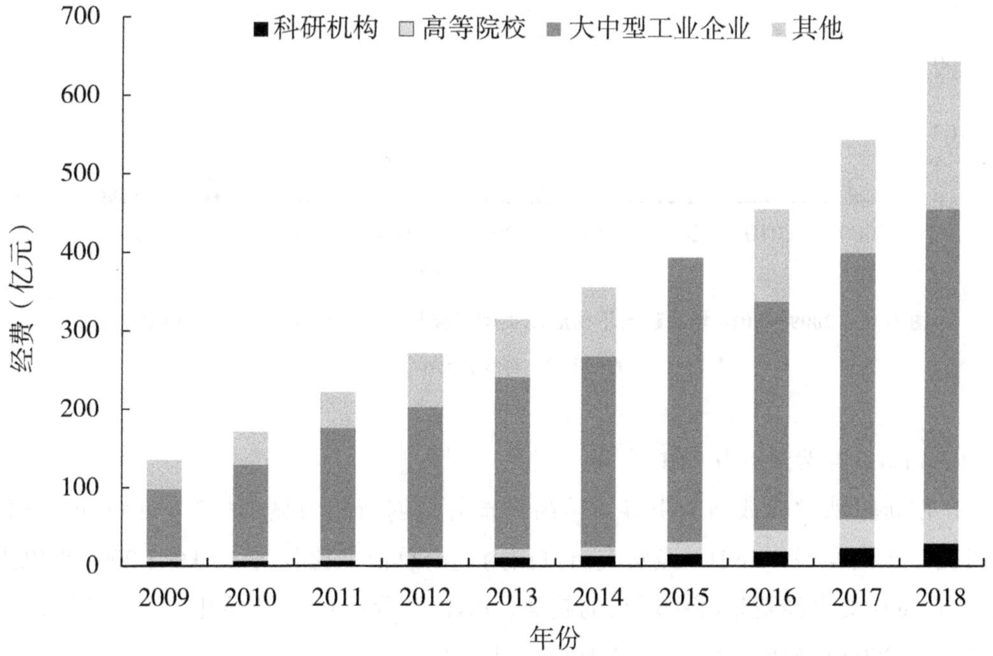

图 3-10　2009—2018 年福建省研究与试验发展（R&D）经费支出情况

（数据来源：福建省统计年鉴）

（2）不同活动类型 R&D 经费投入金额

R&D 经费支出中，用于试验发展的经费最多，用于基础研究的经费最少，但基础研究经费增长幅度最大，表明福建省对基础研究逐渐重视。2009 年，福建省试验发展经费支出 121.46 亿元，占 R&D 经费支出的 89.72%；应用研究经费支出 10.65 亿元，占 R&D 经费支出的 7.87%；基础研究经费支出 3.27 亿元，占 R&D 经费支出的 2.42%。2018 年，试验发展经费支出 570.63 亿元，占 R&D 经费支出的 88.77%，较 2009 年增加了 374.80%；应用研究经费支出 47.28 亿元，占 R&D 经费支出的 7.36%，较 2009 年增加了 343.94%；基础研究经费支出 24.88 亿元，占 R&D 经费支出的 3.87%，较 2009 年增加了 660.86%（图 3-11）。

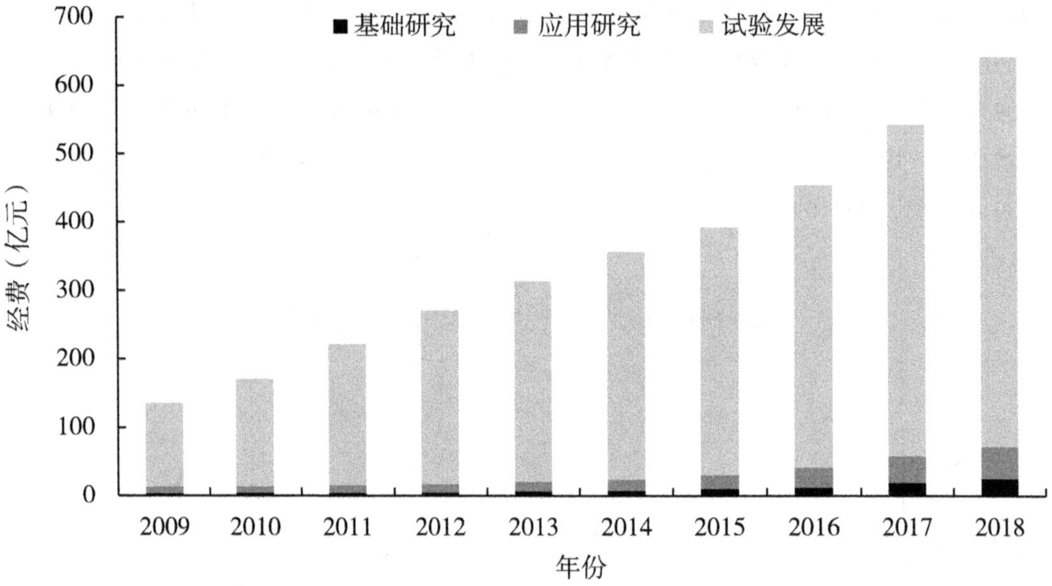

图 3-11　2009—2018 年福建省不同活动类型研究与试验发展（R&D）经费支出情况

（数据来源：福建省统计年鉴）

（3）R&D 经费支出占 GDP 比例

在创新驱动发展战略的引导下，福建省科技创新能力显著提升。2009 年，福建省研究与试验发展（R&D）经费支出占国内生产总值之比仅为 1.11%；2009 年以来，福建省 R&D 支出经费呈逐年增长的趋势，R&D 经费占 GDP 比重也增长到 2018 年的 1.8%，与 2009 年相比，增长了 62.16%（图 3-12）。

2018 年，全国研究与试验发展（R&D）经费支出达到 19 677.9 亿元，研究与试验发展（R&D）经费支出与国内生产总值之比为 2.19%，而福建省 2018 年 R&D 经费投入强度为 1.80%，低于全国水平。经费投入强度在全国居第 14 位，位于中等水平，表明福建省在研究与试验发展（R&D）方面投入不足，具有很大的发展潜力和上升空间。资金支持是科技创新的必要保障，因此要增加福建省科技竞争力，必须适度提高科技投

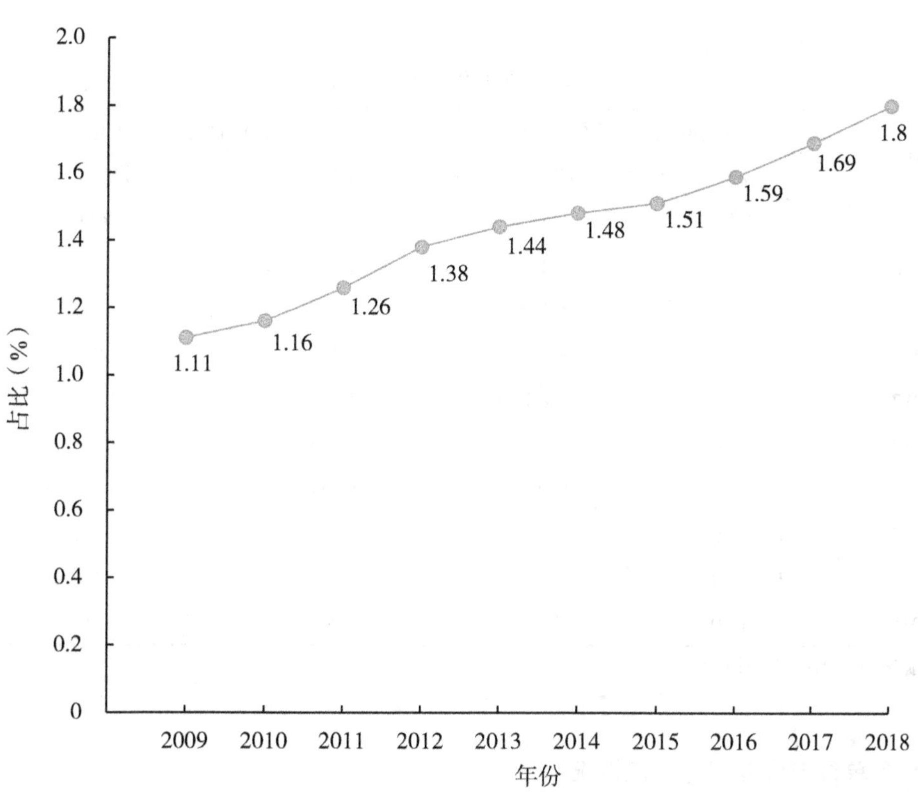

图 3-12　2009—2018 年福建省 R&D 经费占 GDP 的比例

（数据来源：福建省统计年鉴）

入占财政支出的比重，建立科技研发投入增长机制，加大对公益性科研机构的支持力度，形成稳定支持和竞争性支持相协调的格局。

（二）科研产出成果

1. 专利申请与授权情况

2009—2018 年，福建省专利申请和授权总数不断增长。专利申请从 2009 年的 17 559 项增长至 2018 年的 166 610 项，增长了约 8.49 倍；其中申请发明专利由 2009 年的 3 842 项增长到 2018 年的 37 216 项。专利申请授权总数从 2009 年的 11 282 项增长至 2018 年的 102 622 项；其中发明专利授权数由 2009 年的 824 项增加到 2018 年的 9 858 项。虽然专利申请和授权数逐年增加，但发明申请和授权数所占的比重仍较低。2018 年，福建省发明专利申请数仅占专利申请数的 22.34%；发明专利授权数仅占专利申请授权数的 9.61%，表明福建省在发明创造方面的创新能力仍不够强（表 3-9）。

截至 2018 年年底，全省共拥有有效发明专利 38 522 件，比上年增长 24.2%；每万人口发明专利拥有量 9.85 件，比上年增加 1.85 件。全年共登记技术合同 7 753 项，成交额 110.9 亿元。

表 3-9 专利申请与授权情况

年份	专利申请受理数（项）		专利申请授权数（项）	
	总数	发明专利	总数	发明专利
2009	17 559	3 842	11 282	824
2010	21 994	5 117	18 063	1 224
2011	32 325	6 896	21 857	1 945
2012	42 773	8 492	30 497	2 977
2013	53 701	9 884	37 511	2 941
2014	58 075	12 529	37 857	3 426
2015	83 146	17 663	61 621	5 730
2016	130 376	27 041	67 142	7 170
2017	128 079	26 460	68 304	8 718
2018	166 610	37 216	102 622	9 858

数据来源：福建省统计年鉴。

2. 各单位申请专利与授权情况

从各单位申请专利情况来看，2009—2018 年，福建省专利申请以企业为主。2009 年企业申请专利数为 8 552 项，占福建省专利申请总数的 48.70%；个人申请专利数为 7 960 项，占福建省专利申请总数的 45.33%；大专院校的申请专利数为 732 项，占福建省专利申请总数的 4.17%；科研单位的申请专利数为 257 项，仅占福建省专利申请总数的 1.46%。2018 年，企业申请专利数为 102 443 项，占福建省专利申请总数的 61.49%；个人申请专利数为 50 159 项，占福建省专利申请总数的 30.11%；大专院校的申请专利数为 11 139 项，占福建省专利申请总数的 6.69%；科研单位的申请专利数为 1 571 项，仅占福建省专利申请总数的 0.94%（图 3-13）。

从各单位专利授权情况来看，2009—2018 年，福建省授权专利从以个人为主转向了以企业为主。2009 年个人授权权利数为 6 385 项，占福建省授权专利总数的 56.59%；企业授权专利数为 4 402 项，占福建省授权专利总数的 39.02%；大专院校授权专利数为 376 项，占福建省授权专利总数的 3.33%；科研单位授权专利数为 82 项，仅占福建省授权专利总数的 0.73%。2018 年企业授权权利数为 68 917 项，占福建省授权专利总数的 67.16%；个人授权专利数为 27 014 项，在福建省授权专利总数的比例降到了 26.32%；大专院校授权专利数为 5 180 项，占福建省授权专利总数的 5.05%；科研单位授权专利数为 986 项，在福建省授权专利总数中的占比较 2009 年有所提升，但变化不大，仅占 0.96%（图 3-14）。

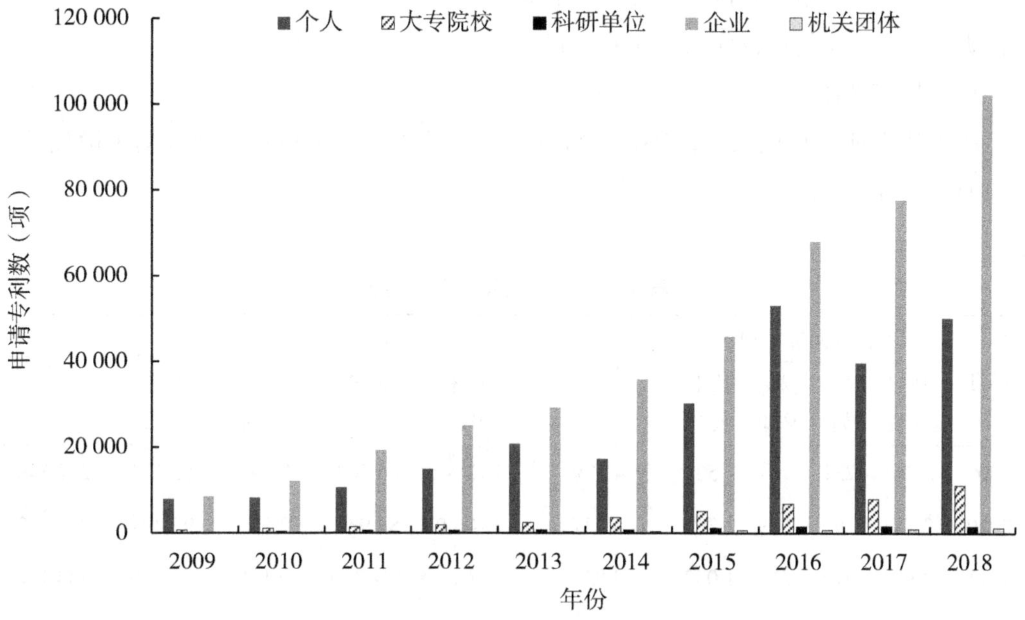

图 3-13　2009—2018 年福建省各单位申请专利情况

（数据来源：福建省统计年鉴）

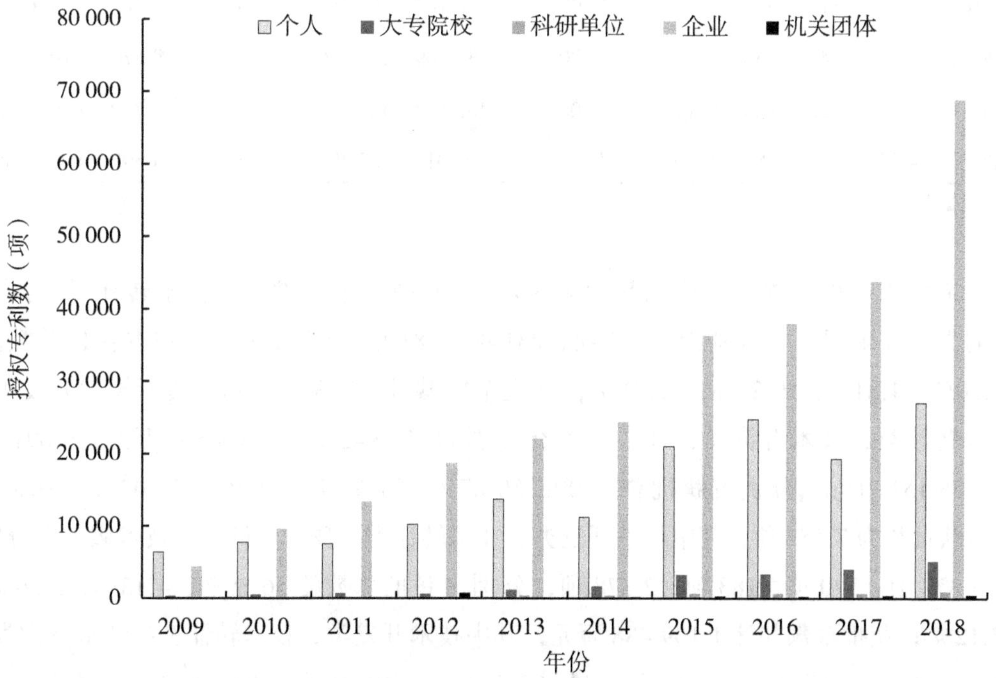

图 3-14　2009—2018 年福建省各单位授权专利情况

（数据来源：福建省统计年鉴）

科研院所专利申请和授权数总体呈增加趋势，但在福建省所占比例较低，表明福建省科研院所在发明创造方面的创新能力有待加强。

3. 项目获批情况

从福建省项目获批来看，2009—2018 年，福建省获批项目数呈现波动中增加的趋势，如表 3-10 所示。

表 3-10　福建省项目获批情况

年份	项目合同数（项）				合同数合计	项目合同金额（万元）				合同总金额
	技术开发	技术转让	技术咨询	技术服务		技术开发	技术转让	技术咨询	技术服务	
2009	2 265	231	781	1 522	4 799	132 945	64 562	9 691	55 151	262 349
2010	2 811	290	639	1 397	5 137	194 219	84 986	8 519	93 494	381 217
2011	2 954	272	575	1 038	4 839	247 146	194 359	9 176	83 450	534 130
2012	3 654	216	926	594	5 390	305 585	328 475	9 120	92 588	735 768
2013	3 463	218	1 135	545	5 361	290 407	145 476	12 237	91 747	539 868
2014	2 591	235	692	279	3 797	240 243	239 584	8 142	20 301	508 271
2015	3 064	314	327	504	4 209	332 784	169 587	2 792	33 382	538 645
2016	3 090	345	356	1 429	5 220	731 769	201 710	4 075	119 570	1 057 125
2017	3 717	326	260	1 705	6 008	460 102	402 225	2 676	167 790	1 032 793
2018	4 372	320	183	2 878	7 753	598 017	322 392	4 681	184 399	1 109 488

数据来源：福建省统计年鉴。

2009 年，福建省项目获批数为 4 799 项，其中技术开发类、技术转让类、技术咨询类、技术服务类分别为 2 265 项、231 项、781 项、1 522 项，分别占获批总数的 47.20%、4.81%、16.27%、31.71%；获批金额共计 262 349 万元，其中技术开发类、技术转让类、技术咨询类、技术服务类分别为 132 945 万元、64 562 万元、9 691 万元、55 151 万元，分别占获批总金额的 50.67%、24.61%、3.69%、21.02%。2018 年项目获批数为 7 753 项，其中技术开发类、技术转让类、技术咨询类、技术服务类分别为 4 372 项、320 项、183 项、2 878 项，分别占获批总数的 56.39%、4.13%、2.36%、37.12%；获批金额共计 1 109 488 万元，其中技术开发类、技术转让类、技术咨询类、技术服务类分别为 598 017 万元、322 392 万元、4 681 万元、184 399 万元；分别占获批总金额的 50.67%、24.61%、3.69%、21.02%。获批项目以技术开发、技术服务类为主，技术转让和技术咨询类项目不多。

从福建省统计年鉴来看，2018 年农业科研项目获批数为 814 项，仅占福建省项目获批总数的 10.50%；获批金额为 13 769.5 万元，仅占福建省获批项目总金额的 1.24%，农业科研在福建科研项目中的占比较少。

（三）奖励机制

1. 福建省科研人才激励机制

福建省围绕建设创新大省和人才强省的目标，将科技创新创业人才作为科技创新的第一要素，营造了适宜科研人员创新创业的环境氛围，为创新创业人才提供了便利条件，取得了良好的效果。

（1）政策激励机制

福建省近年来陆续出台人才政策，在制度层面上突出了科技创新创业人才的重要位置。

一是颁布综合性政策文件。《福建省中长期人才发展规划纲要（2010—2020 年）》《实施创新驱动发展战略行动计划》等政策的出台，对福建省人才专项进行了统一规划和政策性指导。

二是针对各类人才制定激励措施。《福建省"海纳百川"高端人才聚集计划（2013—2017 年）》《福建省引进高层次创业创新人才暂行办法》《福建省科技创新领军人才等 6 类特殊支持高层次人才和福建省文化名家等 5 类优秀人才的遴选办法》等文件，针对福建省不同人才类别制定相应的专项资助机制，建设人才特区、聚集地。

三是制定激励政策的配套实施办法。《福建省深入实施知识产权战略行动计划（2015—2020 年）》《福建省企业科技创新股权和分红激励试行办法》《关于深化省级事业单位科技成果使用处置和收益管理改革的暂行规定》《关于进一步深化科技人员职称评价改革的若干意见》等一系列意见和办法，健全了科技成果转化服务机制，提高了职称评聘中专利创造、标准制定及成果转化的分量，强化了评价与使用相结合机制。

（2）物质激励机制

一是人才引进补助。为引进一批创新创业能力强，能引领科技进步的高层次人才，福建省引才"百人计划"给予海外人才 200 万元、国内人才 100 万元补助。特殊支持的高层次人才给予特殊支持，其中科技创新、创业领军人才每人 80 万元，百千万工程领军人才、青年拔尖人才每人 50 万元，哲学社会科学领军人才每人 30 万元。

二是研发平台资金资助。新认定的国家级科技研发创新平台可获 800 万元补助，对于具有独立法人资格研发机构，最高资助可达 2 000 万元。经评估良好的国家重点实验室、工程实验室、工程研究中心，连续 5 年、每年给予 100 万元的运作费补助。

三是扶持科技型中小企业创新创业。根据中小企业和项目的不同特点，以贷款贴息、无偿资助和资本金投入的方式支持中小企业发展，提升企业自主创新能力，促进科技成果转化。

四是推行科技创新券制度。福建华博教育科技股份有限公司等 197 家企业首获补助金额共 1 058.7 万元。

（3）精神激励机制

基于科技人才自我实现和高成就需要的特性，福建省通过公开表彰、颁发资金、授予荣誉称号等对科技创新创业人才进行激励。

一是科学技术奖表彰。对获得科技重大贡献奖、自然科学奖、技术发明奖、科技进步奖、国家科技奖的团队及成员分别给予不同奖金奖励。

二是遴选科技创新创业领军人才。福建省通过引进高层次创业创新人才（省引才百人计划）和团队，队伍不断壮大，创新经济效益显著。

三是推动高层次科技创业。全省已创建多家创新型企业、高新技术企业，且规模仍在继续扩大。

（4）环境激励机制

一是拓展了研发平台育才模式。利用重大研发机构、科技创新平台、创新创业平台，着力引进和培养一批海内外高层次科技创新创业人才、科技领军人才和创新创业团队。目前全省已布局建设 18 家省级产业技术研究院和 31 家省级产业技术创新战略联盟，拥有省属以上独立科研机构 57 个（其中国家级 4 个）、重点实验室 204 个（其中国家重点实验室 10 个）、省级工程技术研究中心 527 个（其中国家级工程技术研究中心 7 个）、省级新型研发机构 70 家、生产力促进中心 101 家（其中国家级 11 家）。这些服务平台涵盖基础研究到产业化整个链条，为创新创业提供了坚强有力的支撑。全省入库备案科技型中小企业 3 344 家、省高新技术企业 904 家。新认定高新技术企业 746 家，总数 3 800 家；新增国家企业技术中心 8 家、国家技术创新示范企业 6 家，新认定省级企业技术中心 50 家；新认定省科技小巨人领军企业 522 家，总数 1 823 家。

二是加大了科技企业孵化器建设力度。目前，全省 166 家科技企业孵化器，孵化面积 325.8 万平方米，在孵企业 5 003 家、在孵企业员工总数 8.47 万人。

三是加快了众创空间建设。建设国家专业化众创空间备案示范 3 家、国家备案众创空间 52 家、省级众创空间 215 家；创业团队数近 1 000 个，创客人数 5 000 余人。

2. 科技制度激励机制

（1）创设科技特派员制度

20 世纪 90 年代的福建南平，和全国大多数地方一样，“三农”工作面临着科技创新主体不强、科技投入不足、产业竞争力弱化、农业科技服务缺位、科技人才资源与农村、农业和农民脱节、农村要素资源流失严重和农民收入增幅持续下降的困境。南平市把破解“三农”问题的目光盯在科技服务上，首先提出“科技特派员”下派模式。1999年2月，市里通过政府选派、双向选择，启动下派科技特派员驻村服务试点，225名科技人员下派进驻215个村，成为首批科技特派员。2002年，全国科技特派员工作现场会在南平市召开，南平经验向全国推广。2016年，国务院办公厅发布《关于深入推行科技特派员制度的若干意见》，福建省政府出台《关于深入推行科技特派员制度的实施意见》，从更高层面、更宽领域推进科技特派员制度持续发展。

随着时间的推移，农业生产方式发生了很大变化，由过去单一的传统生产，逐渐向产业化、规范化、品牌化发展。经过不断探索的福建科技特派员制度，也伴随新的形势开始从传统农业领域向新兴产业延伸，跨界拓展，在产业链各环节开展创业服务。贫困群众是乡村振兴的短板，他们迫切需求脱贫致富奔小康。“如何真扶贫、扶真贫？”南平探索“科技特派员＋扶贫”创业扶贫模式，推动解决产业发展的关键技术难题，增强贫困群众造血功能，并创造更多物质和精神财富，提升农民的获得感幸福感。如今，不仅服务领域获得拓展，科技特派员团队也日渐综合化、跨区域化。这些活跃在农业农村一线的科技人才，既有省内专家及熟悉本地情况的“永久牌”本土专家，还有外国专家，他们背后有中国科学院、北京大学、清华大学、南京林业大学等团队力量集聚，服务区域从本省向外省甚至向境外拓展。这是福建探索新型科技特派员跨界服务的一大创举，广开科技特派员选认渠道，在全国率先跨界别、跨区域选拔人才，选认对象从本省向省外乃至境外拓展，不限来源，不限服务领域，不限服务区域。

面向新时代乡村振兴发展的实际需求，在做好选认省内科技特派员的基础上，争取从省外高校、院所吸引一批技术水平高、能解决实际问题的科技人员，到福建基层创新创业，引领和带动乡村振兴。20年来，南平市共有10批9 365人次科技特派员奔赴农村一线，实现了1 634个行政村全覆盖。

全市科技对农业增长贡献率从1999年的33%提高到2018年的64%，1999年起全市农林牧渔业总产值年均增长10.3%，农民人均纯收入年均增长9.9%。目前，科技特派员制度已辐射全国，仅福建省就派出科技特派员1.63万人次，乡镇覆盖率达93.8%，服务领域涵盖10大特色农业产业，并向二三产业延伸。

科技特派员从根本上改变了农业发展依靠人力畜力、靠天吃饭的局面和小农生产方式，引进了大量实用技术和新品种，开发了大批农业科技项目，将资金、技术等各类资源像漏斗一样导入项目，一批专业大户、龙头企业集聚发展，开辟了“中国锥栗之乡”“中国竹子之乡”等为代表的地方名牌和地方高产、优质、高效的主导产业。科技特派员等下派干部的到来，为乡村振兴打通了“最后一公里”。实现了从生产环节的技术服务向生产、加工、流通等各环节综合服务拓展，促进了一二三产融合，从生产环节延伸到全产业链综合服务，如涉农电商、物流、文化创意都有了“科特派”。

实践证明，科技助力扶贫，确实收到了 1+1>2 的效果。2019 年，南平“科特派”通过“雨露计划”、新型职业农民培训工程等方式，培训贫困人口 1.6 万人次，帮助南平全年脱贫 3.77 万人。“科特派”工作还向宽领域转变，拓展延伸到畜禽污染防治、生态养殖、小流域治理及水美城市、特色小镇、美丽乡村等建设。

（2）发布科研项目相关管理办法

为营造有利于科技创新创业创造的良好发展环境，福建省出台了《关于深化项目评审、人才评价、机构评估改革的实施意见》《福建省人民政府关于改进加强省级财政科研项目和资金管理的若干意见》《福建省科技创新平台管理办法》《福建省科技计划项目管理办法》等，有效地促进了福建省科技计划项目的规范化和科学化管理，对于促进福建省深化科技体制改革、推进科技创新平台规范化管理、促进科技资源的合理配置与开放共享、支持和培育新型研发机构的建立，强化创新驱动的科技支撑、推进福建省基础研究和应用基础研究工作，提供了有力的保证。

（3）破除“唯论文”不良导向

目前，福建省部分高校和科研院所在科技评价工作中“唯论文”“唯奖项”等现象仍然存在，特别是部分单位将论文作为评价一切科技活动的标尺，影响了福建省科技评价体系的改革。近日，福建省科技厅出台的《关于破除科技评价中“唯论文”不良导向的若干措施（试行）》，旨在破除在科技项目、平台、机构、科技人才、科研单位、科技奖励等科技评价中过度看重论文数量多少、影响因子高低，忽视标志性成果的质量、贡献和影响等“唯论文”不良导向，为福建省科技评价体系改革的有序推进提供了政策性指导和操作依据。该措施中明确，省级科技创新平台评估应突出支撑服务能力，技术创新、成果转化类以及基础支撑与条件保障类平台，不把论文作为主要的评价依据和考核指标。福建省创新实验室、省重点实验室等科学与工程研究类平台，应注重评估原始创新能力、国际科学前沿竞争力、满足福建省重大科技需求的能力。该举措将更好地激励福建省坚持以用为导向开展基础研究和应用研究，以抢占国际科技制高点、解决关键核心技术、成果转化和产业化为考核导向。针对基础研究类科技活动，该措施中明确，应注重评价新发现、新观点、新原理、新机制等标志性成果的质量、贡献和影响，对论文评价实行代表作制度，根据科技活动特点，合理确定代表作数量。

（四）人才引进

习近平总书记强调，人才是第一资源，实行更加开放的人才政策，要不唯地域引进人才、不求所有开发人才，不拘一格用好人才。近些年，人才流动日渐频繁，“不为我所有、但为我所用”的柔性人才引进理念广被推崇，院士工作站、候鸟人才等柔性引才成果不断涌现，对经济社会发展起了关键性的作用。

1. 人才引进的主要政策

福建省委、省政府历来高度重视人才引进工作，先后制定实施以智取胜、科教兴省、人才强省战略，特别是近年来，深入贯彻落实党的十九大会议以及全国人才工作会议等精神，贯彻落实中央《关于深化人才发展体制机制改革的意见》，先后出台了《福建省中长期人才发展规划纲要（2010—2020 年）》《福建省“海纳百川”高端人才聚集计划（2013—2017 年）》《关于深化人才发展体制机制改革的实施意见》《深化闽台人才交流合作行动计划（2015—2018）》《福建省贯彻〈关于促进两岸经济文化交流合作的若干措施〉实施意见》《福建省引进高层次创业创新人才及团队工作条件和生活待遇若干规定》等一系列引才用才聚才政策，全力抓好高层次人才的引进、培养等工作，为福建省各项事业持续快速发展提供了重要的人才支撑和智力保障。

近些年，福建省致力于加强同国内外高校及科研院所的交流合作，用于解决人才短缺的现状，引进了大量人才，为福建省经济社会发展增加了强劲动力。各地各部门和各企事业单位等结合自身实际情况进行了大胆尝试，积累了较多的经验，为解决福建省发展人才支撑和动力不足的问题提供了较好的思路，有效地解决了引才及留才难的问题。

2. 人才引进的主要做法

（1）重大平台引才

福建省人才引进最重要的平台——院士专家工作站，无论是从技术研发与指导方面，还是在经营管理与咨询顾问方面，都引进了较多的院士专家学者及团队。目前，福建省已建成 205 家院士专家工作站，其中省级示范站 48 家、全国模范站 22 家，覆盖 9 个设区市和平潭综合实验区，县区覆盖率超 85%。

（2）重点项目引才

福建省主要的引才项目涉及国家层面的“长江学者”等，省内层面的“百人计划”、闽江学者等，以及地方层面的人才项目——泉州市的“港湾计划”、莆田市的“壶兰计划”、武平县的“梁野英才”等。自 2014 年以来，福建省各企事业单位实施了引智引才项目达 1 660 项，以柔性为主引进国（境）外高层次人才智力 9 000 多人次。

（3）重要活动引才

近年来，福建省举办了丰富的活动，如中国（福建）人才创业周、福建海外人才创业周、海峡两岸人才交流合作大会、院士专家八闽行等，成为福建省用人单位与人才对接的重要渠道。自 2011 年来应邀参加院士专家八闽行活动的专家达 19 425 人次。2016 年在福建省革命老区和省级扶贫开发重点县启动了“师带徒”医疗帮扶活动，截至目前，共 10 批 80 多名北京医务专家先后 37 次赴福建 4 个革命老区的扶贫县进行医疗帮扶。

（4）完善机制引才

自2010年开始，福建省出台《引进高层次创业创新人才暂行办法》等一系列人才政策，引才尤其是柔性引才已被纳入省级人才引进的顶层设计。省内部分地区（自贸区厦门片区管委会、武平县）也出台了符合当地引才的专项办法，完善了全省人才引进工作的目标与规划。

3. 人才引进的主要成效

（1）有效地提升了福建省科技创新水平

福建省通过院士专家工作站进站院士携专家团队，共开展技术研究2 866项，申报专利2 800多项，开发新产品、新技术和新工艺1 800多项，参与制定新标准111个，显著地提升了企事业单位的核心竞争力。“院士专家八闽行”活动带来国际、国内领先项目8 638项，签约项目5 326项，赴1 026家福建企业承接了666项技术难题。另外，院士专家的带动，极力地促成了福建省率先成为全国生态文明先行示范区，促成了泉州市率先成为“中国制造2025”试点示范城市，促成了福建（三明）“中国稻种基地”的建设，为生态文明建设“点绿成金”的“南平模式”奠定了良好的基础。

（2）有力地促进了福建省产业转型升级

通过引才，用人单位院地政企合作得以深化，产学研得以协同发展，技术、市场、管理得以全面升级。例如，福州市政府与清华大学联合建设清华——福州数据技术研究院，为福州市大数据建设带来了强大的创新动力；泉州市先后与中国科学院、哈尔滨工业大学、华中科技大学、南京大学合作设立了一批产业发展急需的新型研发机构，并与清华大学科技开发部共建智能制造产学研项目合作办公室；福建华峰新材料有限公司柔性引进中国工程院院士俞建勇专家团队，研发水平迅速提升，在同行业中居于国际领先，新产品开发每年超过200多项，主持、参与、制订各类国家、行业标准12项。

（3）有效地补齐了福建省科研人才短板

从2010年起，福建省共实施3批闽江学者奖励计划，聘任闽江学者特聘教授和讲座教授，引进高层次人才服务高校人才培养、提升办学质量与水平。省内高校引进50名“双聘院士”，促进了重点学科建设和综合办学能力的提升。厦门市支持企业采用兼职聘用、项目聘用形式引进人才，对高校退休人员以及港澳台、外籍教师采用全职柔聘的方式，有效地丰富和拓展了教学资源。

（五）科研平台建设情况

福建省高度重视科技创新平台建设，近年来相继出台了一系列扶持科技创新平台发展的政策，着力开展技术研发协作、科技中介服务、科技资源共享和科技成果转化等四大类平台建设，对于促进科技研发创新平台在提升区域创新能力、吸引高水平科技人才、支撑区域经济发展、推进产业转型升级等方面发挥着重要作用。

截至 2018 年年末，全省已布局建设 18 家省级产业技术研究院和 31 家省级产业技术创新战略联盟。拥有国家重点实验室 10 个、省级重点实验室 204 个、国家级工程技术研究中心 7 个、省级工程技术研究中心 527 个、省级新型研发机构 70 家。建设国家专业化众创空间备案示范 3 家、国家备案众创空间 52 家、省级众创空间 215 家。科技企业孵化器备案 166 家，孵化面积 325.8 万 m^2，在孵企业 5 003 家、在孵企业员工总数 8.47 万人。全省入库备案科技型中小企业 3 344 家、省高新技术企业 904 家。新认定高新技术企业 746 家，总数 3 800 家；新增国家企业技术中心 8 家、国家技术创新示范企业 6 家，新认定省级企业技术中心 50 家；新认定省科技小巨人领军企业 522 家，总数 1 823 家。全省共有 1 201 家机构通过检验检测资质认定，比上年增加 195 家。全省现有独立的认证机构 11 个、分支机构 19 个，累计获得 59 621 张产品及管理体系认证证书。全省共有法定计量技术机构 69 个，全年强制检定工作计量器具 120 万台（件）。全省建有福州、厦门、泉州、莆田、漳州、龙岩、三明共 7 个国家级高新区；福州高新技术产业园区（福州软件园）、武平高新技术产业园区、南平高新技术产业园区、泉州芯谷高新技术产业园区等 4 个省级高新技术产业园区；国家级农业科技园区 7 个（含厦门市），省级农业科技园区 9 个。

（六）存在问题与对策建议

1. 存在问题

（1）人才引进存在的主要问题

引才的认定仍存在不少困难。福建省现有的引才多集中于对高层次人才的引进，对其他急需紧缺人才尤其是山区、基层一线的人才引进缺乏一定的支持。

引才的市场机制仍不健全。目前，福建省各用人单位的引才仍主要依托于政府的项目、活动以及组织推荐等，专业性的市场主体如人力资源服务机构、猎头公司等，在人才引进中明显缺位。已有的一些行业协会、交流会，在人才柔性流动市场中的作用未能充分发挥，一定程度上限制了双向选择的范围，不利于人才与单位的充分对接，尤其对于福建省一些欠发达地区，资源条件有限，对接高层次人才的机会就更少。

引才的资本产权尚不够清晰。人才资本产权是在市场交易过程中人才资本所有权及其派生出的使用权、支配权和收益权等权利的总称。在引才尤其是柔性引才中，人才资本产权在人事关系所属单位、柔性引才用人单位和人才三者间的分配不够清晰，存在一定的矛盾。

（2）奖励激励机制仍不够精准

科研人员中的柔性引才相较于刚性引才，弹性较大，在奖励和激励方面存在不少困难。部分用人单位尚未建立合理有效的考核评价机制，导致“引”与“用”脱节，不利于科研人员智力的发挥。部分地方政府受财力限制，对人才的激励措施缺乏资金支持，对科研人员尤其是柔性人才的智力产出未建立合理的评估衡量机制，导致柔性引才激励错位。

（3）政策优势仍不够完善

与发达地区相比，福建省科研竞争力存在着不小的差距。特别是科研产业聚集度仍不够高、产业链建设仍不配套、投融资机制不够灵活、薪酬激励仍然不足等，制约了人才引进、使用及科研竞争力的提升。此外，福建省尚未出台省级层面专项柔性引才政策，柔性引才政策较零散、政策覆盖面也较窄，引才吸引力不强、含金量不高等问题仍存在。

2. 福建省科研发展的对策建议

（1）加快制定引才量化标准，健全引才市场机制

引才尤其是柔性引才对人才的智力有一定的要求，不同地区、不同用人单位对柔性引进的人才需求不能一概而论，特别在实际过程中，人才引进的状况比较复杂，难以制定人才引进的量化标准。福建省应加快制定引才量化标准，健全引才市场机制，明确人才资本产权在人事关系所属单位、柔性引才用人单位和人才三者间的分配，充分发挥人才柔性流动市场的作用，除需要加大对高层次人才的引进，更需加大对其他急需紧缺人才尤其是山区、基层一线人才的引进的支持力度。

（2）完善奖励激励制度，健全考核评价机制

福建省科研院所、大专院校、企业等应加快建立符合福建省省情的合理有效的考核评价机制，充分发挥福建省人才智库的作用，加快“引用结合”机制的探索与研究。政府应增加对科研人员的激励措施，尤其是薪酬奖励，对科研人员的智力产出建立合理的评估衡量机制，引导福建省科研人员投入科研的激情。

（3）完善科技创新政策体系配套，提升科研竞争力

福建省应加快对科研创新相应的政策配套体系建设，尤其是对于科研产业聚集度需求高、产业链建设配套相对完善、投融资机制比较灵活、薪酬激励较完善的地区给予政策倾斜，并加强对试点城市的政策支持力度，用于提升福建省科研竞争力。尽快出台省级层面专项柔性引才政策，拓宽政策覆盖面，增强福建省引才吸引力和含金量。

七、海南省

海南自贸区（港）建设是习近平总书记亲自谋划、亲自部署、亲自推动的国家重大战略。海南省要建设成为“21 世纪海上丝绸之路”战略支点，需要依靠海南省热带农

业科技资源优势，要加强同“一带一路”沿线国家和地区开展多层次、多领域的务实合作，建设21世纪海上丝绸之路的农业交流平台。中央对海南自贸区（港）建设提出的要求是“海南自由贸易港建设要体现中国特色，符合海南发展定位，学习借鉴国际自由贸易港建设经验，不以转口贸易和加工制造为重点，而以发展旅游业、现代服务业和高新技术产业为主导”。

建省30年以来，海南省的GDP从1988年的442.13亿元增至2017年的4 462.54亿元，经济发展和生产力水平逐年增长，科研综合实力稳步提高。南繁育种、深海科技、航天科技三大高新技术产业基地建设取得新进展；加强农业科技攻关，大力发展设施农业，进一步调优海南特色农业种植结构。提高冬季瓜菜、热带水果、花卉产出效益。大力发展橡胶、槟榔、椰子等有热带特色的农业产业。海南的科技发展水平与发达省份仍有较大差距，科研产出总体水平偏低，高层次科研领军人才不足，科研自主和原始创新能力有待提高。要逐步改变海南省科研机构的传统管理模式，创新科研机构的绩效考核评价方法和措施，使之能适应科研工作的长期性、多目标性和复杂性等特点。

“十二五”期间，海南省科研院所、高校和研发企业承担的国家农业科技成果转化、国家星火计划和科技富民强县专项行动计划项目88项，争取中央财政经费6 953万元。批复立项23个省重大科技项目累计获得财政支持资金4.5亿元，全省科技研发经费（R&D）由2010年的7.02亿元提高到2014年的16.92亿元。科技项目立项类型趋于多元化，科研经费比“十一五”增加2倍多。海南省有国家级工程技术研究中心2家、省部共建国家重点实验室培育基地2家、省级重点实验室和工程技术研究中心88家，国家级科技园区4家，科技企业孵化器2个（徐晓霞，2003）。海南在热带现代农业、海洋、生物医药、航天、电子信息等领域的技术创新和成果推广取得显著成效。

（一）科研投入情况

国际上通常采用R&D活动的规模和强度指标反映一国的科技实力和核心竞争力（罗红霞，2013）。海南省热带农业科技进步贡献率、主要农作物良种覆盖率稳步提升，分别由2010年的50%和93%提升到2015年的52%和95%，2017年，海南省农业对全省经济增长的贡献率为11.3%，高出全国平均水平6.4个百分点。“重要热带作物木薯品种改良的基础研究”等一批“973”“863”等国家重大基础研究项目实施推动了基础研究能力快速提升，完成了天然橡胶、木薯等重要热带作物全基因组测序。海南省农业劳动生产率、土地产出率呈现逐年提升趋势，分别从2013年的3.4万元/人和8.9万元/hm^2增加到2017年的4.2万元/人和14.2万元/hm^2。

海南省的R&D经费支出与GDP之比从2010年的0.34%小幅度提高到2016年

0.54%，远低于2016年全国的2.11%和广东省的2.56%，2018年海南省的研发投入强度仅为0.56%，远低于国家平均水平（2.13%），在全国倒数第3位，仅高于新疆维吾尔自治区（0.53%）和西藏自治区（0.25%），说明了海南的总体科技创新实力较弱（图3-15）。

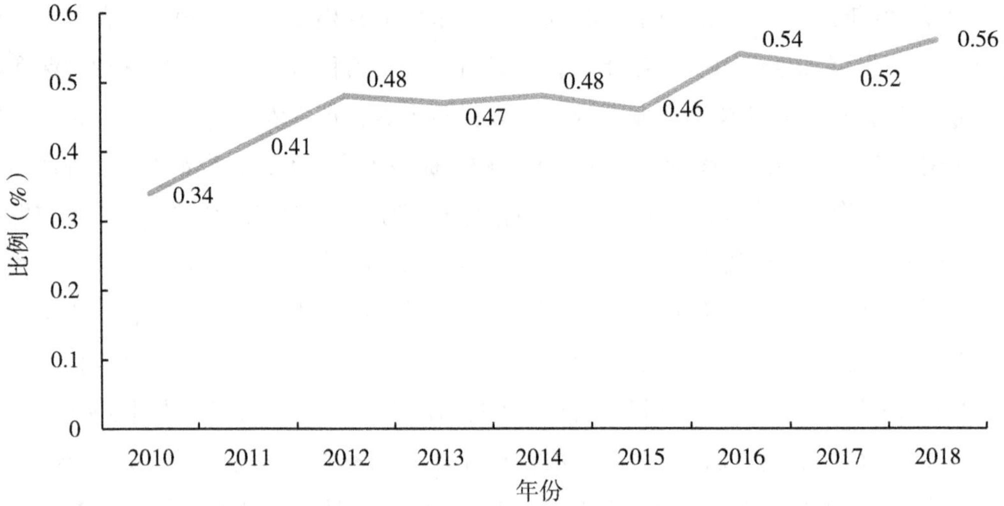

图3-15　2010—2018年海南省R&D经费支出占地区生产总值（GDP）比例

（数据来源：2011—2019年海南省统计年鉴）

2010年海南省R&D经费支出7.02亿元，其中，基础研究1.07亿元，占R&D经费支出的15.24%，应用研究2.48亿元，占35.33%，试验发展3.47亿元，占49.43%，2011年开始，试验发展的经费支出占总R&D经费支出超半数（表3-11），其中2013—2015年高达78%以上，2016年减少到51.54%。近年来海南省R&D经费支出持续增长，到2016年增至21.71亿元，比2010年增长了3倍，2016年基础研究的R&D经费支出5.32亿元，比2010年增长近4倍。基础研究是提高自主创新能力的源泉，海南省对基础研究的投入比例低于应用研究和试验发展，缺乏国家级科技创新平台和协作机制，对重大基础研究和重要关键技术研发投入有待加强。

表3-11　2010—2018年海南省R&D经费构成　（单位：亿元）

项目	2010年	2011年	2012年	2013年	2014年	2015年	2016年	2017年	2018年
R&D经费支出	7.02	10.37	13.7	14.84	16.92	16.97	21.71	23.11	26.87
基础研究	1.07	2.04	2.41	1.47	1.20	0.97	5.32	7.06	5.51

（续表）

项目	2010 年	2011 年	2012 年	2013 年	2014 年	2015 年	2016 年	2017 年	2018 年
应用研究	2.48	1.38	2.12	1.31	2.47	2.60	5.20	5.57	5.93
试验发展	3.47	6.96	9.20	12.07	13.25	13.39	11.19	10.48	15.43

数据来源：2011—2019 年海南省统计年鉴。

总体来说，2010—2018 年基础研究和应用研究的 R&D 经费支出呈波浪形或者“W”形变动得出以下结论，海南的科研投入侧重试验发展，对基础和应用研究的经费投入远低于试验发展，这是海南省科研发展的短板之一。

2010 年海南省 R&D 经费主要来源有以下：政府资金 4.1 亿元，占 58.40%；企业资金 2.59 亿元，占 36.89%；境外资金 0.013 亿元，占 0.19%；其他资金 0.32 亿元，占 4.56%。由政府主导的财政科技投入是研发投入的重要组成部分，是科技进步的支撑条件和经济保障，在整个科技投入资源配置及组织调控上具有调节和导向作用。2016 年海南省 R&D 经费中，政府资金 10.47 亿元，占 48.23%，比 2010 年增长 155%；企业资金 8.26 亿元，占 38.05%。2010—2016 年海南省 R&D 经费来源中，政府资金和企业资金合计占 R&D 经费来源的 90% 以上，境外资金和其他资金不足 10%。4 类 R&D 经费来源都在持续增长，企业资金所占比重持续加大，2015 年高达 65.65%；政府资金投入也在逐年增加（表 3-12）。

表 3-12　2010—2018 年海南省 R&D 主要来源组成　（单位：亿元）

项目	2010 年	2011 年	2012 年	2013 年	2014 年	2015 年	2016 年	2017 年	2018 年
R&D 经费支出	7.02	10.37	13.7	14.84	16.92	16.97	21.71	23.11	26.87
政府资金	4.10	4.25	4.61	5.20	5.69	5.39	10.47	13.15	13.32
企业资金	2.59	5.66	7.79	9.30	10.88	11.14	8.26	9.42	12.24
境外资金	0.013	0.027	0.007 2	0.007 4	0.002 5	0.003	0.037	—	0.11
其他资金	0.32	0.43	1.32	0.28	0.35	0.43	2.93	—	1.20

数据来源：2011—2019 年海南省统计年鉴。

（二）科研产出成果

科技产出是评价一个地区或国家科技竞争力的最重要指标之一（徐晓霞，2003）。

主要科研产出有论文、著作、成果、奖励、专利、项目和科技产品等形式。2010 年，海南省的科研机构和科研人员发表了 5 717 篇论文，论文数量逐年增长，2015 年发表了 8 227 篇论文，为近年来最多。2013 年出版了 515 部科技著作，为近年来最多；2017 年登记成果 436 项，为近年来最多，科技著作和成果的趋势表现出不同程度的“大小年”现象，并非逐年攀升。2018 年实现了国家杰出青年科学基金项目“零”的突破。海南大学“植物与动物学科”以及中国热带农业科学院“植物与动物学科”“农业学科”均进入 ESI 全球前 1% 学科领域。2010 年专利申请授权 714 项，其中发明专利 190 项，占 26.61%；此后的专利授权数量逐年增加，发明专利的授权数量也在逐年增加。2010 年海南省承担科研项目 3 116 项，2016 年增至 5 414 项（表 3–13）。

表 3-13　2010—2018 年海南省科研产出统计

指标	2010 年	2011 年	2012 年	2013 年	2014 年	2015 年	2016 年	2017 年	2018 年
发表论文（篇）	5 717	6 301	6 381	7 143	7 414	8 227	7 560	8 108	7 940
科技著作（部）	320	354	347	515	405	378	381	463	380
成果登记（项）	187	224	186	404	279	215	320	436	229
国家科技进步奖（项）	1	—	1	—	—	—	—	—	—
专利申请授权（件）	714	765	1 084	1 331	1 597	2 060	1 938	2 084	3 292
发明（件）	190	272	389	449	380	417	385	352	489
项目（项）	3 116	3 475	4 224	4 400	4 930	4 744	5 414	—	—

数据来源：2010—2019 年海南省统计年鉴。

（三）激励机制

2016 年起，海南省大幅度提高科技进步奖奖金标准。特等奖由 10 万元 / 项提高至 20 万元 / 项；一等奖由 5 万元 / 项提高至 10 万元 / 项；二等奖由 3 万元 / 项提高至 5 万元 / 项；三等奖由 1 万元 / 项提高至 3 万元 / 项。

（四）人才引进

R&D 人员数量素质和总体水平对科技创新发展起到决定性作用，可以有效地衡量一个国家或者地区的人力资源在科技活动中的投入。海南在国内人才保障机制与国际人才吸引机制等方面的政策优势明显，颁布实施《百万人才进海南行动计划（2018—2025 年）》，国家支持设立 21 世纪海上丝绸之路教育交流平台，鼓励境外机构落户海南省，支持海南开展国际人才管理改革试点，允许外籍和港澳台地区技术技能人员按规定在海南就业、永久居留等政策。

（五）科技平台建设

在自贸区（港）建设涉及的45个重大目标和基地建设中，要打造国家热带现代农业基地、建设国家南繁科研育种海南基地、建设全球动植物种质资源引进中转基地、创建绿色发展示范区和创建农业绿色发展先行区等，目前，海南省建设了省级重点实验室50家，海南省科技厅在不断地完善重点实验室的“准入”和“退出”机制，2019年，海南省发布了《海南省科技创新平台优化建设实施方案》，对现有省级平台进行分类梳理，归并整合为科学与工程研究、技术创新与成果转化、创新创业与科技资源支撑服务三类，对54家省工程技术研究中心和14家企业技术中心，由省科技厅进行评估考核和优化整合，符合条件的纳入省技术创新中心管理。升级和优化海南省大型科学仪器协作共用平台，完善运行管理机制、评估考核机制、资源配置机制和开放交流机制。

海南省应利用建设国家热带农业科学中心的契机，利用自贸区（港）建设有利的政策优势，站在全球化高度，扩大视野，统筹布局，积极作为，牵头组建起热带农业大科技创新体系。

（六）存在问题分析和对策建议

1. 存在问题

（1）科研投入经费逐年增加，但R&D经费支出的结构不合理

海南省的科研投入在全国排名30，处于科技欠发达地区，其中，投入基础研究的经费在R&D总经费支出中所占比例最低，近年来，所占比例最高的年份是2017年，占R&D总经费30%，最低的年份在2015年，仅占1/17，由此可说，海南省的R&D经费支出的结构不合理，基础研究投入太低。海南省的科技创新体系以及科研经费投入机制等方面仍有较大的优化空间。

（2）科研人才总数逐年增加，但高层次科研人才不足

近年来，海南省通过柔性引进和刚性培养等多种方式加大科技人才引进力度，但科技人才规模、数量不足，缺乏高层次领军人才和科研团队，人才层次和梯队建设相对不合理，仍然是海南省科技发展的一个瓶颈，从一个侧面也反映出海南省的科技人才引进、评价、激励等管理制度建设有待完善和优化。

（3）科研产出总量为增长，但总体质量水平偏低，自主创新能力有待提高

海南省的自主创新能力基础薄弱、投入不足，缺乏大型热带农业高新技术企业带动，在农业生物技术、农业新材料技术等高新技术的原始创新、引进、消化吸收再创新能力明显不足，海南的论文、专利和项目的产出量呈逐年增长趋势，著作和成果的

产出表现为“W”形波动趋势，总体科研产出量为逐年增长，但质量和水平偏低，以论文为例，2004—2013 年海南省的 SCI-E、EI、ISTP 三大数据收录论文发文量逐年递增，但海南省 SCI 单篇均被引频次为 3.45，最高被引论文 120 次，而且是与其他单位合作发表，ISTP 单篇均被引频次仅为 0.15，在数量和质量上远低于广东等省区（赵军明，2015）。

2. 对策建议

（1）增加基础研究经费投入，优化科技资源配置

增加海南省基础研究的经费投入，特别是农业科研经费投入，优化整合科技资源配置和热带农业科技创新体系建设。建议海南省应利用自贸港建设的契机，积极向国家发改委、科技部、农业农村部等争取政策支持，争取在国家科技重大专项或国家重点研发计划中设立热带农业领域设立专项，争取海南组织实施重大科技合作项目。启动海南省的特色优势农业产业技术体系，发挥产业体系在农业科技成果的集成研究、试验示范和推广作用。

（2）重视科技创新平台建设，吸引国际化科技人才

通过争取重大科技基础设施、重要科研机构、重大创新平台、重大热带农业科技合作项目等在海南的布局建设，引进全球范围内的科技人才来海南工作，学习新加坡人才计划的模式，引进某个专业领域的海外科学家及其研究团队，进一步带动该领域的专家学者来海南开展科研工作。

第四章

热带农业科研管理实践与经验

一、广东省

2020年广东省政府工作报告中提到了，广东省政府持续加强基础与应用基础研究，聚焦“卡脖子”问题组织实施九大重点领域4批研发计划项目。预计全省研发经费支出2 800亿元，占地区生产总值比重达2.8%，区域创新综合能力保持全国第一，有效发明专利量、PCT国际专利申请量稳居全国首位，获国家科学技术奖50项、中国专利金奖9项。完成3批共10家省实验室布局，获批建设全国首个中医类国家重点实验室。“双一流”高校建设扎实推进，进入ESI排名前1%的学科达77个。引进第8批44个创新创业团队，全职在粤工作两院院士达89人。建设国家级现代农业产业园10家、省级119家，实现主要农业县农业产业园全覆盖，园区主导产业总产值达1 300亿元。大力发展富民兴村产业，新增国家级“一村一品”示范村镇24个，扶持1 000个村发展农业特色产业。现代种业加快发展，农业科技进步贡献率达69%。加快农村一二三产融合发展。

广东省集中力量办大事，强化科技创新的顶层设计，探索更新科技计划管理体系，实施广东省科技业务管理“阳光再造”行动，形成“4+2+2”新型科研计划体系，采用“大专项＋任务清单”管理模式，推动科研管理向创新治理转变。改革科研组织管理和项目形成机制，率先采用“揭榜”制等新型科研组织模式，针对广东省优势产业的重大关键共性技术，面向全国征集最优研发团队和最优解决方案（李妍，2020）。

（一）科研项目管理

1. 广东省级科研项目的分类

广东省的省级科技计划分为专项经费资助计划和支撑引导计划两类。项经费资助计划主要包括战略性新兴产业发展科技专项计划、产学研合作计划、重大科技专项、高新区发展引导计划、中小企业创新资金、重点实验室体系建设计划、主体科研机构创新能力建设计划等。支撑引导计划包括工业攻关计划、农业攻关计划、社会发展攻关计划、促进科技服务业发展计划、成果推广计划、对外科技合作计划、科技基础条件建设计划、专业镇建设计划、火炬计划、星火计划、软科学研究计划、创新型企业院线提升计划、民营科技园计划、科普计划等。

广东省自然科学基金的资助结构一般分为研究团队、重点项目、面上项目（包括自由申请项目和博士科研启动项目），并视实际情况设立专项基金项目。省自然科学基金重点项目、研究团队按形式审查、同行评议、择优答辩、统一审批的程序进行。项目结题需提交理论成果、创新点及经费使用情况报告，研究成果形式包括：论文、软件、数据库、模型、专利等。面上项目由依托单位提供审核意见，报送省基金办审批；重点项目由省基金办组织结题验收或委托依托单位组织专家验收并报送省基金办审批；研究团队由省基金办进行中期考核并组织结题验收。

2020 年，广东省科技厅资助粤澳科技创新联合资助项目与港澳科技成果来粤转化项目，支持广东省创新主体联合澳门合作伙伴，在电子信息、生物医药（中医药）、节能环保、智慧城市、海洋科学等涉及两地民生发展和前沿科技的领域开展联合技术研发、技术转移及产业化合作。粤澳两地牵头申报单位须就同一合作项目分别向各自科技管理部门进行申报，单方提交的项目申报材料无效。立项后两地科技管理部门将分别对粤澳两地牵头申报单位给予资助。项目参与各方就合作项目签订合作协议，明确各方研发任务、分工与知识产权归属，且必须符合内地与澳门有关法律法规要求。

港澳科技成果来粤转化项目对牵头申报单位应在“内地与香港、内地与澳门科技合作委员会协商确定的港澳高校名单”中，如香港中文大学、香港科技大学等，或者是特区政府依法设立、具有独立法人资格的公立非牟利研发机构。申报必须包括至少 1 家广东企业作为参与单位。

“战略性科技创新合作”重点专项支持港澳台科技创新合作，优先资助生物技术和人工智能方面的科研合作，此类项目要求广东与中国香港和中国台湾相关主管部门各自发布征集通知，双方合作单位应分别向各自征集部门提交项目申请，合作双方在申请前要签署合作协议或意向书，必须包括知识产权专门条款。

2. 科研项目过程管理

从科研人员的层面分析科研项目管理，主要有科技需求论证、编制申报书及经费预算、项目研究开展、阶段性检查、结题验收和应用推广 6 个阶段。首先，根据项目的申报指南和资助范围，结合研究基础和研究领域，通过国内外文献梳理和相关统计数据分析，科研人员应论证项目可行性和研究方案，确定考核任务，编写项目申报书和经费预算，在编制过程中，申报人要细化研究计划、项目组成员分工、预算科目详细说明等内容。

项目立项后，负责人要对项目的进度、经费支出合理性、风险规避进行过程管理，根据项目主管单位的要求，提交阶段性检查报告。项目结题验收阶段，负责人要对照考核指标确定完成情况，撰写结题报告，汇总成果证明材料，提交项目主管单位，根据实际需求通过验收答辩环节，示范推广类项目应注重科研成果的示范推广所取得的经济效益和社会效益等，基础研究类项目应发表科技论文或者培养人才，应用研究类项目应发表论文、申请专利、开发软件、建模或数据库等。

从科研管理部门的角度分析科研项目管理，根据国家科技创新发展战略，结合各省区的优势产业、重点资助领域，通过广泛征求科技主管领导、高校和科研院所等行业专家的意见，制定申报指南，确定资助领域。根据项目类型，编制项目申报书或者建议书的格式，组织好项目申报和形式审查工作，对项目承担单位和申报人的资质、是否超项、是否符合指南资助范围、申报书编制情况、预算编制合理性等进行初审，进入项目评审阶段，根据需求，采取会议评审或者网络系统评审、通讯评审的方式公平、公正、公开地开展项目立项评审，评审专家对研究内容、关键技术和实验方法可行性等进行评定。广东省较早使用专家库管理科研项目评审专家，推进了科技阳光业务再造行动方案 2.0，在网络项目评审需求大幅增长、科学交叉融合加快发展的新形势下，广东的科研管理也面临着备选专家不足、匹配精准度不高等问题（蔡利超，2020）。

广东省科研主管部门非常重视过程管理，特别是跟踪重大科技项目的执行情况，执行期超过 2 年以上的科研项目要求提交阶段性报告和科研产出证明，除科研成果的证明材料之外，重大项目的结题验收应提交经费审计报告。

3. 广东省财政项目管理制度

《广东省人民政府关于加强广东省省级财政科研项目和资金管理的实施意见》（以下简称《意见》）对科研项目和资金配置、科研项目管理和资金管理监督等方面提出 29 条要求，强调原则是“申报要公平、项目要公开、审批要制衡、去向要审计、绩效要评估、考核要问责”明确提出建立科技档案管理制度，对项目管理全程达到可查询、可追溯和可申诉的痕迹管理（叶青，2014）。要求优化整合科技专项资金和完善科技档案管理制度，扩大科研项目指南编制人员的专业领域，探索项目指南的论证机制，推行项目查重和网络评审模式，提高项目评审的公正和透明度。《意见》要求科技主管部门规范项目直接费用的支出管理，提出项目预算的目标相关性、政策相符性、经济合理性相结合的原则，及时批复项目和预算，制定间接经费的管理办法，探索项目组成员实际贡献大小，发挥间接经费对科研人员的激励作用。项目验收后的结余经费允许结转下年度使用，允许项目承担单位统筹安排结余经费使用。《意见》要求项目承担单位建立健全科研和财务管理的内控制度，探索建立科研诚信体系，对科研人员、承担单位、评审专家和第三方评估验收机构进行信用评级和分类管理，建立“黑名单”或“负面清单”制度，科研诚信体系对科研项目的全过程进行有效监督管理。《意见》要求建立省级科技报告制度，建立国家和省级科技报告的共享服务体系，构建科技资源的开发共享体系。

《2019 年广东省人民政府关于进一步促进科技创新若干政策措施》中提到了：推进粤港澳大湾区国际科技创新中心建设；鼓励港澳高校和科研机构承担省科技计划项目；推进创新人才高地建设；加快建设省实验室和新型研发机构；加快高新区改革创新发展；加大企业创新普惠性支持；打通科技成果转化“最后一公里”；促进科技金融深度融合；加强科研用地保障等 12 条政策措施。

广东省非常重视科研管理的信息化建设，从科研项目的申请、立项、计划、实施、结题的全过程进行信息化管理和跟踪，能有效提高科研管理的效能，实现科研管理信息和基础数据整合；重视科研管理专业人才队伍的培养，建立健全项目负责人制度，以明确项目负责人和项目组成员的责、权、利关系，探索建立项目组成员的约束、考核、培养和激励等体制，开展项目管理专业培训，提高项目组成员的管理素养和能力（曾榆婷，2014）。

（二）科研成果管理

2018 年 10 月，广东省人民政府发布《广东省关于深化科技奖励制度改革的方案》，改革后，省科技奖授奖总数将不超过 185 项，比之前减少三成；奖金总额上限为 7 300 万元，比之前增加了 2 800 万元，增幅为 62%，奖励力度为目前国内省份最高。在奖励对象方面，自然科学奖、技术发明奖等奖励对象由“公民”改为“个人”，逐步推动实现符合条件的省外、国外人士依法依规平等参与广东省科学技术奖励评选活动。在评审机制方面，要做到定标定额。分类制定以创新能力、创新质量、实际贡献为导向的评价指标体系；自然科学奖、技术发明奖、科技进步奖实行按等级标准提名、独立评审表决的机制；评审落选项目不再降格参评。在定额方面，控制奖励数量，重在提高奖励质量，奖金标准适当提高。

根据粤科区字〔2019〕154 号文件，广东省科学技术奖分 5 类，分别为突出贡献奖、自然科学奖、技术发明奖、科技进步奖、科技合作奖（表 4-1）。广东省科学技术奖实行提名制度。广东省政府组成部门和直属机构，地级以上市政府，具有提名资格的学会、行业协会（联合会）、两院院士、广东省获国家科技奖项目的前三完成人之一，都有提名资格。评审委员会办公室对提名材料进行形式审查和信用审查后，组织评审专家对各奖种获奖者和奖励等级提建议。主要评审环节包括网络评审、会议评审等，评审专家实行个人项目回避制度。

广东省农业技术推广奖励，主要奖励各级农业技术推广机构和广大农业技术推广人员。授予推广应用于种植业、畜牧业、林业、渔业、水利、气象、农机等方面的科研成果和实用技术，如良种繁育、病虫害防治、栽培和养殖技术，农产品加工、保鲜、贮运技术，农业机械化技术，农田水利、节水农业、土壤改良与水土保持技术，农村能源利用和农业生态环境保护技术，农业气象技术等。

广东省哲学社会科学优秀成果奖励，奖励范围包括广东省个人或集体编撰并正式出版的专著（含个人专业性论文集）、教材、译著等，公开发表的论文、调研咨询报告，被地级以上市党委、政府或省直厅级以上单位采纳的未公开发表的调研咨询报告等研究成果。评审委员会由省内知名社科专家及有关部门负责人组成。各学科专家评审组负责初评、复评工作。

表 4-1　广东省的省级科技奖励

奖项名称	奖种设置	奖励范围
广东省科学技术奖	突出贡献奖	主要授予在广东省长期从事自主创新，为建设科技创新强省做出重大突出贡献的科技人员
	自然科学奖	主要授予在基础研究和应用基础研究中，阐明自然现象、特征和规律并做出重大科学发现的个人
	技术发明奖	主要授予运用科学技术知识对产品、工艺、材料及其系统等做出重大技术发明的个人
	科技进步奖	主要授予为促进科技进步和经济社会发展做出突出贡献，符合条件的个人、组织
	科技合作奖	重点面向粤港澳科技合作、国际科技合作等，同广东省合作研究开发，取得重大科学技术成果的，其单位在省外（或境外）的个人或注册地在省外（或境外）的组织
广东省农业技术推广奖励	一等奖	推动全省农业生产发展和增加农民收入起到较大作用，推广技术先进，推广难度大，技术措施和投入产出比均进入国内先进行列或处于省内领先水平
	二等奖	上述指标达到省内先进水平或市的领先水平
	三等奖	上述指标达到市内先进水平

根据《广东省科技成果评价办法（试行）》（粤科成字〔1999〕239 号），广东省科技行政部门通过鉴定、评审、评估、验收、专利授权、行业审定等方法，对科技成果的学术、技术价值和实用价值进行确认、评定和评价（表 4–2）。

表 4-2 广东省的成果登记内容

成果类型	成果形式	评价范围	
理论研究成果	理论研究论文和专著	指发现并阐明自然现象、特征、规律及其内在联系的自然科学基础理论和应用基础理论研究的成果	在学术会议上宣读；引起同行引用和评论，所在单位学术机构出具材料
软科学研究成果	科学研究报告和著作	为决策科学化和管理现代化而进行的有关发展战略、政策、规划、评价、预测、科技立法以及管理科学与政策科学的研究成果	评审。参考《软科学研究成果评审办法》
应用技术成果	新技术、新产品、新工艺、新材料、新设计、新方法、新品种、新资源及其他应用技术	指可独立应用的阶段性研究成果和引进技术、设备的消化、吸收创新成果	应用基础研究成果原则上采用函审鉴定；新产品采用检测鉴定；其他类型的应用技术成果采用会议鉴定

发明专利、实用新型专利，报省专利管理部门确认，新产品、新品种（如农业新品种等），经技术合同登记后实施有效的科技成果等，报广东省科技行政部门确认。科技成果评价指标主要包括学术、技术价值和实用价值两类指标。以鉴定形式进行评价的科技成果，向广东省行业科技管理部门或所在地的地市级科技行政部门提出申请，以评估形式进行评价的科技成果，直接向广东省科技行政部门申请。

（三）国际合作与交流

广东省在推进粤港两地在基础设施互联互通、科技合作、经贸合作等方面取得显著成效。打造国际创科中心，促进两地人流、物流、资金流、信息流等要素畅通，优化粤港澳大湾区投资环境和营商环境。落实 CEPA 及其系列协议，提升粤港市场一体化水平；参与“一带一路”建设，共同培育国际合作新优势；构建新型合作模式，搭建多元合作平台。

广东省发布“科技创新十二条”：深港科技创新合作区获批实施先行先试政策，支持港澳高校和科研机构参与广东省科技计划项目，首次实现省财政科研资金跨境港澳使用。建立广东省的财政科研资金跨境使用机制：“科技创新十二条”提出广东省的财政科研资金跨境使用机制，允许港澳高校、科研机构牵头或独立申报，或者以参与单位的角色参加广东省科技计划项目，鼓励港澳机构牵头联合国际机构、国际科研团队，牵头联合在港澳特区注册的企业申报省财政科技计划项目。也鼓励符合条件的地级市以上科技项目向港澳开放。港澳机构承担项目的过程管理和验收评估，可由广东项目管理机构组织开展，也可以委托港澳特区机构实施。允许广东省科技厅的项目资金直接拨付到港澳两地牵头或参与单位的账户。依托港澳项目承担单位取得的科技成果与知识产权原则上归其所有，依合同约定使用管理，要求其优先在广东省产业化。建立资金拨付绿色通道：“科技创新十二条”中明确允许，广东省科技行政部门凭立项下达文件、立项合同到税务部门进行对外支付税务备案，即时办结后到相关银行办理拨款。该办法明确了港澳银行收取的管理费可从科研资金中列支。特别要求了广东省税务局对跨境资金对外支付税务备案即时办结。银行在办理科研经费人民币资金跨境支付业务后，按规定向人民币跨境收付信息管理系统报送信息。开放科技人员往来港澳有效期 3 年商务签注：试行高校、科研机构和企业科技人员按需办理往来港澳有效期 3 年的多次商务签注，延长所有创新主体科技人员商务签注有效期，高校、科研机构以及企业的科技人员均可以申请有效期 3 年（甚至 5 年）的多次商务签注。实现“港人港税”：该办法提出了推进南沙粤港澳人才合作示范区建设，深化外籍人才永久居留积分试点工作，建立海外人才离岸创新创业基地。支持珠三角的广州、深圳和珠海等 9 个城市按内地与境外个人所得税税负差额给予补贴，境外人才个人所得税税率最高可从 45% 下降至 15%，减轻了港澳人才和外籍高层次人才在内地工资薪金所得税税负，对港澳人才在个税缴纳与港澳对接，按内地与香港个人所得税税负差额，对在大湾区工作的境外（含港澳台）高端人才和紧缺人才给予补贴，该补贴免征个人所得税。未来三年内，广州力争面向全市新增 3 万套人才公寓和公共租赁住房，优先供给重点产业、重点企业中的人才使用。

（四）总结

广东省实施省级科技业务管理阳光再造行动，确立“511”新型科技计划体系，健全科研项目、资金、评价等管理制度。在研发方向、路线选择、经费使用、项目评审以及成果评价和应用等各个环节，凡是市场和企业能做的都交给市场和企业，科技行政管理部门要最大限度地减少对具体项目、技术和产品的直接干预。要加强项目、资金监管，严格经费审计和绩效评价，切实提高资金使用效益。在科技创新评价方面，广东省逐步改进了对高等学校和科研院所的科研分类考核，建立教学、科研和成果转化等业绩的等效评价机制，将专利、标准制定和成果转化等业绩作为职称评审、绩效评价和考核激励的重要依据。在制度建设方面，广东也出台了一系列的相关政策，《关于提高自主创新能力提升产业竞争力的决定》和《广东省促进自主创新若干政策的通知》强调了要从科技投入、税收激励、金融支持、政府采购、引进消化吸收再创新、人才队伍、创造和保护知识产权等 10 个方面对科技服务业激励政策进行了全方位的规划（表 4–3）。

表 4-3 广东省科技创新的相关制度文件

发布年份	文件名称
2012	广东省科学技术厅关于省级科技计划项目管理的暂行办法
2014	中共广东省委广东省人民政府关于全面深化科技体制改革加快创新驱动发展的决定
2014	广东省科技厅关于省科技计划信用的管理办法（试行）
2014	广东省科技厅关于省科技计划项目监督检查的管理办法（试行）
2014	广东省科技厅关于省财政科技支出绩效评价的实施细则
2015	广东省人民政府关于加快科技创新的若干政策意见
2015	广东省经营性领域技术入股改革实施方案
2013	广东省促进自主创新若干政策的通知
2016	广东省促进科技成果转化条例
2005	关于提高自主创新能力提升产业竞争力的决定
2018	广东省关于深化科技奖励制度改革方案的通知
2019	广东省财政厅 广东省审计厅关于省级财政科研项目资金的管理监督办法

1. 广东省技术经济研究发展中心项目评估部

广东省技术经济研究发展中心项目评估部在科技评估方法标准及理论研究和评估评审标准化体系建设，开展了系统和深入的研究工作，并通过了 ISO 9001 质量管理体系认证，牵头制定并发布了广东省科技计划项目立项评审服务标准。承担了“广东省创新型企业评价指标体系研究”“广东省科技计划项目综合评价系统优化设计研究与应用”“广东省科技信用评价指标体系及模型”和“创新驱动发展形势下广东省建立市场化导向科技成果评价制度研究”等项目。

随着国家及广东深入实施创新驱动发展战略，科技管理体制改革发展不断推进，该评估部的业务范围也从专业化、规范化和标准化的评估评审研究设计和服务支撑拓展到了项目评估、企业产品人才资质资格认定评估，科技成果评价、科技信用评价等领域。该评估部建立了多功能评审网络及其管理系统，可以支持近百名咨询专家同时在线网络评审工作，协助广东省科技厅建成华南地区最大的科技咨询专家库，入库的科技咨询专家 2 万多人；建立了广东省省级科技计划项目立项评审指标数据库，涵盖了广东省的 5 大主体科技计划，11 个重大专项和 11 个专题计划。取得了国家重点新产品计划项目评估备案试点单位和广东、广西等省级科技计划项目管理服务资格。2014—2016 年接受了广东省科技厅、省财政厅、省商务厅、省经信委等评估业务委托任务，承担了广东省级科技项目评审约 10 000 项（次），并与国家科技评估中心、武汉科技咨询评估中心及广东省标准化研究院等科研机构建立了长期合作关系。

2. 广东省实施了科技咨询专家信用管理

2015 年，广东省科技厅制定了科技咨询专家信用管理实施细则，对广东省科技咨询专家库的专家进行认定、审核、评价等分级管理，可以分为 AAA、AA、A、B、C 的 5 个级别，在库专家必须要接受信用管理，才能参加广东省科技厅的科技业务管理工作，对专家们的信用管理和评价是探索信用记录和强化科技评估结果运用的新途径之一。2017 年发布了《广东省级科技计划严重失信行为记录与惩戒的暂行规定》，对省级科技项目和相关责任主体的申报、立项、实施验收和评估等全过程发生的严重失信行为进行客观记录，并采取相应限制措施进行惩戒。2014 年 9 月，广东省科学技术厅印发了《广东省科学技术厅关于省科技计划信用的管理办法（试行）》，从项目负责人的项目执行条件、诚信水平、科研绩效等方面设计指标体系，指标体系分为基本信用和动态信用两大评价，动态信用指标包括项目的申报与受理、评审与立项、实施与管理、结题与验收、绩效管理、其他等各个环节的良好行为和不良行为记录，通过信用评价来达到加强监督、提高绩效、优化管理的目的。

3. 建立了广东省科技业务管理阳光政务平台

2014 年，广东在国内率先建立了科研项目决策、执行、评价相对分离，相互监督的权力制衡机制和内外并举的双重监督机制，科技业务管理阳光政务平台正式上线，实现科技业务管理全过程的“痕迹”管理和信息公开，以及监察、审计、财政等多级多部门的协同监督和审查。

4. 对省级重点实验室的考核

广东省对重点实验室的考核方式为定性和定量相结合，主要对实验室的科研水平和运行等进行考核，指标体系包括“研究成果及学术技术水平”“队伍建设与人才培养”“经费及设备实力”“管理运行”4 个一级指标，12 个 2 级指标，每 4 年评估一次，评为“优秀”奖励 30 万元经费，评为“良好”的奖励 15 万元经费，但几乎没有实行淘汰（范瑞泉，2015）。这种考核方式偏重论文、专利和科研经费，而忽视了研究成果的学术水平和社会影响力，容易误导科研人员产生“重数量轻质量”的观念，背离了省重点实验室的运行建设宗旨。针对这种现象，广东省对省级重点实验室的考核评价体系推陈出新，首先考量其功能和发展定位，以单项指标评价的方式对实验室进行考评，如对获得原始创新理论重大突破或者产业化产生巨大经济效益的给予一票通过的考核机制，同级别不同学科领域实验室的研究内容和成绩的表现方式各有不同。因此，在具有共性的基础上，分类设置不同性质实验室的考核指标。引导实验室向创新质量、服务贡献、科教结合、创新文化方面发展，通过科学的评估机制，形成重点实验室“创新—激励—再重新”的良好激励约束机制。

广东省的科研项目任务之间资源配置仍然存在冲突，科研项目的立项评审、过程管理、结题验收都涉及承担单位的各部门，自上而下的职能式管理模式是最常见的，这种模式有利于科技资源的集中汇总，但不利于跨部门之间的交流和沟通；科研项目管理风险和成本控制手段有待完善，科学研究的工作存在一定政策因素、自然因素和环保等其他风险，科研人员和管理人员更关注立项申请和结题验收，不重视过程管理和风险防范，风险防控意识有待加强，风险规避技术和手段有待提高，如果不能有效规避风险，会增加科研项目的成本，妨碍研究工作的顺利开展；科研成果的利益分配机制亟待创新；科研管理专业人才队伍建设有待加强，对经费预算有限的科研项目如何统筹安排和分配资源，高效推动研究计划进度，加强对管理人员和科研人员的管理业务水平，定期开展有关项目管理的培训，是提高科研机构科技项目管理水平的有效途径。

（五）建议

1. 发挥科技金融对财政科研资金的杠杆和资源配置作用

加大对高新技术企业的科技创新投入力度，如重大共性关键技术，可以股权投资和产业基金等科技金融方式，通过后补助、以奖代补和合同补贴等资助方式支持。对重大共性关键技术要聚焦，结合本省科技发展战略需求，通过定向择优方式委托承担。

2. 建立健全基础研究、应用研究和示范推广的平台体系

广东在医药、生物、化学、应用材料、轻工业与手工业、电力工业、建筑科学与工程、环境科学与资源利用等领域研究较为深入，是成果产量较多的学科，加大对这些优势学科的支持力度，组织开展基础研究和应用基础研究，瞄准世界科技前沿，服务国家重大战略需求，提升原始创新能力（江笑颜等，2016）。加大省级财政对基础研究和公益性研究的投入力度，以省部级、省市级共建实验室为抓手，加大基础研究、应用基础研究投入力度，加入国家自然科学基金区域创新发展联合基金，引进高水平“硬科技”平台，布局粤港澳联合实验室。探索省级重点实验室“固定 + 流动”的柔性引才模式，吸引和聚集全球创新人才资源。

3. 加强评审专家库等信息化建设

加快评审专家库的更新和维护，收集每次项目评审专家匹配情况、专家熟悉度自评结果、专家评审打分结果等基础数据。探索行业专家和交叉学科专家的激励和约束机制，加大推广科研人员的科研信用评价制度。试行信息反馈机制，畅通信息流动渠道，建立配套的反馈服务体系，加强专家匹配情况的反馈机制、专家监测评估反馈机制等的建设。

（六）制度汇编

广东省科技管理部门对该省的省级科技计划项目管理、经费管理、评奖办法进行了制修订工作，如《广东省关于深化科技奖励制度改革方案的通知》（粤府办〔2018〕33号）、《广东省财政厅 广东省审计厅关于省级财政科研项目资金的管理监督办法》（粤财规定 2019 年 5 号文）、《广东省科学技术厅关于省级科技计划项目管理的暂行办法》（粤科规划字〔2012〕57 号）等科研管理文件。对科研项目的指南编写、组织评审、立项、过程管理、经费管理、结题验收，以及评奖、成果评价鉴定等工作进行了科学地梳理和规范化管理，对提高科研管理效率和科技管理创新能力，成效非常显著。

二、广西壮族自治区

（一）科研项目管理

1. 项目类别

为了加快实施创新驱动发展战略，满足创新驱动发展需要，广西科技发展战略研究专项主要集中于中长期科技创新发展规划、体制改革与创新政策、企业创新发展、科技创新基地及人才队伍建设、科技创新支撑高质量发展等方面的研究，为广西科技创新发展提供决策咨询。广西科技计划和科技项目主要包括五大方面，科技重大专项、重点研发计划、科技基地和人才专项、技术创新引导专项和广西自然科学基金项目。其中广西自然科学基金项目包括 5 个方面，分别是面上项目、青年科学基金项目、杰出青年科学基金项目、创新研究团队项目和重点项目。

（1）广西科技重大专项

广西科技重大专项由自治区创新驱动发展专项资金支持。其主要研究内容是围绕打造传统优势产业、先进制造业、新一代信息技术、互联网经济、高性能新材料、生态环保产业、优势特色农业、海洋资源开发利用保护和大健康产业 9 个方面，致力于打造创新发展名片，重点支持重大科学研究、重大科技攻关、重大新产品开发和国家级、自治区级创新平台建设，通过核心技术突破和资源集成，获得一批重大新产品、关键共性技术、示范性创新基地等标志性成果；培育能形成具有核心自主知识产权、对企业自主创新能力的提高具有重大推动作用的战略性新兴产业；解决制约经济社会发展的重大瓶颈问题。落实自治区推进“双百双新”产业项目相关决策部署，支持“双百双新”产业项目开展重大科技攻关、重大新产品开发。该项目申报主体为企业。

（2）广西重点研发计划

重点研发计划申报主体为企业，主要是优先支持市场导向明确、内部有研发机构、有研发投入的企业创新项目。“双百双新”产业发展，聚焦广西国民经济与社会发展的重点公共需求和民生科技优先领域，支持事关广西产业核心竞争力、整体自主创新能力的重大共性关键技术和产品研究开发及应用示范、国内外重大科技成果引进创新与转化应用，以及重大社会公益性研究。

（3）广西科技基地和人才专项

广西科技基地和人才专项围绕广西优势特色产业领域和经济社会发展需要，以增强自主创新能力为目标，加强产学研协同创新体系建设，支持龙头企业与科研院所、高校联合开展科技创新平台、科技基础条件平台、创新创业载体、科技创新人才队伍建设，打造产学研用一体的创新链。

（4）广西技术创新引导专项

广西技术创新引导专项充分发挥财政资金的杠杆作用，进一步创新财政科技投入方式，运用市场机制引导社会资金和金融资本进入技术创新领域，激励企业加大自身科技投入，发挥技术创新的主体作用。

（5）广西自然科学基金项目

广西自然科学基金以习近平新时代中国特色社会主义思想为指导；遵循“鼓励探索、突出原创；聚焦前沿、独辟蹊径；需求牵引、突破瓶颈；共性导向、交叉融通”的原则；坚持“强基础、建平台、优学科、育人才、出成效、促产业”资助导向；坚持自由探索和重大需求引领并重，鼓励围绕本年度广西重点研发计划项目相关研究领域开展基础研究和应用基础研究；坚持“依靠专家、科学客观、公平公正、择优支持”的评审原则；坚持突出人才培养，充分发挥广西自然科学基金在培养基础研究人才和培育国家自然科学基金资助项目的“苗圃”作用。

2. 申报流程

项目申报流程：网上填报、推荐部门推荐、专业机构审核、打印盖章、寄送或现场报送至广西科技项目评估中心，具体流程如下。

（1）单位注册

登录“广西科技管理信息平台”（以下简称系统）（网址：http://gkg.kjt.gxzf.gov.cn）。点击“注册”，在注册向导页面选择“申报单位”角色，根据系统提示进行单位简要信息的填写注册。注册后登录系统，及时完善单位详细信息，并按要求上传营业执照副本（三证合一）或事业单位法人证书副本（二证合一）的扫描件（未换新证的，上传旧的企业营业执照副本及组织机构代码证扫描件）和其他附件。信息填写完成后提交至科技厅审核，科技厅审核通过的单位方可在系统进行项目申报相关操作。

（2）项目负责人注册

方式一：单位管理员登录系统，添加申报人（即项目负责人），项目负责人通过激活收到的邮件获得账号。获得账号后，须在申报项目前及时登录系统完善个人信息。

方式二：项目负责人自行注册。步骤是登录系统，点击“注册”按钮，在注册向导页面选择“项目负责人”角色，根据系统提示进行注册，并通过激活收到的邮件获得账号。获得账号后，须在申报项目前及时登录系统完善个人信息。采用该种方式注册的项目负责人，需在申报项目之前通知所在单位管理员在系统对其个人身份进行确认。

（3）网上填报及审核推荐

项目负责人在“申报管理”菜单下，点击“新增项目申请”选项，选择相应的项目类别，点击“填写申请”按钮即可进行网上申报书填写。

通过系统下载项目可行性报告模板，编写相应的项目可行性报告并上传到系统中。项目可行性报告正文用仿宋四号字体，页面统一为 A4 纸，采用 PDF 格式，文件大小不超过 5MB。

如有其他附件材料，须将附件材料扫描成 PDF 格式，并按系统要求上传。属于多个单位联合申报的项目，则要上传联合申报合作协议书。联合申报合作协议书、查新报告等上传的附件材料应为加盖有效印章的材料。

项目负责人在线提交项目申请书，申报单位和推荐单位按系统提示依次进行审核及推荐后，项目申请书在线提交到指定的项目管理专业机构。

（4）审核通过

项目管理专业机构应在 5 个工作日内对项目申报材料的完整性、合规性进行审核。审核通过后，系统自动生成带有申报编号和条形码的 PDF 申报书并通知申请人。

（5）打印报送纸质材料

项目负责人登录系统下载 PDF 申报书打印，经项目组成员签字并加盖单位公章后，连同申报附件等材料一并报送推荐部门进行审核盖章，纸质申报材料须与网上申报内容相一致。

经推荐部门审核推荐的纸质材料（可由推荐单位或申报单位）寄送或现场报送至广西科技项目评估中心。

（6）受理确认

广西科技项目评估中心收到纸质材料 5 个工作日内核查材料是否与系统上一致，确认受理并发送短信通知，申报单位若有需要可从申报系统打印受理通知书。

3. 实施与管理

目前，广西的科技计划项目管理有以下 4 种形式，一是由行政主管部门即各级科技部门直接监管。相应科技管理职能部门负责对项目实施过程进行监控，如自治区级科技计划项目由科技厅直接管理，具体项目实施过程的监控由多个业务处室管理。二是由专家小组即专家组或计划项目管理中心进行管理。政府负责制定宏观目标的决策、政策和措施，专家委员会负责咨询、监督和评价以及技术决策，项目管理中心负责过程管理。三是委托第三方管理机构即专业管理机构监管。从 2016 年起开始，科技计划项目的立项、评估、验收等管理事务逐渐委托专业机构管理，专业机构根据项目进展情况定期向科技主管部门报告，并提出管理建议。四是行政主管部门与专家小组相结合的监管。

4. 结题验收和绩效考核

（1）结题验收

验收专家组独立地提出验收意见和验收结论，并对验收意见和验收结论的准确性负责。在验收过程中，专家组成员及相关工作人员要保护验收项目的知识产权，保守项目技术秘密，不得擅自使用或对外公开与项目有关的内容和数据。必要时，项目验收机构可与专家签订保密协议。项目管理机构依据专家组意见或第三方机构评价意见、用户测评结果，确定项目验收结论，并将验收结论进行公示，公示时间 7 天。公示无异议且验收结论为通过验收的，核发项目验收证书。项目产生科技成果的，项目验收时可作适当评价，承担单位及时进行科技成果登记。根据项目验收结论分 3 种情形奖惩。通过验收的，项目结余资金按规定留归项目承担单位使用，在两年内由项目承担单位统筹安排用于科研活动的直接支出，并将使用情况报项目管理机构。两年后未使用完的项目结余资金，按规定收回。不通过验收的，收回未使用和违规使用的项目资金，由于第 25 条中（一）或（二）原因造成的，不影响项目负责人的申报资格；由于第 25 条中（三）或（四）原因造成的，取消项目负责人 2 ～ 3 年的申报项目资格。由于经费使用严重违规的，取消项目负责人 5 年以上（含）的申请项目资格。对弄虚作假通过验收的项目，追回已拨付的全部项目资金，将项目负责人记入不良科研信用档案，取消项目负责人 5 年以上申报和参加自治区科技计划项目资格。

（2）项目评审

实行分类评审。根据不同项目类别，采取合理的评审程序和方法，有针对性地制订项目评审指标体系和评审方案，不同类别的科技计划项目应根据实际情况，在项目申报和评审中综合考虑项目承担单位、项目负责人和团队实际能力以及项目要求，不把发表论文、获得专利、荣誉性头衔、承担项目、获奖等情况作为限制性条件。同一轮次同一类别的项目实行同一种评审方法，避免评审结果出现差异。探索建立对重大原创性、颠覆性、交叉学科、自由探索创新项目等非常规评审机制。完善全程监管的项目评审机制，实现评审全过程的可申诉、可查询、可追溯。

项目评审方式。项目评审主要包括会议评审、网络评审、答辩评审、通讯评审、专家咨询论证等方式。对自治区重大工作部署确定的项目和突发、应急项目，以及具有明确目标、技术路线清晰、组织程度较高、优势承担单位突出或集中的重大科技项目，可采取专家咨询论证方式。对特别重大、特别紧迫以及重大原创性、颠覆性、交叉学科、自由探索创新项目，可通过“一事一议”等途径立项支持。广西科技重大专项项目和申请财政资助 100 万元及以上的广西重点研发计划项目采用会议评审与答辩评审相结合的方式；广西科技基地和人才专项项目及广西技术创新引导专项项目以会议评审为主；广西自然科学基金项目以网络评审为主，杰出青年基金和创新团队项目采用网络评审与会议评审相结合的方式。合理确定专家的评审项目数、总时长等工作量，会议评审前及时组织专家审阅申报材料，确保专家充分了解申报项目情况；合理确定项目汇报和质询答辩时间。项目负责人原则上应亲自汇报答辩，除财务人员外，不在项目申报团队内的人员不得参与答辩。

项目预算评估。对申请资助科技经费 100 万元及以上的科技项目，采用项目技术可行性评审和预算评估分离的评估方式。技术可行性评审阶段，专家组由 5 名技术专家组成；预算评估阶段，专家组由 3 名财务专家和 2 名参加过技术可行性评审的技术专家组成。对申请资助科技经费 100 万元以下的科技项目，简化评审流程，采用技术可行性评审和预算评估合并的评估方式。专家组由 4 名技术专家、1 名财务专家组成。基础研究类项目评审和可行性论证，专家组可不含财务专家，由同行技术专家对项目进行综合评审。

（3）绩效考核

绩效评估的目的是对存在的问题提出整改意见并限期整改。着重从专业机构的法人治理、内部管理制度和风险防控机制、项目管理规范性、科学性、有效性等方面，对专业机构的履职尽责情况进行评估，绩效评估的主要内容包括但不限于以下 7 个方面。

法人治理结构：是否具备法人资格，是否设置单独的项目管理、财务管理和内部监督等部门。

内部管理制度：项目管理、财务管理、廉政风险防控、保密及档案等管理制度是否建立健全。

项目管理能力：人员配备是否合理、分工是否明确，专职人员是否有科技项目管理经历，办公场所及其设施条件是否具备。

项目立项评估（验收）工作：是否制定工作方案（每批次），评估（验收）方式是否合规，评估（验收）流程是否规范，评估（验收）指标设计是否科学合理，是否从专家库抽取专家，专家组结构是否合理，专家遴选是否随机，专家回避制度执行情况。

项目过程管理：是否签订委托协议书（每批次），是否签订项目合同书，是否开展项目中期检查并上报检查情况。

项目管理目标完成：是否按签订的委托协议书按时完成项目立项、过程管理和结题验收工作，是否按时提交工作总结报告和年度报告。

其他：项目管理是否有记录，原始记录资料（光盘）是否归档保存，项目管理信息化程度。

绩效评估方式采用专业机构自评和专家现场检查评估相结合、自评和重点评估相结合。9 个专业机构先针对评估内容开展自评，并提交自评报告和有关证明材料。自评后抽选其中 3 家进行重点现场检查评估。3 家机构的评估从“广西科技专家库”抽取 5 名专家（含 1 名财务专家）组成评估工作组进行现场检查和评估。

（二）科研成果管理

1. 广西社会科学优秀成果奖

为充分调动社会科学工作者的积极性、创造性，鼓励自主创新，自治区设立广西壮族自治区社会科学优秀成果奖，评选奖励工作每两年开展一次。评选奖励工作由自治区党委宣传部、自治区社科联组织实施。自治区内作者的作品，自治区内作者作为第一作者与自治区外作者合作的作品，有明显学术价值或应用价值的社会科学研究成果，均可申报广西壮族自治区社会科学优秀成果奖。列入申报评选的成果范围：在当届评奖规定时间内公开发表的社会科学论文、调查研究报告，正式出版（含有电子出版书号的电子出版物）的专著、编著、译著、教材、科普读物、古籍整理、通俗读物、工具书；通过专家组鉴定的调研报告、决策咨询报告或其他应用课题研究成果；广西哲学社会科学工作办公室、设区市哲学社会科学工作办公室立项，以及厅级以上单位立项，并在当届评奖规定时间内通过专家组鉴定结项的课题研究成果；被设区市或自治区党政部门采纳并产生明显社会效益或经济效益，且有证明材料的调研报告、决策咨询报告。未在当届评奖规定时间完成，但在当届评奖规定时间获时任国家领导人肯定性批示或被国家部委、自治区采纳并产生重大影响，且有证明材料的社会科学研究成果。已获得省部级以上奖励的社会科学研究成果，不列入申报评选范围。

广西壮族自治区社会科学优秀成果奖按著作、论文、研究（调研）报告三大类分别设立一等奖、二等奖、三等奖，各等级奖项的评价标准如下。

一等奖：选题有重大意义，对某一学科有重大贡献或填补某一学科的空白，具有重要的学术价值，在国内产生较大影响；对经济社会发展和改革开放中急需解决的重大实际问题有突出贡献；宣传党的创新理论、传播普及社会科学知识，在国内具有广泛的社会影响。

二等奖：选题有较大意义，对某一学科的发展有较大贡献，具有较为重要的学术价值，并在国内有一定影响，在自治区内有较大影响；对经济社会发展和改革开放中急需解决的实际问题有重要贡献；宣传党的创新理论、传播普及社会科学知识，在国内具有一定的社会影响。

三等奖：选题较有意义，在某一学科的某一方面有新的突破；对某个理论问题作出正确、富有新意的阐述，具有较高学术水平；对经济社会发展和解决改革开放中出现的实际问题有一定贡献；宣传党的创新理论、传播普及社会科学知识，在自治区内有较大的社会影响。

2. 广西科学技术奖

广西科学技术奖分为科学技术特别贡献类、自然科学类、技术发明类和科学技术进步类等四大奖项。

科学技术特别贡献类是在当代科学技术前沿取得重要突破或者在科学技术发展中有重大成就或者在科学技术创新、科技成果转化和产业化中，取得系列或者重大的成果。

自然科学类是在前人尚未发现或者尚未阐明，具有重大科学价值，且得到国内外自然科学界公认。该奖项候选项目的主要完成人员，应当是相关科学技术论著的主要作者，且前 3 位主要完成人员必须是项目前 5 篇代表性论著之一的通讯作者或者前 3 名作者。其评定等级分为一等奖、二等奖、三等奖。在科学上取得突破性进展，首次发现和阐明的自然现象、揭示的科学规律、提出的学术观点或者其研究方法为国内外自然科学界所公认和广泛引用，学术水平高，推动了本学科或者相关学科的发展，或者对经济建设、社会发展有重大影响的，可以评为一等奖。在科学上取得重要进展，首次发现和阐明的自然现象、揭示的科学规律、提出的学术观点或者其研究方法为国内外自然科学界所公认和引用，学术水平较高，推动了本学科或者其分支学科的发展，或者对经济建设、社会发展有较大影响的，可以评为二等奖。在科学上取得较大进展，发现和阐明的自然现象、揭示的科学规律、提出的学术观点或者其研究方法为国内外自然科学界所公认和引用，有一定学术水平，对本学科或者其分支学科的发展有一定推动作用，或者对经济建设、社会发展有一定影响的，可以评为三等奖。

技术发明奖要求发明为国内外首创，并获得发明专利授权。且具有先进性和创造性。技术发明类候选项目的主要完成人员，应当是该项目技术发明的全部或者部分创造性技术内容的主要完成人员。前 3 位主要完成人员必须是项目前 3 个核心发明专利的发明人之一，如果没有的，部分顺序的完成人员可以空缺。技术发明类一等奖单项授奖单位不超过 6 个，授奖人数不超过 10 人；二等奖单项授奖单位不超过 5 个，授奖人数不超过 8 人；三等奖单项授奖单位不超过 4 个，授奖人数不超过 7 人。技术发明类授奖等级评审标准如下。

一类属国内外首创的重大技术发明，技术思路、原理和方法独特，技术上有重大创新，技术经济指标达到了同类技术的领先水平，实现转化和规模化生产及产业化应用，推动了相关领域或者本领域的技术进步，已产生了显著的经济效益、社会效益或者生态效益的，可以评为一等奖。二类属国内外首创的重要技术发明，技术思路、原理和方法新颖，技术上有较大的创新，技术经济指标达到了同类技术的先进水平，实现转化和规模化生产，对本领域的技术进步有较大推动作用，并产生了明显的经济效益、社会效益或者生态效益的，可以评为二等奖。三类属国内外首创的技术发明，技术思路、原理和方法新颖，技术上有一定创新，技术经济指标达到了同类技术的先进水平，实现转化应用，对本领域的技术进步有一定推动作用，并产生了较好的经济效益、社会效益或者生态效益的，可以评为三等奖。

科学技术进步类分为技术开发、推广应用、成果引进转化、社会公益、科学技术普及、品牌战略应用以及国际科技合作与交流项目，按各类别项目的评审标准进行评审。科学技术进步类候选项目的主要完成人员，应当具备下列条件之一。

在项目的总体技术设计中做出重要贡献；在关键技术和疑难问题的解决中做出重大技术创新贡献；在成果转化和推广应用过程中做出重要贡献；在推动新技术产业化方面做出重要贡献；在科普作品创作和产品研制中做出重要贡献；在争创和保护及应用品牌战略中做出重要贡献；在国际科技合作交流中做出重要贡献。该奖项要求前 3 位主要完成人，必须是提供的专利证书、集成电路布图设计权证书、动植物新品种证书、软件著作权证书、标准、科技计划项目验收证书和行业准入证明，以及通过具有法定资质资格单位组织的科技成果评价评审证书等科技成果证明中的前 5 位完成人员之一，如果没有的，部分顺序的完成人员可以空缺。候选项目的主要完成单位，应当是在项目研究、开发、转化应用和推广及科学技术普及过程中提供技术、设备和人员等条件，对项目的完成起到组织、管理和协调作用的主要完成单位。提名科学技术进步类项目必须具有先进性、实用性、创新性，并且应用满 2 年以上，取得良好的应用效果，产生了较大的经济效益、社会效益或者生态效益。科学技术进步类授奖等级，是根据候选项目所做出的技术创新进行综合评定的。

3. 广西科学技术奖提名和评审

广西科学技术奖实行提名制，实行由专家学者、组织机构、相关部门提名的制度。提名候选人有设区的市人民政府；自治区人民政府有关组成部门、有关直属机构；经自治区科学技术行政主管部门认定符合有关资格条件的其他组织机构和科学技术专家。奖励办公室根据自治区科技创新工作总体部署，提出年度的自然科学类、技术发明类和科学技术进步类等 3 个类别的一等奖、二等奖、三等奖奖励项目分配指标，报自治区科学技术行政主管部门研究审定，并在提名通知中公布。提名者择优提名广西科学技术奖候选项目。

广西科学技术奖每年评审 1 次，依次进行网络初评、行业复评，由奖励委员会进行终评和审定。奖励办公室根据当年评审工作需要，设立若干网络初评组和行业评审委员会。评审专家实行独立评审，履行对候选项目（候选人）的评审职责，对评审结果负责。对形式审查合格的候选项目（候选人），在公众媒体上公示 15 天。广西科学技术奖由自治区人民政府颁发奖金。科学技术特别贡献类的奖金数额为每项（人）100 万元。自然科学类、技术发明类、科学技术进步类的奖金数额为：一等奖 20 万元，二等奖 12

万元，三等奖 6 万元。

4. 申报广西科学技术奖

申报提名广西科学技术奖的项目，都需要在广西进行科技成果登记。申报广西科技成果登记的科技成果，须经科技成果完成单位所在地的设区市科学技术行政主管部门或区直有关业务主管部门初审、推荐（登记表封面盖章），然后到广西科技情报研究所办理登记手续。准备提名书材料，并在项目完成单位进行公式。接着项目完成人须登录广西科学技术奖励提名系统（网址：http://data.gxkjcg.com/tm.html）完成在线填写提名书，扫描上传附件并提交，并到相应的部门报送提名书纸件。

（三）国际合作与交流

1. 国际合作项目管理

广西重点研发计划有关于国际与国内创新合作研究与开发的项目。要求提供联合的各方合作协议。其中，中国—东盟信息港研发合作项目支持开展面向东盟的北斗系统、智慧城市、智能电网、大数据系统、“互联网 + 智能制造”“互联网 + 智慧农业”等研究与应用示范，必须在广西或东盟国家打造一个以上应用示范基地；优势特色农业、海洋资源开发等领域面向与东盟开展先进适用技术“走出去”合作研究项目，必须与东盟国家的大学、科研机构、企业联合开展研究，在东盟国家打造一个以上科技合作示范基地，开展人员培训，以及相关交流活动。考核指标：完成重大关键技术突破或形成可转化的科技成果或产业化的技术标准 1 项以上。中国—东盟信息港研发合作项目，要求建成应用示范基地 1 个以上。面向东盟合作研究项目，要求在东盟打造科技合作示范基地 1 个以上。

广西科技基地和人才专项有关于国际与国内区域创新合作平台建设。主要包括 3 个方面：科技招引创新平台建设、中国—东盟国际创新平台建设、企业海外创新平台建设。

2. 科技“走出去”“引进来”典型经验

国际科技合作正处于大有可为的战略机遇期，新形势下，广西积极拓展对外科技交流合作，到东盟建立农业科技示范基地、构建中国—东盟科技合作与技术转移平台、举办国际技术培训班。近年来，围绕科技创新和经济社会发展需要，广西积极拓展对外科技交流，通过开展学术论坛、科技交流、技术培训等，提升广西科技的国际化水平。

（1）建立了政府间科技合作机制和渠道，搭建起科技成果展示交流舞台

自治区科技厅先后与越南谅山、广宁、河静、高平、清化、河江、岘港、胡志明等省市建立合作渠道，通过互访考察、学术研讨、技术培训、科技展览等形式共同推动双方在农业科技、生物医药、生物质能源等领域的科技交流与合作；在 2012 年，更是促成了东盟 10 国科技主管部门部级领导出席当年的首届中国—东盟科技部长会议及“中

国—东盟科技伙伴计划”启动仪式。

（2）在境外建立农业科技示范基地，推动广西农业科技“走出去”

2009 年，广西亚热带作物研究所在菲律宾东达沃省建立 $50hm^2$ 木薯种植示范基地，提供 20t 木薯良种，面向棉兰老岛地区辐射推广种植 $500hm^2$；2010 年开始，广西壮族自治区农业科学院在柬埔寨干丹省、贡布省、磅同省等地建立农作物新品种、新技术示范基地 $12hm^2$，展示水稻优势新品种 32 个，累计示范面积超过 $20hm^2$，示范品种产量比当地对照品种产量提高一倍以上。

（3）构建中国—东盟科技合作与技术转移信息服务网络

为了及时有效地进行资源与信息共享，中、英、越 3 种语言版本的“中国—东盟科技合作与成果转化网”应势而生，拥有 10 个东盟特色科技数据库，注册用户达 15 万人。广西科技信息网络中心还先后与越南科技部国家科技信息中心、新加坡科技促进会等 10 家东盟国家机构达成科技信息交流及技术转移服务合作协议或意向，在东盟国家建立境外科技信息服务节点，不断拓展东盟国家科技合作与技术转移供需信息资源。

（4）开展面向东盟的国际技术培训班

依托百色国家农业科技园区，百色现代农业技术研究推广中心连续多年承办科技部“热带亚热带果树栽培技术培训班”，先后有上百名来自越南、泰国、老挝、柬埔寨、缅甸、马来西亚、印度尼西亚、菲律宾、文莱等东盟国家以及印度、孟加拉国等国家的农业官员、专家学者和技术人员参加培训。

（四）总结

广西在国际交流合作中主要推进中国—东盟信息港建设，筹建中国—东盟科技城，打造面向东盟的区域性创新中心。中国与东盟有着特色鲜明、优势互补、关系紧密、错位发展的农业产业布局。虽然广西亚热带水果在国内有优势，但与东盟比较，竞争力不强。面对热带农业同质化带来的竞争压力，广西通过大力发展柑橘、香蕉、食用菌、冬季马铃薯等东盟国家不能生产或没有优势的产业，促进了广西农业产业结构调整和优化升级。一批特色农产品在国内的领先地位日益巩固，同时提升了广西优势农产品的国际市场竞争力。

加强产业技术研发，促进科技创新与产业发展紧密结合，为经济高质量发展提供战略支撑，自治区政府结合经济社会发展实际需要，广西提出了“三百二千”计划。明确了今后 3 年（2018—2020 年）要突破 100 项重大技术、创建 100 个国家级创新平台、引育 100 个高层次创新人才及团队（即“三百”），新增 1 000 家高新技术企业、转化 1 000 项重大科技成果（即“二千”）。

为了大力支持重大产业项目建设，厚植发展新动能，推动全区产业转型升级和经济高质量发展。广西还提出了“双百双新”计划。“双百”项目是指投资超过百亿元或产值超过百亿元的重大产业项目。“双新”项目是指新产业、新技术项目，其中新产业项目包括战略性新兴产业、新业态、新模式等重点项目；新技术项目是指采用新技术改造提升传统产业的重点项目（中国网，https：//baijiahao.baidu.com/s?id=1636697526202540164&wfr=spider&for=pc.）。广西将在财政资金、融资担保、金融信贷等方面加大支持力度。

（五）建议

1. 加强科研机构人才队伍建设

加强科研机构人才队伍建设，是做好科研管理工作的基础。一是加强科研机构和人员队伍建设。对于广西各科研所，应逐年增加工作人员，通过加强队伍建设促进财政科研工作的开展，同时，应鼓励兼职科研人员积极开展科研工作，多出成果。二是进一步加强干部队伍的培训工作。进一步加强对干部队伍的理论培训和科研业务培训。理论培训要注重预算管理、绩效管理等方面。科研业务培训要突出如何选题，如何开展调查研究，如何撰写提纲和课题，如何提高写作水平等。培训要突出重点，特别是要加强业务培训，要找准关键环节和问题所在（李开林，2018）。

2. 进一步完善科研激励机制

建立完善的激励机制，是做好科研管理工作的关键。一是进一步提高课题的奖励资助标准。广西科技厅应进一步加大调查研究工作力度，了解区直各部门的课题奖励标准，逐步提高课题奖励资助标准，强化对科研人员的科研激励。二是进一步加强对优秀科研成果及科研人员的奖励和宣传。在新形势下，要强化激励措施，进一步加强对优秀科研成果及科研人员的奖励和宣传，对优秀的科研人员应积极推动提拔成长，充分调动科研人员的积极性和创造性（李开林，2018）。

3. 积极转变思想观念，提高对科研经费管理的重视程度

关于科研经费所有权，国家相关法律已经明确规定了属于项目主管单位，不属于独立的个人。现阶段，政府给予了科研经费管理高度的重视，以避免腐败行为的发生。对于正确使用科研经费，项目主管部门要通过各种媒介、渠道进行宣传与推广，予以高度的重视，充分认识到加强科研经费管理的重要性。同时，财务人员和科研人员要共同致力于科研项目的编制预算中，项目组负责提出计划，财务人员要在市场价格允许的范围内对材料费用、调研费用以及仪器设备购买费用等测算开支费用，要结合相关费用管理办法确定合理的经费比重（成文东，2017）。

4. 主管部门加强对经费的审计，完善科研经费监督与管理机制

要想保证资金的专款专用，项目主管部门必须要制定完善的科研经费监督机制，建立以科研管理部门、审计部门以及财务部门等组成的科研经费监督体系，善于应用审计、专项检查等方式强化对科研项目立项、执行的全面监督。同时，要加大内部审计监督力度，将科研经费审计纳入进年度工作计划中，保证科研经费审批手续的齐全与完整（成文东，2017）。

（六）制度汇编

广西壮族自治区科技管理部门对该区的本级科技计划项目管理、经费管理、科技人才评价进行了一系列的制度制修订工作，如《广西壮族自治区人民政府办公厅转发科技厅 财政厅关于调整自治区本级财政科研项目经费管理办法若干规定的通知》（桂政办发〔2015〕33 号）、《广西科技计划项目立项评审管理办法（试行）》（桂科政字〔2018〕174 号）、《广西科技计划项目预算评估工作规范（试行）》（桂科政字〔2018〕173 号）、《广西科技人才评价改革实施方案》（桂科人字〔2019〕37 号）等科研管理文件。

三、云南省

（一）科研项目管理

1. 项目类别

云南省科技计划项目类别主要包括基础研究计划、重大科技专项计划、重点研发计划、创新引导与科技型企业培育计划、科技人才与平台计划五大计划。其中，基础研究计划的管理处室是基础研究处，主要包括六大类，分别是基础研究重大项目、基础研究面上项目、基础研究青年项目、基础研究杰出青年项目、基础研究优秀青年项目和基础研究自由探索项目。重大科技专项计划主要包括六大类，分别是生物医药专项、新材料专项、先进装备制造专项、电子信息与新一代信息技术专项、生物种业和农产品精深加工专项、节能环保和新能源专项。主要的管理处室有生物医药推进中心、高新技术处和农村中心。重点研究计划主要包括重点新产品开发专项（工业）、重点新产品开发专项（农业）、重点新产品开发专项（社会发展）、国际科技合作专项和省院省校科技合作专项等。科技人才和平台计划主要包括院士及科技领军人才专项、高层次科技人才及创新团队选拔专项、重点实验室专项、公共科技服务平台专项、院士（专家）工作站项目、大型科学仪器协作开放共享专项、临床医学研究中心专项、技术创新中心专项、野外科学观测研究站建设专项和省级工程技术研究中心建设项目等。

重点项目重点支持科技人员围绕绿色能源、绿色食品、生物医药、新材料、基础科学等重点领域和数字云南、美丽云南建设等重大战略部署的科技需求开展创新性研究，重点解决具有较强应用背景的共性理论和科学问题。资助强度为 50 万元 / 项左右，项目实施期限为 3 年。

面上项目支持符合条件的青年科技人员在自然科学范畴内自主选题，开展创新性研究，促进优势特色学科发展和创新人才的成长。资助强度为 10 万元 / 项，项目实施期限为 3 年。

杰出青年项目支持云南省在基础研究方面已取得突出成绩的青年科技人员自主选择研究方向开展创新研究，培养造就一批在所属学科领域进入国内先进行列的优秀学术带头人。资助强度为 50 万元 / 项，项目实施期限为 3 年。

优秀青年项目支持云南省在基础研究方面已取得较好成绩的青年科技人员自主选择研究方向开展创新研究，促进青年科技人才的快速成长，培养造就一批在所属学科领域有望进入国内先进行列的优秀学术骨干。资助强度为 30 万元 / 项，项目实施期限为 3 年。

青年项目吸引青年博士来云南工作，支持从未承担过省级科技项目的青年科技人员在自然科学范畴内自由选题开展研究，培养青年科技人员独立主持项目、开展创新研究的能力，培育创新后继人才。资助强度为 5 万元 / 项，项目实施期限 3 年。

基础研究重大专项对具有突出优势，有望引领学科和产业发展的领域，按照自上而下组织，定向委托承担，成熟一个启动一个的方式组织实施，基础研究重大专项不采用自由申报方式申报，科技人员可向科技厅提出项目建议。

2. 申报流程

省科技厅根据全省经济社会发展需要和科技创新规划部署，结合年度工作重点和财政经费预算，在广泛吸纳各方意见的基础上，组织研究、编制并发布项目申报指南，对项目类别、重点领域、项目数量、申请条件、申请材料、受理方式、审批程序等内容予以明确。指南发布到项目申报受理截止，时间不少于 50 天。

项目采用申报评审制方式立项；符合招标条件的，采用招标方式立项。对具有明确政府目标、技术路线清晰、组织程度较高、优势承担单位集中的重大科技计划项目或重大招商引资项目，可以采取定向择优、定向委托或一事一议等方式确定承担单位。对先行投入资金开展工作的后补助项目，省科技厅按照相关办法给予财政资金支持。下放管理权限的项目，立项及管理由承接下放权限的单位独立决策，并报省科技厅备案，科技厅对项目实施总体绩效进行跟踪管理。

项目实行网络申报，申报单位通过云南省科技计划项目管理信息系统（网址：http://116. 52.249.142），向其项目推荐部门逐级申报。申报单位注册单位账号、创建项目负责人账号。项目负责人进入项目申报信息网在线填报，逾期不予受理。涉密项目按照省科技厅涉密科技计划项目管理规定执行，不通过网络申报和政务服务窗口受理。

评审申报项目，按下列程序组织遴选。云南省科技厅分管业务部门或省科技厅委托的专业机构负责组织项目初审工作，初审结果通过科技计划项目管理信息系统进行在线查询；云南省科技厅综合计划管理部门或云南省科技厅委托的专业机构组织项目评审，在分管业务部门或专业机构提出立项建议或进行合规性审查后，提出进入项目库建议；云南省科技厅厅务会审定（审议）项目入库建议。资助额度超过 500 万元的项目，须经云南省科技厅党组会议审定。云南省科技厅通过科技信息管理平台，对审定项目进行公示后纳入项目库。

3. 实施与管理

项目及经费通知下达后 2 个月内，项目推荐部门、承担单位应与省科技厅或受省科技厅委托的管理部门或专业机构，就项目目标、研发内容、考核指标、绩效目标、经费预算、进度计划、实施期限、科技报告、验收方式、技术合同登记及实施各方的权利和义务等内容进行约定，正式签订项目合同书，并提交承诺书。

省科技厅分管业务部门和委托的专业机构负责项目的管理和监督工作，并进行全过程的指导服务。省科技厅采取中期检查评估方式，对财政资助资金 200 万元以上的项目，最多开展 1 次过程检查。自由探索类基础研究项目及 200 万元以下的项目，不开展过程检查。检查对象随机抽取，检查评估结果对社会公开。

4. 绩效考核

承担单位应当在项目执行期满 3 个月内，在线提出验收申请和提交验收材料。由项目推荐部门审查通过后，向省科技厅或专业机构申请验收。项目已按照合同书规定要求完成 80% 以上考核目标和任务，经费到位且使用合理合规，给予通过验收。

绩效评价主要是对既定项目的实现程度、科技项目的完成成果、投入产出效益、资金投入与使用情况等进行综合评价。云南省科技计划项目验收管理是由省科技厅委托云南省科技计划项目验收与绩效评价中心对实施到期的项目进行验收。

（二）科研成果管理

1. 科研奖励设置

为了贯彻“尊重劳动、尊重知识、尊重人才、尊重创造”的方针，鼓励团结协作、联合攻关，鼓励自主创新、攀登科学技术高峰，促进科学研究、技术开发与经济社会发展相结合，促进科技成果向现实生产力转化，促进创新型云南建设，营造创新环境，努力培养造就高端科技人才和一线创新人才，加速科教兴滇、人才强省、可持续发展和创新驱动发展战略的实施。云南省设立的科学技术奖主要包括云南省科学技术杰出贡献奖、云南省自然科学奖、云南省技术发明奖、云南省科学技术进步奖、云南省科学技术合作奖等。

云南省科学技术杰出贡献奖候选人条件是在基础研究、应用基础研究方面取得系列或者重大发现，丰富和拓展了学科的理论，引起该学科或者相关学科领域的突破性发展，为国内外同行所公认，推动了本学科或者相关学科的发展，并对云南科学技术发展和社会进步做出特别重大的贡献；或在科学技术活动中，特别是在高新技术领域取得系列或者重大技术发明，并以市场为导向，积极推动科技成果转化，实现产业化，对促进云南经济社会发展做出特别重大的贡献。

云南省自然科学奖分为特等奖、一等奖、二等奖和三等奖。在科学上原始创新特别突出，具有特别重大科学价值、在国内外自然科学界有重大影响，得到国内外学术界公认和广泛引用，对科学研究、经济社会发展产生深远影响的，可以评为特等奖；在科学上取得突破性进展，发现的自然现象、揭示的科学规律、提出的学术观点或者其研究方法为国内外学术界所公认和广泛引用，推动了本学科或者相关学科的发展，或者对经济建设、社会发展有重大影响的，可以评为一等奖；在科学上取得重要进展，发现的自然现象、揭示的科学规律、提出的学术观点或者其研究方法为国内外学术界所公认和引用，推动了本学科或者其分支学科的发展，或者对经济建设、社会发展有重要影响的，可以评为二等奖；在科学上取得较大进展，发现的自然现象、揭示的科学规律、提出的学术观点或者其研究方法为国内外学术界所公认和引用，推动了本学科或者其分支学科的发展，或者对经济建设、社会发展有较大影响的，可以评为三等奖。

云南省技术发明奖分为特等奖、一等奖、二等奖和三等奖。对原始性创新特别突出、主要技术经济指标显著优于国内外同类技术或者产品，显著推动了相关领域的技术进步，并取得重大经济或者社会效益的特别重大的技术发明，可以评为特等奖；属国内外首创的重大技术发明，技术思路独特，主要技术有重大创新，技术经济指标达到了同类技术的领先水平，推动了相关领域的技术进步，并产生了显著的经济效益或者社会效益，可以评为一等奖；属国内外首创，技术思路新颖，主要技术上有重要的创新，技术经济指标达到了同类技术的先进水平，对本领域的技术进步有推动作用，并产生了明显的经济效益或者社会效益，可以评为二等奖；属国内外首创，技术思路新颖，主要技术上有较大的创新，技术经济指标接近同类技术的先进水平，对本领域的技术进步有一定推动作用，并产生了一定的经济效益或者社会效益，可以评为三等奖（百度文库，https://wenku.baidu.com/view/4c7c5a9af02d2af90242a8956bec0975f565a446.html）。云南省科学技术进步奖分为应用技术项目类、重大工程项目类、科技创业类、科技创新团队类、企业技术创新工程类、社会公益项目类、管理科学项目类、科普项目类。

云南省科学技术合作奖的评审对象是在双边或者多边国际科技合作中对云南省科学技术事业做出重要贡献的外国科学家、工程技术人员、科技管理人员和科学技术研究、开发、管理等组织。

2. 成果审定

科技奖励评审采取定量和定性评价相结合的方式进行。云南省科技奖励办公室负责制订省科学技术奖的定量评价指标体系。省科学技术奖的评审表决规则是：① 同行专家以网络方式进行初评，以记名网络投票方式形成初评结果。其中杰出贡献奖及自然科学奖、技术发明奖、科技进步奖的特等奖、一等奖、二等奖应当由参评专家的 2/3 以上（含 2/3）通过有效；自然科学奖、技术发明奖、科技进步奖的三等奖应当由参评专家的 1/2 以上（含 1/2）通过有效。② 各专业评审委员会以会议方式进行评审，以记名现场投票表决方式产生评审结果。其中杰出贡献奖、科技合作奖及自然科学奖、技术发明奖、科技进步奖的特等奖、一等奖、二等奖应当由到会各专业评审委员的 2/3 以上（不含 2/3）通过有效；自然科学奖、技术发明奖、科技进步奖的三等奖应当由到会各专业评审委员的 1/2 以上（不含 1/2）通过有效。③ 各专业评审委员会主任委员以会议方式对各专业评审委员会的评审结果进行综合评审。其中，对自然科学奖、技术发明奖和科技进步奖的特等奖及一等奖以记名现场投票表决方式产生评审结果，以到会主任委员的 2/3 以上（不含 2/3）通过有效。④ 省奖励委员会以会议方式对各专业评审委员会及各专业评审委员会主任委员会议的评审结果进行审定。其中，对杰出贡献奖、特等奖、一等奖以记名现场投票表决方式产生审定结果，以到会委员的 2/3 以上（不含 2/3）通过有效。省奖励委员会和各专业评审委员会及各专业评审委员会主任委员会议评审，表决应当有 2/3 以上（不含 2/3）委员参加，表决结果有效。

3. 申报省级科技奖励流程（图 4-1）

在受理范围且满足相应的申请条件下，提交相应的申请材料到受理窗口。推荐书填报在云南省科技厅网站（http://kjt.yn.gov.cn）登陆云南省科技管理信息系统（https://116.52.249.142/egrantweb/），在线填报，可参考每年度云南省科学技术奖提名工作手册，提前准备相关材料。

（三）国际合作与交流

1. 国际合作项目管理

为主动服务和融入国家“一带一路”科技创新行动计划，提升云南省国际科技合作水平，加快面向南亚东南亚科技创新中心建设，助推创新型云南建设和高质量跨越式发展，云南省支持的国际合作项目如下。

（1）科技发达国家创新合作

围绕云南省重点产业发展和打造世界一流“三张牌”的重大科技合作需求，支持云南省科研机构、高校和企业与科技发达国家开展创新合作，引进先进技术成果入滇落地并开展合作研发，解决产业发展技术瓶颈，助力云南省高质量跨越式发展。

① 果蔬产业发展项目。研究内容：围绕高原特色农业产业发展，助力打造世界一流“绿色食品牌”，在特色水果、蔬菜产业方面，与科技发达国家开展品种选育、新品种引

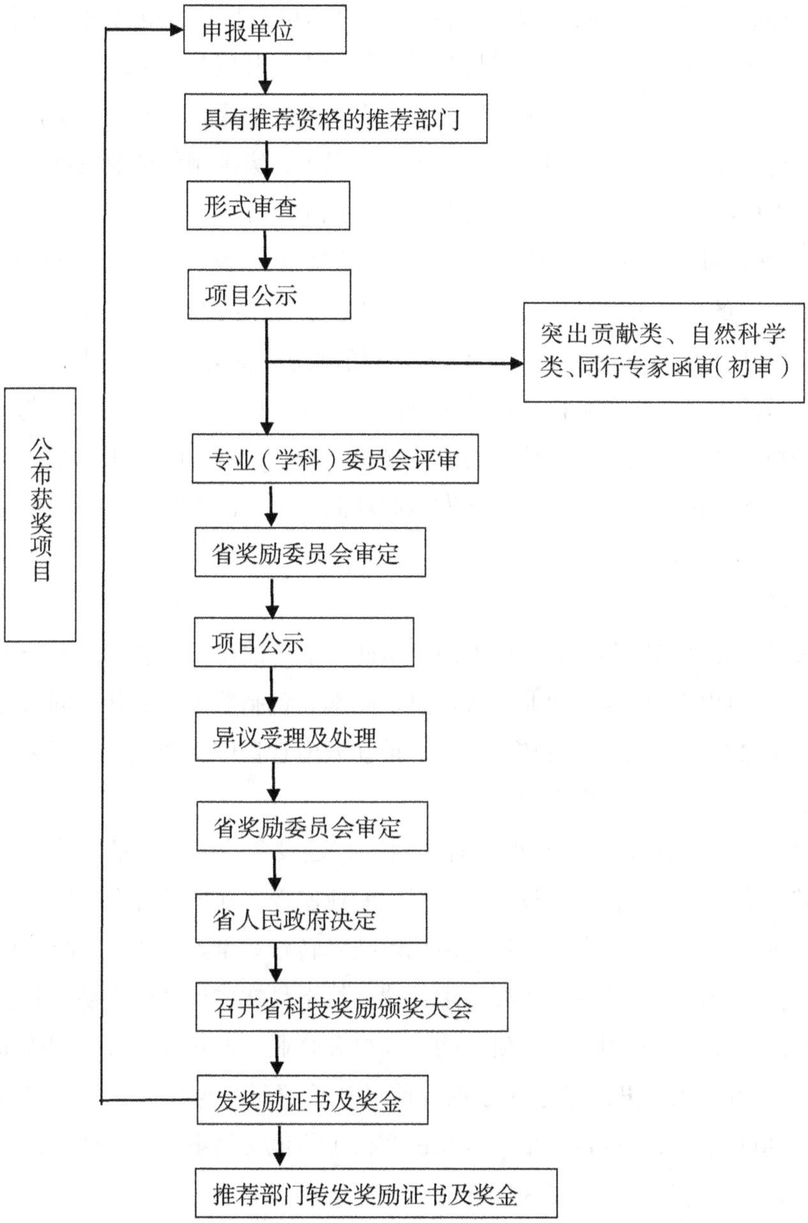

图 4-1　云南省科学技术奖励评审流程

进及示范推广、有机生产体系建立、高附加值农产品开发和商业化等方面的合作，通过项目实施，打造一个集前瞻性技术研究，人才交流与培训，成果转化和产业化为一体的先进科研平台，支撑云南高原特色农业产业全链条发展。指标要求：引进培育改良品种 5～10 种，建立相应有机生产体系，建立示范种植园区不少于 300 亩（1 亩≈ 667m^2，1hm^2=15 亩，全书同），并开展推广种植；开发高附加值农产品 5～10 种并实现商业化，打造全链条发展示范品种。

② 绿色能源产业发展项目。研究内容：围绕水电铝材、水电硅材一体化发展科技创新需求，着力发展新材料、改性材料和材料深加工，开展技术引进、新产品开发等国际科技合作，力求补齐产业链短板，促进云南省产业链的完善和延伸，支撑绿色能源产业发展。指标要求：引进转化相关先进技术 1 项以上，突破制约产业发展瓶颈关键技术 3 ～ 5 项，开发高端新产品 3 ～ 5 个并开展应用示范研究。

③ 仿制药产业发展项目。研究内容：围绕仿制药研发、生产方面科技创新需求，与拥有优势技术的科技发达国家合作开展制剂工艺、质量控制流程、化合物晶型等关键技术研究，引进仿制药研发或生产技术，建立仿制药研发平台，并开展国际产能合作，提升云南省医药产业水平和结构，促进生物医药产业发展。指标要求：引进成熟仿制药研发或生产技术 2 项以上，建立仿制药研发平台 1 个并开展国际产能合作；突破制约仿制药研发或生产关键技术 3 ～ 5 项，开发仿制药品种 1 个以上。拟支持科技发达国家创新合作项目 1 ～ 3 项。

（2）金砖国家科技合作

围绕金砖国家技术转移中心（以下简称金砖中心）建设和发展，与金砖国家其他成员国（俄罗斯、印度、巴西、南非）在信息、高端装备制造等领域开展创新合作，建立合作平台，引进技术成果并进行转化应用，推动云南省省信息产业、高端装备制造业和科技服务业发展，加快云南省产业转型升级。

① 创新国际技术转移平台建设。研究内容：建设金砖国家技术转移与创新合作平台，为金砖国家各科研机构、高校和企业提供专业服务，建成统筹金砖国家技术转移合作机制的管理与信息发布平台，开展金砖国家技术转移等重点工作，支撑会议、论坛等活动举办，推动金砖中心建设。指标要求：建立线上科技成果展厅交易、服务咨询、交流培训等系统，面向金砖国家各科研机构、高校和企业，发布技术转移和成果转化相关信息不少于 10 000 条；开展基于大数据等前沿技术的研究与评价；开展前沿技术供需对接不少于 300 项；开展科技成果（含知识产权）跨境交易不少于 200 次；支撑举办金砖国家会议、论坛等活动不少于 3 次。

② 高端装备制造产业项目。研究内容：围绕新材料等领域高端装备制造，引进先进制造技术，开展国产化研究并完成生产制造，提升云南在相关领域的研发和制造水平，推动云南产业转型升级和发展。指标要求：开展金砖国家高端装备配套生产和应用技术国产化研究，引进生产技术 1 ～ 2 项，合作生产国产化高端装备 2 台（套）以上，装备性能不低于原产装备；运用国产化装备建设生产线 1 条，实现原产品生产技术提升或新产品生产和销售；引进和突破核心关键技术 3 ～ 5 项，申请发明专利 3 ～ 5 件。

③信息产业项目。研究内容：围绕云南省信息产业和数字经济发展关键环节科技创新需求，在集成电路及分立器件、光电子、新型智能硬件、人工智能和“互联网 + 大

数据应用”等领域，引进金砖国家高端技术和产品，开展联合研发或成果转化研究，加快推动云南省信息产业结构由中低端向中高端迈进，促进数字经济发展。指标要求：引进金砖国家高端技术成果 1 ～ 2 项，联合开展 1 ～ 2 种高端产品开发、培育和升级等研究，引进和突破关键技术 3 ～ 5 项。

（3）面向南亚、东南亚国家科技创新中心建设

围绕面向南亚东南亚科技创新中心建设目标任务，在绿色食品、绿色能源、生物医药等重点领域，与南亚、东南亚国家开展科技人文交流、共建联合实验室、科技园区合作、技术转移等创新合作，支撑面向南亚、东南亚国家辐射中心建设。

① 建设联合研发机构。研究内容：围绕服务“一带一路”互联互通基础设施建设和云南省在南亚、东南亚国家重大项目的落地，与南亚、东南亚国家共建生态环境、生物多样性保护、特色生物资源保护开发、新能源等方面的联合实验室，加强科技合作交流与互利互惠，推动云南省科研机构、高校和企业“走出去”。指标要求：遴选国际科技合作基础好、合作意愿强的科研机构、高校和企业，开展生态环境与生物多样性保护、特色生物资源保护开发与现代加工工程化、可再生能源利用等研究，共建跨境或境外研发机构。每个研发机构开展创新性研究（含新产品开发）不少于 5 项，开展技术转移转化研究并推广应用不少于 3 项，派出技术人员赴境外开展技术服务不少于 30 人次，对境外技术人员开展培训不少于 100 人次。

② 建设科技产业基地和示范园区。研究内容：围绕云南优势农经作物种植加工及示范推广，面向南亚、东南亚国家在农业科技创新和农产品深加工等领域开展跨境科技创新合作，建立科技产业基地和示范园区，带动云南省农业生产技术、设备品种等对外输出和转移，推动南亚、东南亚国家农业技术革新、农产品质量提升和农业产业升级。指标要求：在南亚、东南亚国家的首都或主要城市建立产业基地或科技示范园，面积不少于 300 亩，推广种植面积不少于 1 000 亩；在园区内建立产品加工示范生产线；在园区内建有配套的技术研发、产品加工、仓储和水电网络配套等设施。云南省国际科技合作基地。根据《云南省国际科技合作基地管理办法》的相关规定，支持云南省科研机构、高校和企业开展国际创新合作取得显著成效，能够起到引领、示范和辐射带动作用的机构建立国际科技合作基地，吸引国际国内创新资源向云南汇集。

2. 国际科技合作申报要求

（1）“国际科技合作”项目申报要求

牵头申报单位在云南省注册，具有独立法人资格、运行管理规范、无严重失信行为记录、无严重逾期未验收在研项目、有较强研发能力的企事业单位（含外资机构）。

申报项目的企业（包括牵头或参与）上一年度的资产负债率须低于 70%（附审计报告），且应有研究与试验发展经费支出。

项目申报单位须将科研项目经费纳入单位财务统一管理，科研项目按财政科技经费、自筹经费分别单独核算，专账管理。企业牵头或参与申报项目的，企业部分匹配资金比例不低于 1∶1。鼓励项目申报单位积极争取银行贷款、风险投资等社会资金筹措自筹经费。

申报单位需具有通畅良好的国际合作渠道，真实开展的国际科技合作项目（内容），胜任国际合作的专业人才队伍和成效明显的国际科技合作成果，在本专业领域开展国际科技合作能起到良好的引领、示范、带动和辐射作用。

申报单位根据指南支持方向的研究内容以项目形式组织申报。项目应整体申报，须覆盖相应指南方向的全部考核指标。项目申报单位推荐 1 名科研人员作为项目负责人。项目负责人应当为直接领导或从事项目研究开发的骨干成员，并且能组织协调整个项目执行工作。每个项目负责人限申报 1 项项目。承担有云南省科技计划项目且执行期满 3 个月后无故不申请验收的项目负责人不得申报。承担有在研项目的项目负责人原则上不能申报与在研项目同类别计划的项目。参加指南编制的专家原则上不能作为本年度申报项目的项目负责人。

申报项目必须符合指南支持范围，同一项目不得以任何形式多头申报。原则上要求具备能力条件较好的且有较好产业协调能力的单位牵头，科研机构、高校和企业围绕研究方向联合申报（多家单位联合申报的，须附合作协议或合同）。项目实施期限一般不超过 3 年，起始日期为 2020 年 1 月。

（2）云南省国际科技合作基地申报要求

云南省国际科技合作基地的申报必须符合《云南省国际科技合作基地管理办法》（云南省科学技术厅公告第 23 号）的相关规定。

3. 科技“走出去”“引进来”典型经验

为积极参与“中国—东盟科技伙伴计划”，充分发挥云南省国际科技合作人才资源优势，搭建国际科技特派员创业创新平台，推动云南向南亚、东南亚等地区的发展中国家转移先进适用技术和输出新产品（农作物品种），加快建设中国面向西南开放重要桥头堡，结合云南实际，提出了云南省国际科技特派员办法。

从 2013 年起，由云南省科技厅或省科技厅授权的科技中介机构认定法人和个人两类国际科技特派员，针对南亚、东南亚国家经济社会发展中的科技需求，遴选云南及国内有关高等学校、科研机构、企业的科技人员，以各种形式派往南亚、东南亚国家开展合作研究、技术转移、技术咨询、技术培训等科技创新创业活动，推动我国对外科技合作“走出去”和“引进来”，深化和实施我国与南亚、东南亚国家的科技交流与合作。

国际科技特派员主要工作职责是配合国家周边外交方针，根据外方合作需求，结合自身发展需要，以推动先进适用技术转移和新产品（农作物品种）输出为目标，在东南亚、南亚等地区的发展中国家开展技术合作研究、技术转移、技术咨询、技术培训等各类科技服务活动。推动我省在南亚、东南亚等地区的发展中国家建立（共建）科技示范基地（园、点、站）、科技培训基地、合作研发机构等。在南亚、东南亚等地区的发展中国家创办（合办）科技型企业或技术经济合作组织。引进南亚、东南亚等地区的发展中国家先进适用技术、科技成果等在云南省转化应用（贤集网，https://www.xianjichina.com/news/details_176638.html）。

云南茂耘花卉有限公司推动我国先进适用技术转移和新产品及农作物品种“走出去”，在南亚、东南亚等地区开展技术合作研究、技术转移、技术咨询、技术培训等各类科技服务，他们还推动云南省在南亚、东南亚等地区的发展中国家共建科技示范基地、科技培训基地、合作研发机构等，在南亚、东南亚等地区的发展中国家合办科技型企业或技术经济合作组织；同时也积极引进南亚、东南亚国家和地区的先进适用技术、科技成果等在云南省转化应用。

5 年多来，云南省共认定了 50 家（位）法人和个人国际科技特派员，分期派往老挝、越南、缅甸、马来西亚、印度尼西亚、尼泊尔、巴基斯坦、斯里兰卡、孟加拉国、印度、肯尼亚等 10 余个国家。由财政资金给予国际科技特派员的资金补助和国际合作项目经费共计 2 790 万元，却撬动了科技特派员派出单位 5.2 亿元的自投资金。前后共有近 90 余家企业、200 多人次科技人员参与到这项事业中，不仅涉及水稻、橡胶、水果、蔬菜、玉米、马铃薯、茶叶、甘蔗等种植，还包括禽类养殖、生物质能、光伏太阳能、建筑、远程医疗、电子信息等。他们在田间地头、简易厂房里开展技术培训、咨询服务 1 100 多次，培训外方技术人员 260 人次；合作建立科技示范园、新技术品种示范基地、技术试验站 10 个；推广杂交水稻品种 15 个，推广面积达到 45 万亩；推广玉米品种 9 个，种植面积约 6 万亩；在老挝、泰国、越南、缅甸推广马铃薯品种 6 个，种植面积已超过 10 万亩；甘蔗品种 3 个，种植面积 2 500 亩（贤集网，https：//www.xianjichina.com/news/details_176638.html）。

（四）总结

云南新修订出台了《云南省科技厅计划项目管理办法》。形成了科技计划管理的“云南新模式”，最大限度释放创新活力。

1. 人工管理向数据智能化管理转变

“一次不用跑”是云南科技计划项目管理办法的最大亮点。“信息数据多跑路，人员少跑路，信息公开让管理更透明、流程更规范”是李克强总理给予科技管理部门殷切期望，云南省科技厅牢牢抓住数据智能管理模式的时代节奏，首次在科技计划管理规范性文件中以条款的形式提出全面推进科技计划项目管理信息化，明确要“实行项目申报、管理、验收、评价、科技报告、科研诚信等全过程信息化管理”，在全国率先打造智能化数据管理项目管理平台，实行全流程电子材料网上报送，不接收纸质材料，把科研人员从“繁文缛节”中释放出来。删除原办法关于项目申报及项目验收等环节纸质报送材料的要求，修改为全流程网络申报（申请）、在线审查，为提升科技计划项目管理信息化水平提供了保障，也为下一步与全省同步推进“一网通办”工作奠定基础。与之配套的“科技计划管理一部手机办事通”也在有条不紊地推进中。

2. 从过程管理向绩效管理转变

减少烦琐的检查对项目实施的干扰，赋予更大自主权给科研机构和人员，是推进科研创新的重要保障。云南科技计划管理明确提出减表和减材料行动，大幅减少管理过程检查和不必要的过程材料。进一步明确对财政资助资金 200 万元以上的项目，最多开展 1 次过程检查。自由探索类基础研究项目及 200 万元以下的项目，不开展过程检查，减轻科研人员应付各类检查的负担。

强化绩效考核和结果运用是此次管理模式转变的又一亮点。按照财政专项资金管理规定要求，“用钱必问效，无效必问责”，实行绩效分类评价制度。目标导向类项目在项目结束后 2 ～ 3 年内进行绩效跟踪综合评价。绩效评价结果作为后续支持的重要依据。明确“在研究方向不变、不降低绩效指标的前提下，项目承担单位可以自主调整研究方案和技术路线。”对“下放管理权限的项目，立项及管理由承接下放权限的单位独立决策，并报省科技厅备案。”

3. 从单一管理向网格化管理转变

信用管理与网格化管理，是云南科技计划管理的又一特点，信用管理赋予了科研主体更大的自主权，网格化管理实现了对项目的精准管理。强调权责一致，确保放得下，接得住，管得好。云南省科技厅建立科技计划项目信用管理制度，对科技计划项目责任主体在项目申报、立项、实施、验收、奖励和咨询评审评估等全过程进行信用审查、信用记录和信用评价，对项目承担单位开展信用评级。承担单位、项目负责人违反规定的，视情况纳入省科技计划项目严重失信行为和一般失信行为记录名单，暂停或取消项目承担单位或项目负责人 3 ～ 5 年以内项目申报资格等惩戒，并推送相关部门实施联合惩戒。补充规定了项目评审专家、专业机构、项目推荐部门、科技行政管理人员在项目管理过程中的违法违规责任。“让失信者寸步难行，让守信者一路畅通。”

（五）建议

人才资源决定着其他资源的开发和利用，是经济科学发展的首要资源，在所有的社会资源中起基础性、战略性和决定性的作用，没有人才优势，就不可能有创新优势、科技优势和产业优势。

1. 加强制度建设，制定配套政策

云南省近年来实施人才引进政策，特别是柔性引进人才力度大，进一步加强云南省柔性引才聚才机制建设，有利于高层次人才参与云南建设，推动云南经济社会发展。一是要完善经费投入机制，建立市场主导、政府鼓励的柔性引才用才经费保障机制。经费主要用于提高人才待遇，设立重点学科实验室建设等方面。二是完善人才激励机制。对柔性引进的高层次人才要实施考核制度，构建科学合理的评价指标体系，建立健全高层侧人才绩效考核制度，实施以业绩贡献为基础、以目标管理和目标考核为重点的柔性人才评价指标体系，合理的评价高层次人才的价值。三是研究制定高层次人才来云南创业的扶持制度、优惠政策，吸引和支持创新人才及其团队来云南创办高新技术企业（李敏，2017）。

2. 强化高层次科技创新人才平台构建

建立“互联网＋产学研”引智平台，扩大智力融合的虚拟空间，与国内外、省内外的产业集团、高等院校及科研机构建设合作共赢的平台，全面提升企业的自主创新能力与市场竞争力。强化现有产业研发平台功能，对新设立或申报成为国家级的重点实验室、工程技术研究中心等创新平台，给予奖励性补助资金支持。搭建国际智力交流合作平台，积极为各类海外高层次专业技术人才搭建学习、交流、研讨、创新创业等人文交流平台，把云南打造成面向南亚、东南亚高层次科技创新人才集聚的新高地（王前文，2018）。

（六）制度汇编

云南省科技管理部门对本省的本级科技计划项目管理、科学技术奖励、国际科技合作基地管理、创新人才培养等方面进行了一系列的制度制修订工作，如《云南省科技厅关于印发《云南省科技厅科技计划项目管理办法》的通知（云科规〔2019〕3号）、《云南省科学技术奖励实施细则）》（云南省科学技术厅公告 第42号）、《云南省国际科技合作基地管理办法》（云南省科学技术厅公告 第23号）、《云南省科技厅关于印发〈云南省技术创新人才培养实施办法〉的通知》（云科规〔2019〕2号）、《云南省万人计划“科技领军人才”专项实施细则》等科研管理文件。

经2019年12月19日云南省科学技术厅第15次厅务会审议通过，云南省科学技术厅现行有效的行政规范性文件有59份，并对其实行动态管理。

四、贵州省

（一）科研项目管理

在科研项目管理方面，贵州省先后颁布《贵州省软科学研究计划管理办法》（黔科通〔2004〕137号）、《贵州省省级财政科研项目和资金管理办法（试行）》（黔府办发〔2016〕4号）、《关于进一步改进完善省级财政科研项目资金管理等政策的实施意见》（黔府办发〔2017〕26号）等，对贵州省科研项目申报、科研项目资金使用、项目验收等都做了明确的说明。

根据科学研究、技术创新和成果转化规律，贵州省科技厅科技项目共设立五大科技计划体系，包括基础研究计划、科技支撑计划、科技成果应用及产业化计划、科技重大专项、科技平台及人才团队建设计划，按照不同类型科技计划的特点，分别建立相应的组织管理方式和实施机制。贵州省科技计划管理部门结合经济社会发展需求编制年度科技计划项目指南并定期向社会发布，建立了科研项目立项检索制度、公平公正公开的项目承担单位遴选机制，改进了专家遴选制度。

在科研经费管理方面，贵州省科技厅改进了项目结转结余资金管理制度，加强了科研信用管理，建立了覆盖从指南编制、项目申请、评估评审到立项、执行、验收全过程的科研信用记录制度、责任倒查制度。

（二）科研成果管理

在科研成果管理方面，贵州省先后颁布《贵州省促进科技成果转移转化实施方案》（黔府办发〔2017〕41号）、《贵州省科研诚信管理暂行办法》（黔科通〔2020〕9号）等方案，加快了贵州省科技成果转化。

《贵州省促进科技成果转移转化实施方案》（黔府办发〔2017〕41号）明确提出，科技成果转化活动应当尊重科技创新和市场规律，注重经济效益、社会效益和生态效益，体现智力劳动价值分配导向，遵循自愿、互利、公平、诚实信用原则，加强知识产权保护，保障参与科技成果转化各方利益。引导各级政府建立健全以企业为主体、市场为导向、产学研深度融合的科技成果转化机制，建立促进科技成果转化议事协调机制，制定、落实科技成果转化工作目标和措施，鼓励引进、扶持对经济社会发展、生态环境保护有重大价值的科技成果转化项目并鼓励科技成果优先在本省转化。贵州省人民政府科学技术、经济和信息化等主管部门建立国防科技工业成果信息与推广转化平台，推动国防科技成果与民用领域科技成果的双向转化。

为推进实施创新驱动发展战略，充分发挥市场配置科技资源的导向作用，帮助贵州省企业解决创新资源匮乏、创新动力不足问题，贵州省科技厅改革财政科技资金的使用方式，采取普惠方式向企业发放科技创新券，用于购买高校、科研院所等科技创新服务单位的科技创新服务或技术成果。2019年，贵州省科技厅向现代高效农业、大数据、现代化工、新材料、节能环保等重点新兴产业领域58家企业发放3期科技创新券，发放金额1 422万元，引导企业投入研发资金7 079.42万元。兑现的3期科技创新券，81

家企业、机构获得兑现金额 1 458 万元，目前正在对 66 家单位申请的 1 875.605 万元第四期科技创新券开展网上审核工作。自 2015 年贵州省科技厅以普惠式方式向企业发放科技创新券以来，累计为 829 家企业、单位发放科技创新券 1.565 7 亿元，为 368 家单位兑现科技创新券 6 157 万元。为进一步加强科技创新券政策影响力度，在遵义、黔西南、黔东南、贵阳等地深入园区、基层开展多场科技创新券政策宣讲，都取得了良好效果。在科技创新券政策的支持下，一批中小微企业茁壮成长，有效促进了贵州省科技成果转移转化。贵州省实施科技创新券政策 5 年来，运行日趋规范、成熟。一是科技创新券资助项目完全遵循企业需求导向。以企业自身发展迫切需要解决的创新难题为本，对企业与科技创新服务单位市场化约定的技术开发、技术转让、技术咨询和技术服务共 4 个方面的创新行为进行资助。二是订立合同要符合规范。规定企业和创新服务单位订立的技术开发合同、技术转让合同、技术咨询合同、技术服务合同，要符合国家《合同法》，科技部《技术合同认定登记管理办法》《技术合同认定登记规则》的规定。三是科技创新券使用兑现实行合同履行原则。只有技术合同规定的事项履行完毕后，才可申请兑现。兑现需严格按照合同条款规定，提交第三方的技术和经济证明材料，并提交有关支付发票、银行进账单等资金使用凭证。四是强化监督评估。科技创新券管理引入了第三方机构，建立了决策、执行、监督相互制约的项目管理机制，以贵州省生产力促进中心和贵州省科技评估中心为依托，成立专门的创新券管理中心，负责创新券日常管理工作，具体办理创新券的申请、发放、兑现等事务性业务，并聘请第三方专家对创新券项目实施情况进行评估，建立动态项目管理监督机制。

贵州省遵义市是贵州省科技成果转化试点，遵义市农业科学研究院率先出台《关于鼓励科技成果转化、支持科技人员服务市场主体的实施方案》并明确，科技人员以现金股、技术股和成果折价入股参与企业管理，或兼职创业、领办企业，收益大部分归主要科研人员，彻底打破了以前利益分配的平均主义，以制度创新激活科技人员干事创业的内生动力，形成了风险共担、利益共享的产学研模式。“现金股、技术股”的创新举措是贯彻党中央、国务院关于科技体制改革精神的具体实践，必将加快推动科技成果转化为现实生产力。

（三）国际合作与交流

贵州省发布《贵州省国际科技合作重点项目计划管理暂行办法》，旨在规范贵州省国际科技合作重点项目计划的管理，提高合作计划项目的管理效率，保证合作计划项目管理的公开、公正和科学。国际合作重点项目主要包括：国际合作研究、国际合作开发、国际科技交流、国际技术贸易。国际合作计划是贵州省科学技术计划的组成部分，与其他科学技术计划并列，相互衔接、集成和协调。国际合作计划项目的实施采取有限目标、滚动立项、逐年实施的管理方式，由贵州省科技厅统一管理。

《中共中央　国务院关于新时代推进西部大开发形成新格局的指导意见》中指出支持贵州、青海深化国内外生态合作，推动绿色丝绸之路建设，这给贵州转型发展指明了新方向。贵州省已经明确，一方面着力提升生态文明贵阳国际论坛的影响力，深化绿色发展国际交流合作，另一方面在投资贸易便利化、现代产业发展、开放式扶贫、营商环境改善等方面先行先试，建立和完善一系列机制，推进与“一带一路”相关国家的交流与合作。

（四）总结

贵州省健全了科研项目管理服务机制，探索出科技项目标准化评价替代部分科技项目验收工作，这对深入推进贵州省财政科研项目和资金管理改革，激发科研人员的积极性和创造性提供了必要的支撑。

通过发放科技创新，推动了以企业为主体的创新体系建设、推动了贵州省科技成果转移转化、大幅降低了中小微企业的研发成本、“唤醒”了沉睡的科技资源、放大了公共财政科技投入的效能，对促进贵州省科技成果起到了一定的积极作用。

（五）建议

1. 进一步完善农业科研管理配套制度建设

不断地丰富并完善贵州省农业科研管理配套制度建设，增加农业科研机构创新能力建设专项资金，提升贵州省农业科研机构基础能力建设，增加对研发投入强度高、在贫困县实施、服务贵州省省级龙头企业及高成长性企业项目的支持力度。

2. 坚持问题导向，加强农业科研智库建设

要提升贵州省资政新水平，开展农业科研中重大理论和实践问题研究，注重决策咨询服务，以习近平新时代中国特色社会主义思想为核心内容，以农业科研理论政策研究和中华农业文化传承及创新发展为重点，紧密围绕贵州省委、省政府的决策需求，突出贵州省农业特色、时代特征，加强贵州省农业科研智库建设，开展一系列前瞻性、针对性、储备性、战略性农业科研理论和政策研究，深化中国特色新型农业科研制度研究，彰显制度新效能。为开创农业强、百姓富、生态美的多彩贵州新未来提供智力支撑。

（六）制度汇编

科研项目管理制度见附录 4；

科研经费管理制度见附录 5；

国际合作与交流制度见附录 6。

五、福建省

（一）科研项目管理

在科研项目管理方面，福建省先后颁布《福建省自然科学基金计划项目管理实施细则》（闽科基〔2016〕7 号）、《福建省科技计划项目管理办法》（闽科计〔2019〕9 号）、《福建省社会科学规划项目管理办法（修订）》（闽社科规办〔2019〕10 号）、《福建省科技计划项目验收管理办法》（闽科计〔2019〕10 号）、《福建省科技计划项目监督工作暂行办法》（闽科监〔2020〕2 号）、《福建省级科技计划项目经费管理办法》等，对福建省科研项目申报、验收等都做了明确的说明。

1. 科研项目设置

福建省科研项目可分为福建省科技计划项目和福建省社会科学规划项目。《福建省科技计划项目管理办法》（闽科计〔2019〕9 号）中指出，福建省科技计划项目，是指根据福建省科技和经济社会发展需求，以福建省科学技术发展规划纲要为指导，在一定期限内进行的科学技术研究开发及相关活动。这类项目按照科技计划类别分类管理，由福建省科技厅负责综合管理，项目的实施管理单位和项目的承担单位分别按各自的职责进行分级管理。《福建省社会科学规划项目管理办法（修订）》指出，福建省社科规划项目是指用于资助福建省哲学社会科学研究和培养哲学社会科学人才，重点支持关系福建省经济社会发展全局的重大理论和现实问题研究，有利于推进福建省哲学社会科学创新体系建设的重大基础理论问题研究，新兴学科、交叉学科和跨学科综合研究，福建省具有重大价值的历史文化遗产抢救和整理研究，对福建省哲学社会科学长远发展具有重要作用的基础研究等。

2. 科研项目管理环节

福建省的科研项目管理环节包括项目指南的发布与申报受理、立项管理、实施过程管理、结题验收、绩效考核管理等环节。

福建省科技厅根据福建省委、省政府工作部署、省科学技术发展规划纲要，基于征集的年度科技计划项目申报指南建议来编制福建省年度科技计划项目申报指南，该指南侧重于重大原创性、颠覆性、交叉学科创新等方向与领域，项目实行“材料一次报送”和电子文档管理。立项管理包括项目形式审查、评审、审核审批、签订任务书，评审过程和评审结果通过项目管理信息系统进行记录或留档，逐步实现评审结果反馈，立项信息公开，实现“可申诉、可查询、可追溯”，并根据需要组织开展项目管理评审后签订项目任务书。福建省科技厅、项目实施管理单位、项目承担单位和科研人员按照相应职责实施项目过程管理。福建省科技厅通过健全完善“双随机”抽查制度，减少项目实施周期内的各类评估、检查、抽查、审计等活动，推行科技重大专项中期绩效评估，针对专项实施过程关键节点实行“里程碑”式管理。项目验收主要对项目任务书的任务完成情况、经费使用情况进行考核和评价，对任务完成情况做出明确结论，明确提出不得“走过场”，严禁成果充抵等弄虚作假的行为。

（二）科研成果管理

在科研成果管理方面，为建立健全福建省绩效评价激励机制，福建省科技厅颁布了《福建省促进科技成果转化条例》（2017 年 11 月 24 日福建省第十二届人民代表大会常务委员会第三十二次会议通过）、《关于破除科技评价中“唯论文”不良导向的若干措施（试行）》（闽科监〔2020〕1 号）等相关办法。

1. 加快科技成果转化，实施创新驱动战略

为促进福建省科技成果转化为现实生产力，规范科技成果转化，加快实施创新驱动发展战略，推动经济建设和社会发展，福建省出台《福建省促进科技成果转化条例》（2017 年 11 月 24 日福建省第十二届人民代表大会常务委员会第三十二次会议通过）。该条例指出，福建省科技成果转化将被纳入国民经济和社会发展规划，通过建立以企业为主体、市场为导向、产学研深度融合的技术创新体系，加强对科研院所、高校、地方政府、中小企业等创新的支持，发挥企业在研究开发投入、方向选择、项目实施和成果应用中的主导作用，各级地方政府应为科技成果转化提供便利和条件和充分的保障措施，加快促进福建省科技成果转化，促进科技成果的商品化、产业化和国际化，并提出对在科技成果转化工作中做出突出贡献的单位和个人，县级以上地方人民政府应当按照有关规定给予表彰和奖励；另外，要建立健全促进科技成果转化的绩效考核评价体系和知识价值导向的收入分配机制，将科技成果转化经济社会效益量化指标作为对相关单位和人员考核和奖励的重要依据。这必将有助于福建省尽快建立科技成果转化市场机制，健全科技成果转化体系。

2. 破除科技评价中“唯论文”不良导向

福建省科技厅出台了《关于破除科技评价中“唯论文”不良导向的若干措施（试行）》（闽科监〔2020〕1 号）。通过该措施，明确了福建省科研分类评价的导向：应侧重于标志性成果的质量、贡献和影响，突出创新质量和综合绩效、支撑服务能力、使命完成情况成果、科技成果的质量和贡献，注重培育高质量科技期刊，并对论文发表的支出管理进行了规范。这是落实中共中央办公厅、国务院办公厅《关于深化项目评审、人才评价、机构评估改革的意见》《关于进一步弘扬科学家精神加强作风和学风建设的意见》和福建省委办公厅、福建省人民政府办公厅印发的《关于深化项目评审、人才评价、机构评估改革的实施意见》的要求的具体举措，对于破除在科技项目（平台）、科技人才、科研单位、科技奖励等科技评价中过度看重论文数量多少、影响因子高低，忽视标志性成果的质量、贡献和影响等“唯论文”不良导向，进一步推动福建省科技评价制度改革，更加突出分类评价、注重实效的原则。

（三）国际合作与交流

为加快发挥福厦泉国家自主创新示范区（以下简称“自创区”）与中国（福建）自由贸易试验区（以下简称“自贸试验区”）“双自联动”叠加效应，厦门市大胆改革创新、着力先行先试，形成了第一批自创区与自贸试验区联动发展的改革创新政策和机制及先进做法。

其中在全省可复制推广的改革创新政策举措包括：构建重点产业全链条公共技术服务平台体系；一是建立“信贷＋保险＋基金”科技金融产品体系。二是创新知识产权金融服务模式、知识产权网上侵权预警与存证云服务：以政府购买服务的方式，面向厦门片区企业免费提供“知识产权网上侵权预警与存证云服务”，对知识产权相关的网上侵权行为提供侵权行为的预警、发现、阻止，侵权主体调查落地，电子证据保存，以及知识产权保护、预防侵权等。

在自创区和自贸试验区内可复制推广的改革创新政策举措包括：一是改革出入境特殊物品审批制度。二是通过探索试行“便捷高效”的受理评审模式、“业绩加能力”的人才评价标准和“市场化多元化”的人才评价机制，有效推动人才职称评审改革工作对重点发展产业的精准化服务；以“业绩加能力”为导向的评价标准，发挥企业评价主体作用，采用“企业专家评委＋通用专家评委”相结合的模式，探索建立优秀高技能人才通过简化程序直接认定职称机制，支持重点产业创新职称评审机制。三是通过建设福建省内首个在自贸试验区内的海外人才离岸创新创业基地——厦门自贸片区（云创智谷）海外人才离岸创新创业基地，推动海外离岸孵化器试点。

（四）总结

1. 权力运行网上公开

福建省按照“权力运行网上公开”的要求，将科技计划项目和经费管理相关制度、规定固化到项目管理信息系统中，并实行全过程网上公开运行。

2. 建立资信管理制度

建立了覆盖项目管理全过程的资信管理制度，对项目承担单位、项目负责人和有关专家参与科技活动的行为信用进行实时记录，并对严重违背科研诚信要求的行为依法依规终身追责；项目承担单位、项目负责人应承诺遵守科研诚信要求，保证提供的项目信息真实性，对信息虚假导致的后果承担责任。

3. 建立容错纠错机制

充分尊重科学研究灵感瞬间性、方式多样性、路径不确定性的特点，重视科研试错探索的价值，建立鼓励创新、宽容失败的容错纠错机制，并形成了敢为人先、勇于探索的科研氛围，而对于探索性较强的科研项目，经项目主管部门确认科研人员已经勤勉尽职仍不能按期完成任务的，可不列入资信记录。

4. 实行承诺管理制度

福建省科研项目实行承诺管理制度，按要求做好项目申报及验收结题；规定项目承担单位是科研诚信建设第一责任主体，要建立完善学术管理制度，将科研诚信纳入科研常态化管理，并逐步建立科研守信激励机制。

（五）建议

1. 促进和提升农业科技创新能力

福建省需进一步促进和提升农业科技创新能力，尤其是提升农业产业化龙头企业科技创新能力，这就需要福建省各级政府和农业科技管理部门制定对农业产业发展科技研发项目支持的相关配套制度，通过提升政府财政政策扶持及农业科技创新公共服务平台建设能力，提升农业科技创新的有效性和竞争力，规范农业科技创新利益分配制度和科研创新项目研发风险分担机制，增加对农业产业发展科技研发项目资源的支持力度和涉及范围，提高对农业产业化龙头企业同意发展科技研发项目支持的积极性；而农业产业化龙头企业除依靠政府项目，也需要加大对农业产业化科技创新的资本投入。

2. 优化和完善农业科研资源配置

福建省科研管理配套制度相对完善，但农业科研投入资源的优化配置仍需进一步优化和完善。这就需要福建省各级政府和农业科技管理部门通过调整、优化农业科研投入和产出的规模数量和方向，合理利用科研投入资源，科学调整农业科研经费和科研人员的投入结构比例，有效地提高农业科研项目投入产出的相对效率，提高农业科研经费的利用率，实现资源优化配置。

3. 提高和增强农业科研业务水平

福建省各级政府及农业管理部门还应重视对农业科研人员科研能力的培养，加强农业科研及科研管理人才队伍建设，促进农业科技进步培养和引进国内外农业科研的优秀学术学科带头人，通过提高农业科研项目经营管理水平、提升农业科研水平、优化农业科研经费的使用等，提高福建省农业科研项目参与人员的整体科研能力，从根本上提高农业科研项目的科研水平。

（六）制度汇编

科研项目管理制度见附录 7；
科研项目经费管理办法见附录 8；
科研成果转化管理制度见附录 9。

六、海南省

（一）科研项目管理

海南省科技厅立项资助的项目类型有：海南省自然科学基金、海南省重点研发计划、海南省重大科技计划等（表 4-4）。根据琼科〔2012〕70 号，省级科技项目实行备选项目制度。建立项目库，在项目遴选过程中，除正式立项项目外，储备一批备选项目，通过专家评审的项目，可通过多种渠道进行支持。项目跟踪管理方面，海南省科技厅采取定期报告、不定期报告和实地检查等方式对项目进行日常管理。项目验收工作由海南省科技厅或委托科技管理服务机构主持验收。主要采用会议验收、现场验收、书面验收等方式。

表 4-4　海南省的省级财政科技计划项目主要类型

项目类型	资助范围	经费管理	经费拨付方式
海南省重大科技计划	重点集聚支持南繁科技、深海科技、航天科技“陆海空”三大领域和医药与健康领域的科技创新平台、产业关键核心技术攻关及科技成果转化和产业化示范	预算管理（包括财政补助资金和承担单位自筹资金）	对高等院校、科研院所实行前补助资助；对企业实行事前立项事后补助资助方式
海南省重点研发计划	分为高新技术、现代农业、社会发展、科技合作和软科学研究 5 个方向	预算管理（包括财政补助资金和承担单位自筹资金）	（高新技术、现代农业、社会发展方向）资助方式为事前资助，项目立项后，资金一次性拨付
海南省自然科学基金	资助自然科学方面的基础研究和应用基础研究。具体包括面上项目、青年基金项目、高层次人才项目和创新研究团队项目	省财政预算拨款。国库集中支付的有关规定办理资金一次性全额拨付，统一纳入单位财务管理，实行分账核算、专款专用	通过专项检查、年度报告分析、举报核查、绩效评价等方式，对依托单位法人责任和内部控制、项目经费管理使用规范性、安全性和有效性等进行抽查

（续表）

项目类型	资助范围	经费管理	经费拨付方式
海南省哲学社会科学规划课题	课题指南或申报公告主要针对重大选题和应用对策类课题，不定期发布。（2020 年，为突出重点、深入研究海南自由贸易港建设及其风险防控问题，特设置“海南自由贸易港研究专项课题”和“海南自贸港风险防控研究专项课题”）	在课题评审前，根据课题申报情况和经费预算总额，确定各个学科、各类课题的立项数量和资助标准。省财政专项拨款，省社科联分配使用	分重大课题、常规性课题（年度课题）、学科共建课题、后期资助课题、研究基地课题、专项研究课题等类别

海南省自然科学基金实行限额申报，省科技厅主管业务处室给省内的高校、科研机构等单位分配了具体的申报名额，各单位根据指标数进行单位内的筛选和排序，主要资助自然科学方面的基础研究和应用基础研究。面上项目和青年项目在项目执行期间，有以下科研成果：申请并授权了发明专利；获得国家自然科学基金或国家科技计划项目资助；在国内外刊物上发表论文被 SCI、EI、ISTP 收录至少 1 篇；撰写并公开出版专著 1 部。经专家组审核，可按照终止处理。

海南省社科课题实行两级管理体制。省社科联全面负责课题管理，具体工作由省社科规划办承担；课题承担单位在省社科联的指导下，具体负责管理本单位承担的省社科课题。省社科课题匿名初评可采用通讯评审、也可采用会议评审，实行评分制。匿名复评采用会议评审，实行无记名投票制。省社科课题的最终成果形式一般分为著作、研究报告和系列论文 3 类。著作、系列论文完成时限一般为 2 ～ 3 年，研究报告完成时限控制在 1 年以内。省社科规划办负责组织鉴定工作，通过鉴定方能验收结项。省社科课题成果的鉴定采用通讯鉴定和会议鉴定的形式。

（二）科研成果管理

海南省省级科技奖励种类设置见表 4-5。

表 4-5　海南省的省级科技奖励种类

奖项名称	奖种设置	奖励范围
海南省科学技术奖	自然科学奖	自然科学发现前人尚未发现或者尚未阐明，具有重大科学价值，得到国内外科学界公认
	省技术发明奖	各种仪器、设备、器械、工具、零部件以及生物新品种等；工业、农业、医疗卫生和国家安全等领域的各种技术方法；用各种技术方法获得的新物质等

（续表）

奖项名称	奖种设置	奖励范围
海南省科学技术奖	省科学技术进步奖	技术开发类、重大工程类、转化推广类、软科学类、科学技术普及类和社会公益类 6 个类别项目，分别按各类别的评定标准进行评审
	省国际科学技术合作奖	在双边或者多边国际科技合作中对海南省科学技术事业做出重要贡献的外国科学家、工程技术人员、科技管理人员和科学技术研究、开发、管理等组织

海南省科学技术奖励委员会的主任委员由省科学技术厅厅长担任，设副主任委员 1 人。省科学技术奖励委员会委员由科技、教育、经济等领域的专家、学者和行政部门领导组成。省科学技术奖励委员会实行聘任制，每届任期 3 年，原则上连续任期不得超过两届。专业（学科）评审可委托第三方评估机构，采取定量和定性评价相结合的方式进行，省奖励办公室负责制订省科学技术奖的定量评价指标体系。通过提名制产生省科学技术奖候选项目及候选人，市、县、自治县人民政府，海南省人民政府有关组成部门和经海南省科学技术行政部门认定的专家学者或者组织机构都有资格提名。

（三）国际合作与交流

在“十三五”期间，海南省充分利用国际国内科技资源，实施科技“引进来”和“走出去”相结合发展战略，加强引进吸收再创新，促进创新资源集聚，推动海南经济社会发展。积极争取国家支持，发挥海南在国家“一带一路”倡议中的区位优势，办好博鳌亚洲论坛农业圆桌会议、中非农业合作论坛、一带一路农业合作论坛、“冬交会”等国际农业科技交流活动。加快建设科技合作平台，大力拓展与东盟的科技合作；加强与欧美、非洲、港澳台、泛珠三角等区域的科技合作，创新合作模式，大力开拓和构建对外开放合作的渠道和平台，加强先进技术、项目、人才、资金和管理的引进，支持科技人员参与国内外科技合作研发与交流，充分利用国内外创新资源为海南省经济社会发展服务。

树立了“中非农业合作典范”。中国热带农业科学院的国际合作与我国热带农业的发展紧密相连，并发挥了十分重要的作用。重点在天然橡胶、木薯、香蕉生物技术以及热带作物种质资源领域，分别与法国农业研究国际合作中心、美国戴佛斯植物科学中心、美国华盛顿大学、美国新泽西州立大学、巴西国家农业科学院以及国际热带农业中心（CIAT）等近 20 个境外科教机构开展了合作研究。从中南美洲国家引进热带作物种质资源 2 800 余份。承担了中国援刚果（布）农业技术示范中心项目，开展热带农业技术合作，在刚果（布）开展木薯、玉米、蔬菜种植和肉鸡养殖技术示范和培训工作。被刚果（布）总统萨苏先生称为“中非农业合作典范”。

近年来，先后完成了援莫桑比克腰果抗病种质筛选及高产栽培技术示范、援坦桑尼亚腰果联合研究中心建设、援马尔代夫椰心叶甲虫害防治技术等科技援外工作。设有FAO热带农业研究培训参考中心和科技部热带农业科技国际合作基地等国际合作平台。3名科技人员获IRRDB颁发的“薛卡杰出研究奖”，3名外国专家获“椰岛纪念奖”。

（四）总结

1. 优化科研项目管理

海南省加强科研管理信息化建设。以省级科技业务综合管理系统为基础，完善全省统一的省级财政科技计划项目管理系统，将省级财政科技计划项目全部纳入管理；鼓励各个项目承担单位应用科研和财务一体化的科研项目管理信息系统，实现科研资金预算、调整、报销、核算、绩效发放等全过程管理。

2. 优化项目形成机制

探索建立符合科研规律的项目分类形成机制，省级财政科技计划项目采取公开竞争方式立项；战略性、前瞻性、急需性的重大科技项目、重大政策研究项目，可采取定向择优或定向委托方式立项；对符合未来国家和海南省规划布局的重大科技基础设施、创新平台等项目，可采取“一事一议”的方式立项；对事关全省重点产业发展的重大共性关键技术难题，可试行采取招标方式立项；对公益类基础研究项目，可采用稳定支持方式立项；目标明确的应用型科研项目，可实行合同制管理和政府购买服务方式立项。

3. 优化项目的中期管理

基础研究项目和实施周期3年以下的项目以承担单位自我管理为主，一般不开展过程检查，项目管理办法有具体规定的，按其规定执行。全面推行“双随机、一公开”检查，合理确定检查比例。

4. 探索国际化的科研项目合作管理制度

试行省级财政科技计划对外开放政策，允许符合条件的在国内注册外资机构和与我国有长期合作关系的境外科技人员承担除涉及国家安全以外的科研项目，充分利用好全球科技创新资源。在部分对外合作的科技专项试行科研经费、科研设备和材料跨境使用，探索更开放的国际科技合作制度。

（五）建议

1. 开展科研绩效评估工作，优化海南省科研资源配置

科研绩效评估是开展科技工作的“指挥棒”，从科研工作的政府主管部门、科研院

所和高校、科研机构和科研人员，从政府层面到地方层面的科研管理和科技研发工作都受到绩效评估的影响，应试行公益性研究类、基础前沿研究类、应用技术研发类等科研机构绩效评估的做法，促进科研资源优化配置，提高科研人员积极性，提高科技成果转化率。从“以考核为中心”向“以发展为中心”实现观念上的转变，应该杜绝“大锅饭”现象，优化科研评价机制，通过绩效工资改革将绩效与收益挂钩，建立健全符合科研规律、面向目标和结果，注重科技创新质量和实际贡献的科研评价体系与配套措施，建立研究所、研究室（课题、项目）、科技人员分类评价体系和激励约束机制，实行短期考核、中期考核、聘期考核相结合，以量化考核为主、定性考核为辅的考评体系，考核结果与奖惩直接挂钩。探索建立研发能力与服务能力考核相结合、团队考核与个人发展相结合、长周期考核与过程管理相结合的多维度评价方法体系。

2. 健全科技评价标准和评价方式，发挥绩效考核的杠杆和导向作用

将科技创新发展评价指标纳入海南省经济社会发展绩效考核指标体系，完善和健全海南省科研绩效考核评价机制，加强年度考核和聘期考核。突出以绩效评价为取向，以量化考核为主导，力争客观、公正、准确地对科研机构和科研人才进行评价，建立以能力和业绩为导向的人才评价机制，最大限度激发人才内生动力。

3. 加大基础研究的经费投入，提高海南省科研自主创新水平和研发能力

海南应调整科研经费支出结构和比例，加大对基础研究、前沿高技术研究和科技基础条件建设的支持力度。加大对科技活动基础平台建设、高新技术等前沿技术及战略性产业的资金投入。积极探索以政府为主导的财政、科技补贴、金融信贷、社会资金和外资等多元化的科技和研发资金投融资体系，加大科研经费投入和政府对科技的引导，全面提高海南科研总体水平和创新能力。

4. 创新科技人才培养方式，加强海南科技人才队伍建设

为海南的科技发展创造良好的人才培养环境，应创新人才引进方式，加大人才培养投入力度，建立以国家发展战略和行业科技需求为导向、产学研相结合的高层次创新性科技人才培育体系。同时优化和健全科研人员的培养、评价和激励机制，鼓励科技人员的技术成果参与分配。为鼓励科研机构引进高层次人才，解决好人员编制，并在项目申报、家属安置和子女教育等方面给予优先支持。鼓励高校、科研机构和企业加强合作，联合培养科研骨干。

5. 强化科技活动的管理和监督体制，加强对科技创新的目标责任考核

将科技创新发展评价指标纳入海南省经济社会发展绩效考核指标体系，加强对海南省科研项目的立项、执行和验收鉴定的全过程管理，规范科技经费管理和强化经费执行的监督体制（刘东，2015），探索和推行科研经费的间接费用和绩效补贴做法，提高科研人员积极性和主动性，让有限的科研经费能真正用到实处，进一步推动由财政资助、科研创收、科技贷款、企业投资等多元化科研经费投入体系，提高海南的科研产出总体水平。

6. 加快科技创新平台建设，提高科研产出总体水平

加快以重点实验室、工程实验室、工程（技术）研究中心为重点的科技创新平台建设，搭建科研仪器设备开放共享网络平台，野外观测台站，地方特色种质资源库，为自然科学研究提供基础性、共性、关键技术支撑。提升高校和科研机构的创新能力，持续为海南省经济社会发展提供源头供给，形成功能互补、良性互动的协同创新格局。

7. 探索省级财政科研经费“包干制”

以海南省省级财政科研经费作试点，取消项目预算编制，经费支出不设定科目限制和具体比例限制，与项目科研工作直接相关的支出据实开支。参与科研项目的编制外临时人员的工资性支出允许列支。强化项目负责人责任制，赋予项目负责人经费支配权，实行项目负责人签字报销制，项目结题前，项目经费决算表报项目承担单位的职能部门备案管理。项目承担单位应建立与试点工作相适应的管理制度，项目经费使用的规范性和合法性纳入海南省科研诚信体系管理。

（六）制度汇编

近年来，海南省科技主管部门非常重视制度建设，以制度促进科技创新效能，以管理提高科技创新水平，对海南省省级财政科研项目、经费管理、科学技术奖励和科技成果登记等管理办法进行系统的制修订，例如，印发了《海南省科学技术奖励办法实施细则》的通知（琼科〔2018〕347 号）、《海南省科学技术厅 关于加强科技成果登记工作的通知》（琼科函〔2017〕214 号）、《海南省财政科技计划项目验收管理实施细则》（琼科〔2018〕58 号）、《海南省自然科学基金项目和经费管理办法》（琼科〔2018〕69 号），其中，2019 年海南省出台了《海南省优化科研管理提升科研绩效若干措施的通知》（琼府〔2019〕22 号）“探索国际化的科研项目合作管理制度，推动科研经费、科研设备和材料跨境使用”。具体提出了试行省级财政科技计划对外开发政策，允许符合条件的在国内注册外资机构和与我国有长期合作关系的境外科技人员承担除涉及国家安全以外的科研项目，充分利用好全球科技创新资源，在部分对外合作的科技专项试行科研经费、科研设备和材料跨境使用，探索开发的国际科技合作制度。促进省级财政科研经费跨境拨付机制的探索和创新。

第五章
国内外科研机构绩效管理模式分析

一、国内农业科研机构绩效管理模式分析

中国绩效考核评价体系研究起步较晚，最初尝试绩效管理的是企业而不是科研机构。近年来随着国家对科研投入力度的增加，科技创新的快速发展，中国科研单位开始重视绩效管理，部分科研机构对绩效管理意识不足、缺乏经验及方法不科学等导致促进作用不明显（朱琳，2016 年）；部分科研机构建立了符合其自身发展的绩效评价体系及制度，并取得较好的效果，对单位的科技创新及发展起到了重要作用（朱熊，2014），如中国科学院上海分院、中国水产科学研究院、中国农业科学院、江苏省农业科学院等，书中以这些农业科研机构为例，分析其开展绩效管理活动的主要做法及经验，并提出对我国热带农业科研机构开展绩效管理工作的启示。

（一）中国科学院上海分院绩效管理模式分析

1. 机构简介

中国科学院上海分院是中国科学院的派出机构，负责联系和管理中国科学院在上海、浙江、福建地区的研究院所。中国科学院上海分院始于 1950 年 3 月经政务院批准成立的中科院华东办事处，接管并改造了原中央研究院和北平研究院在上海、南京的研究机构，1958 年 11 月成立中国科学院上海分院，1961 年改为华东分院，1970 年中科院撤销分院体制，1977 年 11 月恢复成立中国科学院上海分院。

中国科学院上海分院系统现有 19 家机构（含中国科学院上海分院）：上海微系统与信息技术研究所、上海硅酸盐研究所、上海光学精密机械研究所、上海应用物理研究所、上海技术物理研究所、上海有机化学研究所、上海营养与健康研究所、分子细胞科学卓越创新中心、脑科学与智能技术卓越创新中心、分子植物科学卓越创新中心、上海

天文台、上海药物研究所、上海巴斯德研究所、福建物质结构研究所、宁波材料技术与工程研究所、城市环境研究所、上海高等研究院、微小卫星创新研究院、声学研究所东海研究站。

中国科学院上海分院系统有13个国家重点实验室、39个中国科学院重点实验室，以及中国科学院上海教育基地、中国科学院上海国家技术转移中心、中国科学院上海交叉学科研究中心。中国科学院上海分院各研究所学科领域广泛，在优势研究领域有着长期的积累：在物质科学与技术领域，包括同步辐射、核科学与核技术、高能量密度物理、有机化学与有机材料、无机非金属材料和金属材料、天体物理、天文地球动力学和技术方法等；在信息科学与技术领域，包括通信技术、微电子技术、光电子技术、激光技术、红外技术等；在生命科学与技术领域，包括生物化学与分子生物学、细胞生物学、神经生物学、植物生理学、分子遗传学、创新药物和生物技术、病毒学与免疫学、健康营养研究等。同时加强学科交叉和融合，加强系统集成和提供解决方案的能力，在信息、新能源、新材料、空间、海洋、人口健康以及大科学工程等领域着力部署，不断提高创新能力和科研水平。

中国科学院上海分院凝聚和培养了一大批优秀的科技创新人才，现有一支13 718人的科研、管理和支撑队伍，其中专业技术人员9 761人，所占比例71.15%，其中高级研究人员4 087人。目前拥有的高端人才队伍中，有中国科学院院士54人，中国工程院院士15人。

2. 绩效管理模式与经验

（1）中国科学院上海分院绩效管理模式

以完成国家重大任务为导向的绩效管理模式。这是中国科学院上海分院国家重大任务使命催生的绩效管理模式以及关键任务。该模式的绩效评价与管理主要由国家或委托第三方机构，根据国家任务的时间节点、研发任务完成质量、技术水平、成果稳定性等进行评估。

在绩效管理模式指导下以科研成果为主的管理模式。主要根据科研任务的实际成果，重点对科研成果进行评价。科技成果一般包括论文、奖励、专利等，并对科研成果进行量化评价。科研人员以特殊形式记录科研成果，上级部门审核其准确性和真实性。最后，国内外专家对其科研成果进行评价。评价时间一般为1～3年。这种模式是中国科学院上海分院的主要成果，有效的评价和管理模式在绩效评价中起到重要作用。

以履行社会责任为导向的绩效管理模式。中国科学院上海分院作为国家科学研究的重要机构，不但以国家科学研究为中心，还承担了社会责任，包括科学知识的普及、研究生的培养等。虽然这种模式在评价中所占的比重不大，但其重要性却不断增加。作为我国最高的自然科学学术机构，这是必须履行的社会责任。

（2）中国科学院上海分院开展绩效管理与评价取得的经验

建立健全绩效管理与评价保障体系。自中国科学院上海分院绩效考核体系建立以来，首先，健全绩效考核制度。在实施绩效管理的过程中，将实际情况与绩效考核制度辩证进行，如岗位绩效考核、评价结果运用、信息化管理与约束、激励、任用及晋升的制度实质化；同时，配套监管机制，确保绩效评价结果能够及时反馈和传递给相关部门，及时发现和修正绩效评价有关工作的缺陷，提高评价效率。其次，对组织机构的设置和职责明确，设立绩效评价与管理常设机构，成立以法人为组长，其他领导、有关职能部门、研究室负责人为组员的绩效评价与管理领导小组，领导小组下设绩效考核工作小组。最后，有效利用现代信息技术，根据本单位实际情况，开发出一套符合本单位的科研绩效管理系统，有效减少采用传统方式进行数据统计和数据录入的工作量，有效地改善了工作流程，提高了工作效率。

评价指标体系的设置遵循三大原则。中国科学院上海分院在设计绩效评价指标体系时遵循三大原则（国家职业资格培训教程《企业人力资源管理人员》，2002 年），一是坚持突出特色。绩效管理和评价的目的是促进研究单位的科技创新。要遵守科学的发展规律，以指导创新和创新团队的成长为目标，并创造相对宽松的创新工作部门和环境。二是坚持定性和定量相结合，量化易操作。绩效管理评价系统应满足准确量化要求，考评指标凡是可以量化的，尽可能使用数量表示。同时，考虑与指标有关数据的可用性和准确性，以最大限度地提高效率和坚持实用性、公正性、公平性和公开性的原则。三是坚持合理创新。评价指标的选择必须满足创新的要求，这不仅反映了科研能力和科研水平，而且要有一定的前瞻性。同时，考核指标应该能反映正常科研工作条件下绩效考核指标的标准，达到大多数科研人员可以达到的水平。基于上述绩效管理和评价体系设计的 3 个原则的基础，中国科学院上海分院提出绩效管理和评价优化设计的总体思路：优化绩效评价指标体系，完善安全保障体系，完善绩效评价体系，健全评价过程管理，加强评价改进和成果使用。

加强绩效文化建设。中国科学院上海分院在加强科研机构可持续发展时，不断推动组织变革的创新文化，不断提高研究机构绩效管理水平。其在打造科研机构绩效管理文化建设时注重以下方面的作用。一是获得广大职工的认同与理解。职工是绩效评价与管理的客观对象，因此要利用各种渠道加强对职工绩效评价目的和意义的宣传，并吸纳部分职工代表，使之参与绩效评价与管理的制定、反馈和实施等全过程，使他们更全面的深入理解和认同，肯定绩效管理工作的重要价值，激发科研工作者的工作热情及创造性。二是寻求管理层的全心投入。研究室负责人、机关职能处室是绩效评价与管理的中坚力量，他们既是考评人，同时又是考评者，其发挥的作用，直接关系到绩效管理活动的质量和效果。因此，加大绩效培训及开发力度，提高他们的管理水平。三是获得高层领导的全面支持。研究单位领导执行绩效管理各项规范和程序的模范作用将有力推动绩效管理及评价工作。只有以突出“以人为本”的理念，加上领导的支持、重视，绩效管理组织与实施部门才能更有信心，高效地完成这项工作，推进研究所的“一流管理”。

重视绩效管理评价的相关培训。中国科学院上海分院制定了绩效管理与评价培训的目标，并不断提高科研绩效管理的运行效率。通过专业知识教育与培训，加强管理人员及科研人员对最新绩效管理动态、国家科技发展需求等的了解，重点加强考核前的培训，统一思想。首先，研究所的领导及领导小组成员，努力拓宽理念意识，积极鼓励开展绩效管理专题研讨，了解国家科技改革发展战略及相关政策。其次，对于职能部门和研究室负责人，加强绩效管理前沿知识和科研项目管理方面的培训，积极开发网络学习平台，听取内容丰富的人力资源管理报告。最后，对于考核管理小组成员，拓展其绩效管理实务性培训，鼓励申请与工作内容相关的个性化培训，建立网络在线学习平台，鼓励通过网络平台学习绩效管理的新知识。

更加科学合理的分析和运用考核结果，实现绩效管理的科学化、合理化。中国科学院上海分院通过绩效考核评价得到的考核结果，采取多渠道、科学化、合理化的应用方式。其一，作为完善相关管理制度指标的参考。在实际操作过程中，绩效考核评价能够反映出一定的问题，既有面上的，也有点上的，既有自身业绩完成质量问题，也有上级及同事的评价问题。透过这些问题，可以进一步明确研究所的未来发展目标，完善相关管理制度，鼓励资源共享，充分发挥优势。其二，作为设计职工职业生涯规划的依据。多渠道满足职工多样化需求，给予职工尤其是青年职工职业生涯规划设计的有效途径。比如中国科学院不断完善公派出国留学计划，新设立了青年科研骨干留学专项、中欧联合培养博士研究生计划，并通过定向选派方式，资助科技骨干人才、支撑人才、骨干管理人才出国进修，给更多的青年人才提供机会，使其综合素质不断提高，创新能力不断增强（白春礼，2011 年）。其三，作为岗位竞聘与干部选拔的依据。个人绩效评价结果可以体现员工在现职岗位上的业绩，这些信息还可作为干部选拔任用时的参考依据。研究所可以通过绩效评价结果，了解各个岗位的优秀人才所具有的通用特征，为岗位胜任力模型的构建提供有力参考。

3. 绩效管理的启示

（1）改革

当科技体制改革达到一定程度时，将促进科研机构绩效管理的发展。因此，热带农业科研机构要积极开展科技体制改革，在科技体质改革中不断推陈出新，寻求重大突破和创新，并不断探索适宜的科研绩效管理与评价模式。

（2）创新

自科研绩效评价发展以来，从数量型评价模式到质量型评价模式，再到数量与质量相结合的评价模式，实现了基于实际贡献的创新跨越，热带农业科研机构只有在绩效管理与评价中不断创新，才能实现科技创新的快速发展。

（二）中国水产科学研究院绩效管理模式分析

1. 机构简介

中国水产科学研究院，是农业农村部直属的综合性渔业科学研究机构。中国水产科学研究院作为国家级专业水产科学研究机构，担负着全国渔业重大基础、应用研究和高新技术产业开发研究的任务，在解决渔业及渔业经济建设中基础性、方向性、全局性、关键性重大科技问题，以及科技兴渔、培养高层次科研人才、开展国内外渔业科技交流与合作等方面发挥着重要的作用。中国水产科学研究院最早的研究所成立于 1947 年，之后陆续按照海区、流域和专业布局建立了其他研究所。1978 年，经国务院批准正式建院。伴随着改革开放和渔业大发展，中国水产科学院综合实力不断增强，目前已发展成为学科齐全、布局合理、在国内外具有广泛影响力的国家级水产科学研究机构，成为我国渔业科研的国家队和主力军。

中国水产科学研究院现有海区研究所 3 个、流域研究所 4 个、专业研究所 2 个、增殖实验站 4 个及院部共 14 个单位，与地方共建了 5 个研究机构，分布在全国的 12 个省、市。院部设在北京，设有 13 个职能处室和 5 个研究中心。截至 2016 年年末，中国水产科学研究院在职职工 2 833 人。科技人员中，拥有高级专业技术人员 743 人；拥有中国工程院院士 2 人，国家级、部级有突出贡献专家 30 人，享有政府特殊津贴专家 25 人，“新世纪百千万人才工程”国家级人选 8 名，农业科研杰出人才 22 名，院首席科学家 28 人，研究生导师 395 人，已基本形成了由院士、国家级专家、部级专家、院首席科学家以及中青年优秀人才组成的层次结构比较合理的人才队伍。

中国水产科学研究院共有国家实验室 1 个（共建）、国家地方联合工程实验室 1 个、国际参考实验室 2 个、国际联合实验室 7 个、农业农村部重点实验室 11 个、部级科学观测实验站 9 个、省级重点实验室 6 个、省级工程技术研究中心（工程实验室）7 个、院重点实验室 14 个、院工程技术研究中心 14 个、国家级质量检测中心 2 个、部级质量检测中心 8 个、部级水产品质量安全风险评估实验室 7 个、国家水产品加工技术研发（分）中心 6 个。拥有国际水产培训中心 2 个，科研实验及中试基地 37 个，拥有“北斗号”和“南锋号”2 艘千吨级海洋科学调查船。

中国水产科学研究院研究重点为渔业资源保护与利用、渔业生态环境、水产生物技术、水产遗传育种、水产病害防治、水产养殖技术、水产加工与产物资源利用、水产品质量安全、渔业工程与装备、渔业信息与发展战略十大领域。

长期以来，中国水产科学研究院科技工作者攻克了渔业发展中的一系列基础性、关键性技术难题，取得了一大批对产业发展具有较大推动作用的成果。建院以来，共取得各类科研成果 3 800 多项，有 700 多项成果获国家和省部级奖励，其中国家奖 58 项，全院以占全国水产科研单位 20% 左右的科技人员，获国家和农业部奖的成果数量占全国水产行业的 50% 以上。

中国水产科学研究院已与世界上 70 多个国家和国际组织有关单位建立了密切的合作关系，为 100 多个国家和地区培训了 2 000 多名高级水产技术和管理人才。

2. 绩效管理模式与经验

（1）中国水产科学研究院绩效管理模式

构建两级绩效管理指标。中国水产科学研究院结合绩效管理相关理论与方法，具体针对单位职责履行、公共目标任务两个方面内容开展绩效管理，并分别构建两级绩效管理指标。单位职责履行一级指标包括科技创新、人才队伍、科技条件、成果转化、技术支撑、财务管理、交流合作等，并确定了各项指标的分值，以利于横向和纵向对比分析；在此基础上，根据各项一级指标的特点，对二级指标的具体内容进行了描述性分析（林连升，2013 年）。公共目标任务的一级指标包括领导班子综合管理、精神文明、党建三方面内容，进一步对各项一级指标对应的二级指标进行描述和总分赋予。绩效管理除构建了单位职责履行和公共目标任务外，还设计了满意度测评的内容和分值，具体包括院长测评、其他院领导测评、院属各单位互评。中国水产科学研究院绩效管理评价的程序以发挥各所主动性为主，院级审核相结合的原则，具体优先按照各研究所年初报送的《年度绩效计划任务书》《年度绩效管理指标体系》进行自评价，将评价结果交由院评价小组进行核实，核实无误后由中国水产科学研究院绩效办对各单位评价结果进行汇总，汇总后由中国水产科学研究院绩效管理领导小组进行审核，审核后递交中国水产科学研究院院党组审定，并将审定结果反馈各研究所（孔伟丽，2016 年）。

增强考核指标的可操作性。中国水产科学研究院对各所绩效管理的评价以“自评加核实”为主（分值占 85%，在打分上采取“基础分 + 效果分”的方式，通过效果分拉开得分的差异，但是在实践中不易找到大家认同又方便操作的赋分标准），这方面需要进一步探索改进。其次，绩效考核周期需要依据工作性质区别设计。考虑到工作量，中国水产科学研究院绩效管理主要按年度进行考核，但是这样存在“一刀切”的问题。对于事务型工作，考核周期应宜短不宜长，最好是月度考核、季度考核；对于项目型工作，应当顾及科研项目的执行期限，设置关键节点，强化过程管理。再者，绩效评价只是手段，绩效改进才是目的。目前绩效管理工作停留在考核评价，而绩效改进还没有得到足够重视（胡八一，2010 年）。

合理运用绩效考评结果。在第一年绩效管理试行过程中，中国水产科学研究院在结果运用上较为谨慎。在院层面，通报表彰了绩效管理优秀单位，并将绩效指标任务完成情况作为所领导班子年度考核的参考；在所层面，有的研究所将考核结果与绩效工资挂钩，积极探索结果应用化。中国水产科学研究院根据绩效管理的进展情况，形成《全院年度绩效管理报告》，评价绩效目标的实现程度，总结绩效管理成效和经验，分析存在问题，提出完善绩效管理体系措施。针对绩效评价结果为一般和较差的研究所，提出绩效整改建议，确保工作绩效螺旋式上升。

加强绩效沟通，及时解决问题。在绩效实施过程中，中国水产科学研究院加强与各研究所的绩效沟通，及时解决绩效管理中出现的问题。为了跟年度重点工作计划结合，中国水产科学研究院对研究所的绩效考核周期设为一年，年终组织开展评价工作。绩效评价程序为：研究所自我评价—院评价小组核实评价—院绩效办汇总—院领导小组审核—院党组审定—结果反馈。绩效评价时根据工作内容采取不同方法："职责履行"根据各所年度绩效管理指标体系确定的评分标准进行评价；"公共目标任务"根据实施细则进行评价；"满意度测评"采取院领导测评和研究所互评结合的方式进行。打分采用百分制，其中单位职责履行 65 分，公共目标任务 20 分，满意度测评 15 分。为增强主动性和互动性，考核指标评分采取"基础分 + 效果"的方式，即完成该项指标可得该项分值的 90% 基础分，其余的分值按 90% 完成效果分档加分；没有完成的，按照完成程度以赋分的 90% 为起点进行扣分。评价结果按得分划分为优秀、良好、一般、较差 4 个档次。优秀档次原则上按 40% 的比例掌握且得分必须在 90 分以上。

（2）中国水产科学研究院开展绩效管理与评价取得的经验

构建院所两级管理平台及管理机制。中国水产科学研究院为顺利开展院所两级绩效管理工作，制定了《中国水科院绩效管理办法（试行）》《中国水科院绩效评价实施细则》，初步建立了符合中国水产科学研究院全院工作实际的绩效管理制度和工作机制，为中国水产科学研究院院所两级重要工作部署和全面落实提供了制度保障。通过制定《年度绩效计划任务书》《年度绩效管理指标体系》和年终评价等工作，明显提高了院所两级重点工作效能，管理规范化水平也得到了有效提升。

增强了院所两级各项重点工作的计划性。中国水产科学研究院开展绩效管理环节包括院对下属所、所对下属部门两个层级。为了支撑"一流院所"战略目标实现，在编制《年度绩效计划任务书》《年度绩效管理指标体系》时需要重点谋划和预判年度重点工作，从而提高院所两级相关管理部门对各项目标任务的计划性，加强院所两级对重要工作部署、战略规划、工作职责等内容的细化分解，工作职责得到进一步明确。

创造了较为浓厚的绩效管理文化氛围。中国水产科学研究院在全院范围内贯彻落实绩效管理的各项工作任务，提高绩效管理效率，各相关单位制定了主管领导负责制的绩效管理制度，注重绩效指标制定、年终评价等信息的沟通与及时公开，充分调动职工参与积极性，不断改进绩效管理工作宣传方式方法，使得全院绩效管理意识和能力进一步提高，绩效管理文化氛围基本形成。

3. 绩效管理模式的启示

（1）构建科学合理的绩效管理指标体系

绩效管理体系是热带农业科研事业单位进行绩效管理的重要基础。绩效管理体系设计应充分考虑，同时突出科研主体特征，内容应涵盖科技创新部门、管理部门、支撑部门、成果转化部门等，其中科技创新部门侧重主持和参与课题数量、经费额度、专著、发表论文及专利申请量等；管理部门和支撑部门应注重服务和支撑科技创新的质量效率及满意度；成果转化部门应注重科技成果转化数量与效益，以及科研事业单位与地方政府、企业之间的科技合作，贯通科技成果转化的“最后一公里”（罗劲梅，2009 年）。

（2）建立绩效评价结果应用的激励机制

绩效结果运用和配套制度制定是热带农业科研事业单位绩效管理过程的重要环节，制订相应管理激励机制，可以有效推动科研事业单位绩效提升与发展战略目标的实现。从实践层面，绩效评价结果与绩效奖金分配、岗位调整、评先评优、岗位晋升、教育培训等内容进行关联，多角度调动职工工作的积极性，例如科研人员的职称评审、科研奖励；管理人员的晋升和评先选优；支撑部门的教育培训等。根据不同类别职工自身实际条件，进行长期职业生涯规划，让职工切实感受到单位对其长远发展的关心。

（3）搭建畅通的绩效管理沟通交流渠道

绩效沟通是绩效管理的第一要素，贯穿于绩效管理的各个环节。绩效管理过程中保持各个层面的交流与沟通，不仅有助于增进单位职工全员的参与度，同时对热带农业科研单位绩效任务书编制、绩效指标设置、激励机制完善也具有重要作用。

（4）健全评价机制，保证结果公正

完善绩效管理评价实施细则，提高评价结果的公正性。改进评价程序、改进“效果分”评分方式，进一步完善依据完成效果加分的标准和机制，在工作分析的基础上，针对不同岗位的职责和性质，探索符合实际、适当区别的绩效考核周期，特别是对科研领域的绩效考核应遵循科研工作规律（岳冬冬，2013 年）。

（三）中国农业科学院的绩效管理模式分析

1. 机构简介

中国农业科学院成立于 1957 年，是国家综合性农业科研机构，担负着全国农业重大基础与应用基础研究、应用研究和高新技术研究的任务，致力于解决我国农业及农村经济发展中基础性、方向性、全局性、关键性的重大科技问题，在推动农业科技创新、服务地方经济、培养高层次科研人才、促进国际科技交流合作等方面发挥重要作用。

中国农业科学院始终全面贯彻落实党中央、国务院关于农业、农村与农业科技工作的方针政策，始终牢记农业科研国家队使命，面向国家重大需求、面向世界科技前沿、面向“三农”建设主战场，坚持“顶天立地”的科技创新方向，带领全国农业科技力量，不断提升科研创新能力和科技进步水平，为我国农业科技率先跨入世界先进行列奠定了坚实的基础，为保障国家粮食安全、促进农业农村经济发展做出了重要贡献。

中国农业科学院大力开展关键技术攻关、高技术研究及产业化、基础与应用基础研究、宏观战略研究，取得了一大批具有国际先进水平的重大科技成果。以“籼型杂交水稻”“印水型杂交水稻”“中单2号玉米”“中国农作物种质资源收集保存评价与利用”“中国小麦品种品质评价体系建立与分子改良技术研究”“矮败小麦及其高效育种方法的创建与应用”“中棉所12棉花”“中棉所19棉花”“转基因抗虫棉花”“中黄13大豆”“京丰1号甘蓝”“冬干鸭屎泥水稻坐秋及低产田改良”“豫北地区盐渍土棉麦保苗技术措施”“马传染性贫血病弱毒疫苗”“H5亚型禽流感灭活疫苗”“聚乙烯地膜及地膜覆盖栽培技术”“中国小麦条锈病流行体系”等为代表的6 000多项科技成果，大幅度提高了我国农业科技水平。

中国农业科学院还充分发挥学科、专业门类齐全，高级科技人才聚集的优势，围绕我国农业、农村经济和农业科技发展中的重大问题，开展了中国粮食与经济作物发展、中国粮食产需区域平衡、中国中长期食物发展战略、气候变化对农业影响评价、中国现代化发展模式、中国农业区划、国家农业科技创新体系建设等一系列重大的宏观战略研究，为党中央、国务院和有关部门科学决策提供了重要依据。

中国农业科学院始终注重科技与经济的紧密结合，深入农业生产第一线，加速科技成果的转化应用与产业化，为我国粮食增产、农业增效、农民增收注入了强劲动力。鼓励和支持广大科技人员深入农业生产和农村发展一线，不断探求农业科技成果转化的方式方法和有效途径，加速科技成果的推广、转化与应用。

中国农业科学院认真贯彻执行党的对外开放政策，积极开展农业科技国际合作与交流工作，在引进技术、引进外资、引进管理经验、培养人才及农业科技“走出去”等方面取得了显著成就，有力地促进了人才队伍建设和学科发展，为不断增强全院自主创新能力，缩短与农业发达国家的差距，大力提升在国际农业科技界的地位和影响力发挥了重要的作用，已成为我国农业科技国际合作的重要窗口。目前，已与83个国家、38个国际组织、7个跨国公司及盖茨基金会建立了广泛的科技合作关系，有13个国际机构在中国农业科学院设立了驻华办事处，共建联合实验室/联合研究中心62个。组织全国20多个省（市、区）的农业科研与教学单位参加了“国际农业研究磋商组织（CGIAR）挑战计划”、盖茨基金会“绿色超级稻项目”等一批重大国际科技合作项目。

以禽流感疫苗、沼气、杂交水稻以及小型农机具为代表的一大批新材料、新技术、新设备纷纷走出国门。由中国农业科学院发起的“国际农科院院长高层研讨会”已成为国际上很有影响的重要学术交流活动。

中国农业科学院坚持人才优先发展战略，不断吸引、聚集优秀农业科技人才，加强研究生培养教育，逐步调整、完善人才培养政策措施，强化人才培养机制，造就了一支学科专业比较齐全、高层次人才集中、人员结构优化、勇于开拓创新的科技人才队伍。通过实施“杰出人才工程”“科技创新团队建设工程”“青年英才计划”和“科研英才培育工程”等重大人才建设工程，在引进和聚集国内外著名科学家和优秀科技人才的同时，培养造就了一大批为我国农业科技事业做出重要贡献的高层次人才和创新团队，先后有 29 位两院院士在院工作，涌现出一批国家重大科技任务首席科学家、国家杰出青年基金获得者、国家级“百千万人才工程”入选者、农业科研杰出人才等科研领军人物，以及国家自然科学基金创新群体、农业科研创新团队等杰出科研团队，形成了一支学科专业比较齐全的高水平科技创新队伍。同时，中国农业科学院研究生教育快速发展。研究生院已建立了包括硕士、博士、留学生教育在内的多层次、多类型的人才培养体系，在校研究生规模达到近 5 000 人，为社会培养输送了 1 万多名农业科研高层次人才。

经过几代中国农业科学院人的不懈努力，目前已发展成为拥有 36 个直属机构与 9 个共建研究所、超万名职工、在国际上有重要影响力的国家级综合性农业科研机构。形成了作物、园艺、畜牧、兽医、资源与环境、工程与机械、质量安全与加工、信息与经济 8 个学科集群、130 多个学科领域、300 多个研究方向的学科体系。孕育了以“祁阳站精神”“中棉所精神”为代表的农科文化，集中体现了严谨求实的科学精神、潜心科研的执着精神、勇攀高峰的创新精神和爱国为民的奉献精神，积淀了深厚的文化底蕴，成为农科人奋斗不息的精神动力。

当前，我国农业正处于由传统农业向现代农业转型的关键阶段，农业科技已成为现代农业发展的主要推动力。面对新的形势，中国农业科学院将紧紧围绕“建成世界一流农业科研院所”的发展目标和“服务产业重大科技需求、跃居世界农业科技高端”的重大使命，大力实施科技创新工程，加快推进现代科研院所建设，全面提升学术水平和影响力，成为国家农业科技创新新思想、新理论、新技术和重大科技命题的策源地；全面提升对高层次科研人才的吸引力和凝聚力，成为国家农业高层次科研人才的培养基地和创新创业基地；全面提升宏观决策咨询能力，成为国家“三农”问题和农业科技发展战略研究的学术重镇；突出体制机制创新，进一步提高创新活力和创新效率，着力解决我国现代农业发展重大科技问题，更加凸显中国农业科学院“改革排头兵、创新国家队、决策智囊团”的地位，为全国农业科技创新和体制机制改革发挥先行先试和示范引导作用。不断提升我国农业科技含量和核心竞争力，为支撑引领农业供给侧结构性改革、全面带动我国农业科技整体实力率先进入世界先进行列作出新的更大贡献。

2. 绩效管理模式与经验

（1）中国农业科学院绩效管理模式

成立科技创新工程领导小组及创新工程管理中心。在中国农业科学院设立科技创新工程领导小组和创新工程管理中心办公室，负责组织领导和组织实施绩效管理相关工作。中国农业科学院的创新办负责制定考评方案，根据考评方案，研究所对科研团队、首席科学家团队成员开展评估工作，并提供评估报告和绩效自评表。创新办组织审核研究所的评估情况，核定绩效指标得分，组织高层专家开展综合评估。绩效指标分数和综合评估分数按比重相加而得考评结果，按照程序，报院常务会审议通过后进行公示，公示无异议之后向研究所反馈考评结果。中国农业科学院的内部绩效考评结果将是研究所领导班子调整、首席科学家和科研团队调整、研究方向和创新任务调整的依据，也是研究所和科研团队分档次，以及经费安排和预算调整的依据。

采取研究所评价和科技创新工程结合的绩效管理。从 2012 年起，中国农业科学院对院属研究所考核评价进行改革探索，实施了研究所评价和科技创新工程绩效管理，其中，研究所评价的主要目的是综合性评价，以定量评价为主，其评价结果反映了研究所整体发展情况。科技创新工程绩效管理的主要目的是对院属研究所的科技创新相关工作开始全过程的绩效管理。研究所每年年初对上一年度的科研工作开展评价，其评价指标体系分为发展实力和管理水平两部分，为了确保年度之间绩效考核结果的可比性和稳定性，该指标体系总体框架保持稳定，个别指标根据国家科技政策发展动向和科研所发展阶段适时作出调整，其中，“发展实力”部分设有 6 个一级指标，18 个二级指标（表 5-1），89 个统计指标，发展实力 = 各个单项统计指标得分加总，一级指标为 6 个，包括“科研投入”“科研产出”“科研条件”“人才队伍”“成果转化”“国际合作”；“管理水平”部分设有一级指标 10 个，包括“综合政务管理”“人事管理”“科研管理”“财务管理”“基本建设管理”“国际合作管理”“纪检监察”“党委工作”“研究生教育”“成果转化管理”，根据全院的整体发展情况和年初对各研究所的科研产出计划，每年适当调整管理水平评价内容和计分标准。在发展实力指标和管理水平指标的基础上，研究所评价从发展实力、发展速度和人均实力 3 个方面展开，综合反映出不同类型的研究所的科研水平和发展进程。

表 5-1　中国农业科学院的“科技创新工程”评价指标体系

一级指标	二级指标	三级指标
体制机制创新 科技创新	科研组织方式、选人用人、协同创新、绩效管理	三级指标是对二级指标的分解，每项三级指标对应一项具体工作，由各研究所根据实际情况自行制定，尽可能量化
成果转化与贡献	科研立项、获奖成果、知识产权、论文著作	
人才队伍建设	人才培养、人才教育、人才引进、科研创新团队建设	
科研条件建设	实验室、科研基地等科研条件建设，开放共享机制	
国际合作与交流	国际合作项目、高层次人才交流、联合研究平台建设、国际影响力	
资金使用管理	管理制度建设、资金使用、财务监管	

设立两级绩效考评制度。农业农村部和财政部对中国农业科学院进行部级考评，接下来是中国农业科学院进行内部考评，内部考评分 3 个等级：中国农业科学院对院属研究所考评，研究所对科研团队（首席科学家）考评，首席科学家对团队成员考评。主要考核内容是体制机制创新、科技创新能力、成果转化、人才队伍建设、科研条件建设、国际合作交流和资金使用管理等。实行“1+3+5+5”的年度间隔的阶段性考评，在试点期间实行启动年考评、年度监测和 3 年试点期满考评，在全面推进期实行以 5 年为一个周期，包括年度监测、3 年中期评估和 5 年期满考评。

（2）中国农业科学院开展绩效管理与评价取得的经验

习近平总书记提出的“三个面向”（面向世界农业科技前沿、面向国家重大需求、面向现代农业建设主战场），加快建设一流学科和一流科研院所，勇攀高峰，率先跨越，推动我国农业整体跃升。在这个指导思想的引领下，中国农业科学院将研究所将评价与科技创新工程绩效管理相结合，定量与定性相结合，过程与结果并重，以重大科技成果产出为导向，形成年度数量监测、中期诊断评估和期末综合评价相结合的研究所绩效评价体系，从数量评价向质量评价转变，从短期考评向过程监测诊断和阶段考评转变，在这个转变过程中，绩效管理的信息化水平也在不断提升。

中国农业科学院的科研绩效评估体系能准确反映研究所的发展状态，构建全院统一的评价体系，能反映院所发展的态势，有效传达政策导向，成为创新的“指挥棒”；有效激发创新活力，科研产出大幅增长，竞争压力逐级传达，激发全院创新活力，2016 年中国农业科学院发展实力指标总分比 2012 年翻了一番，创新能力大幅度提升。

优化资源配置机制，促进全面改革创新，绩效考核评价结果作为参考依据优化科研资源的配置，优势资源向科研创新能力强的个人团队和研究所倾斜，并提高财政资金的产出率。总之，中国农业科学院的科研绩效评估成效显著，发挥了明确导向、支撑决策和引导发展的重要作用，推动全院形成了全面改革和竞争发展的良好局面（孔伟丽，2016）。

3. 绩效管理的启示

（1）构建各科研机构统一的评价体系

大部分热带农业科研机构下属所站较多，构建全院统一的评价体系既能反映院所发展的态势，又能有效传达政策导向，成为科技创新的“指挥棒”，激发全院科技创新活力。

（2）优化资源配置，促进科技创新全面改革

热带农业科研机构将绩效考核评价结果作为优化科研资源配置的参考依据，将优势资源向科研创新能力强的个人团队和研究所倾斜，并提高财政资金的产出率，不断促进科技创新的全面改革。

（四）江苏省农业科学院的绩效管理模式分析

1. 机构简介

江苏省农业科学院是江苏省人民政府直属的综合性农业科研机构，前身为 1931 年国民政府创立的中央农业实验所，是我国最早按照现代农业科技创新组织架构建立的农业科研院所。全院共有 30 个研究所（中心、试验站），院本部按专业划分设有 18 个专业研究所（中心），在全省按照农业生态区划分建有 12 个农区所（试验站）。拥有部省级以上科技创新平台 68 个，其中，国家工程中心 1 个、省部级重点实验室 9 个。全院现有在编职工 2 170 人，具有高级职称 953 人，博士 589 人，有院士 1 名、国家“百千万人才工程”专家 4 名、科技部中青年科技创新领军人才 1 名、省级以上突出贡献专家 59 名；享受国务院颁发的政府特殊津贴 39 人，50 名科技人员入选国家现代农业产业技术体系，江苏省“333 高层次人才”一层次 3 名。全资及参控股科技型企业 28 家。江苏省农科院积极探索创新学科平台建设、科技服务及成果转移转化模式，取得一系列丰硕成果。2014 年以来，作为主持单位获省部级以上成果奖 64 项，其中国家科学技术进步奖二等奖 2 项，国家技术发明奖二等奖 1 项，省部级科技一等奖 6 项；“植物与动物科学”“农业科学”进入 ESI 全球排名前 1%，发表 SCI（EI/ISTP）收录论文 1 310 篇（院本部 1 156 篇）；25 个品种入选农业部主推品种，96 项技术入选省级以上主推技术。主动对接农业产业需求，积极探索扶志与扶智相结合的科技扶贫模式，围绕省经济薄弱村、重点扶贫片区、低收入群体的特点与需求，先后实施“一所一村”产业帮扶项目 12 个，科技扶贫短平快项目 11 个，在全省建设 3 个综合型和 10 个特色型成果集成、推广示范基地。2014 年以来，年均组织各类现场会、培训会、观摩会 600 多

场次，开展科技服务约 1.5 万人次，培训基层技术人员和农民超过 5 万人次，为全省农业科技发展提供了有力科技支撑，水稻、小麦、牛心甘蓝、草莓等作物品种占全省比例分别达到 75%、65%、80% 和 50%。积极探索实践公益性、市场化、平台型等新的技术转移转化模式，2018 年全院成果转化收益达 1.84 亿元，单项转化收益千万元以上的成果达到 8 项；“苏农科技术转移中心”被科技部认定为“国家技术转移示范机构”，“苏农科”品牌影响力不断提高，连续九届获中国技术市场“金桥奖”先进集体，知识产权创造能力位居全国科教单位前列。

积极融入“一带一路”倡议，先后与以色列、德国以及东南亚、中亚地区等 18 个沿线国家的高校院所建立长期稳定的交流合作关系，形成了一批稳定的合作项目；与国际半干旱热带地区作物研究所等 28 个国际高水平大学或研究机构建立合作关系，派员到联合国粮农组织任职，与海外知名院校联合成立“国际噬菌体研究中心（IPRC）”等国际合作平台 9 个。与中国农业科学院签订战略合作协议，与上海、浙江、安徽等省市农科院共建长三角乡村振兴研究院，与江苏大学共建南京研究生院；与南京林业大学、西藏大学、南京师范大学等高校联合招收研究生；联合省内 31 家涉农高校科研院所和企业组建江苏省农业科技创新联盟，集聚优势资源协同攻关区域重大科技问题。

进入新时代，江苏省农业科学院将以习近平新时代中国特色社会主义思想为指导，按照“三个面向”要求，紧紧围绕“建成高水平国际化现代农业科研院所”的发展目标和“科技引领支撑乡村振兴”的历史使命，继续深入实施“质量导向、内涵发展、人才优先、开放合作、文化聚力”五大战略，持续推进学科体系建设、重大原创成果培育、科技人才队伍、成果转移转化、开放合作交流、现代院所治理体系以及美丽农科院建设更高质量，不断提升科技创新和科技服务能力，为江苏省率先实现农业农村现代化、乡村振兴走在全国前列做出新的更大贡献。

2. 绩效管理模式与经验

（1）江苏省农业科学院绩效管理模式

制定合理的权重和分值。江苏省农业科学院通过对项目经费、科技成果、发表论文、重大科研业绩赋予一定权重和分值，进行人均横比（研究所之间）和纵比（与上年度的比较），得出研究所年度考核分值和排序。其中，科技成果通过赋予个体分值进行积分，发表论文依据影响因子进行积分。同时，对获得高级别资助项目、获奖成果、高质量研究论文、重大知识产权收益、重大科技服务成效等重大科研业绩除了提高计算比例系数外，还特别给予一定的加分，提高了国家高技术研究发展计划（863 计划）、国家重点基础研究发展技术（973 计划）、国家科技支撑计划项目或公益性行业科研专项、国家自然科学基金项目等的到账经费考核系数比例，并进行考核加分，引导科技人员申请高级别研究项目。考核重点从注重量化指标向注重质量效用转变，在科研业绩中强化产出效用，引导激励科研人员在解决生产问题中突出技术实用，更加关注研究的科学价值、产业贡献和社会影响。

采取分类评价。江苏省农业科学院提出了分类评价，根据科技创新、科技服务、科技管理、科研辅助四类岗位要求，专设技术创新、专利发明、技术推广、成果转化等指标权重，推进不同岗位科技人员评价的科学化和标准化。以“干什么、评什么”的原则制定职称评审的条件和标准，对不同岗位科研人员实行分类评价，为各类人才的发展打通上升通道和途径。在绩效评价和职称评审中实行财务助理制度，将科技人员从事务性工作中解放出来。依托江苏省农学会设立江苏农业科技奖，设立院社会科学优秀成果奖，对科技成果实行分类评价，充分肯定不同人才的工作贡献。

（2）江苏省农业科学院开展绩效管理与评价取得的经验

江苏省农业科学院出台了《江苏省农业科学院重大科研业绩奖励办法》《江苏省农业科学院非营利性研究所〈绩效津贴分配实施办法〉》和《江苏院农业科学院科技成果转化收益分配试行办法》等一系列奖励措施和政策，对重大科技成果、高级别研究项目、高水平研究论文给予相应的奖金奖励，让考核结果与研究所年终奖励性绩效总额挂钩。将成果转让收益里奖励科研团队的比例从 30% 提高到 500 万元以上 50%，50 万～500 万元 60%，50 万元以下 70%。在政策的激励下，2016 年该院成果转让收益 8 182 万元，实际奖励科技人员 4 700 万元，人均绩效收入较上年增长 5 万元，科技人员创新活力得到空前的激发。

3. 绩效管理的启示

（1）建立科学的评价指标体系及权重

加强热带农业科研单位科研绩效评价指标的科学性、合理性，提高科研管理部门对科研绩效评价效率，热带农业科研机构需结合本单位科研项目的实际情况，构建合理完善的绩效指标体系。构建合理完善的绩效指标体系，并广泛征集各方意见，对指标设置的合理性和科学性进行反复论证，研究建立合理完善的科研项目通用指标体系，根据数学模型及专家打分等不同方式对评价指标的权重反复论证，并制定科学合理的指标标准。

（2）建立健全科研绩效评价制度

制度建设是开展科研绩效评价工作顺利开展的基础保障，热带农业科研单位需结合单位的特点以及考评对象的实际情况，研究和制定符合本单位实际情况的科研绩效评价制度，使科研绩效评价规范化和制度化，有效保证绩效评价的权威性和导向性。积极利用有效的评价机制，开展科研绩效评价工作，优化科研竞争环境，提高科研产出，更好地服务于科技创新的良性发展。

二、国外科研机构绩效管理模式分析

20世纪70年代末到80年代初，西方国家掀起了新的公共管理运动。新公共管理运动的重要内容之一是绩效管理，即在设定的公共服务绩效目标的基础上跟踪和监视公共部门提供公共服务的整个过程，并进行系统的绩效评价。这种政府绩效评价体系在西方国家被广泛使用，并在20世纪90年代逐渐扩展到科研机构。尽管由于社会发展和管理理念的差异，不同的国家有不同的评价方法，但从科学研究结果的输出来看，有组织、有计划的绩效评价在这些国家的宏观技术管理和资源优化配置中发挥着重要作用。相比较而言，国外科研机构对绩效管理的研究要早于国内。书中以国外科研机构绩效管理为例，分析其管理模式及取得经验，以期为我国热带农业科研机构绩效管理提供启示。

（一）美国国立卫生研究院NIH绩效管理模式分析

1. 机构简介

美国国立卫生研究院（National Institutes of Health，NIH）成立于1887年，总部在马里兰州的Bethesda，隶属美国健康与人类服务部（HHS），是美国主要的医学与行为学研究机构，拥有27个研究所及研究中心和1个院长办公室（Office of the Director，OD），任务是探索生命本质和行为学方面的基础知识，并充分运用这些知识延长人类寿命，以及预防、诊断和治疗各种疾病和残障。NIH不仅拥有自己的实验室从事医学研究，还通过各种资助方式和研究基金全力支持各大学、医学院校、医院等的非政府科学家及其他国内外研究机构的研究工作，并协助进行研究人员培训，促进医学信息交流。世界一流的科学家在NIH的支持下，自由探索科学问题，取得了辉煌的成就，极大地改善了人类的健康和生存状况。

NIH本身设有国立医学图书馆（the National Library of Medicine），负责编辑出版《医学索引（Index Medicus）》，每月一期，汇总世界著名医学期刊刊登的论文，同时还提供电子版Index Medicus，也称“MEDLINE”，是世界最著名的医学目录数据库。NIH总部（offcampus）的所属实验机构有：马里兰州Poolesville的NIH动物中心（the NIH Animal Center）、巴尔的摩的国立老年医学研究中心（the National Institute on Aging'S Gerontology Research Center）。国立药物滥用研究所成瘾研究中心（the Addiction Research Center of the National Institute on Drug Abuse）、蒙大拿州汉密尔顿的国立变态反应与感染性疾病研究所Rocky Mountain实验室（the National Institute of Allergy and Infectious Diseases'Rocky Mountain Laboratory）及其他数个较小的研究基地。NIH还设有

院长办公室，负责 NIH 政策和规划的实施、管理，协调 27 个研究所及研究中心的研究项目和各项活动，是 NIH 的灵魂。OD 下辖艾滋病研究处（the Office of AIDS Research）、妇女健康研究处（the Office of Research on Women'S Health）等近 50 个管理处，其中，OD 的项目管理处负责 NIH 研究项目的规划、资助及特殊研究领域的启动等，目前的研究项目有：妇女保健、艾滋病研究、疾病预防、行为与社会科学研究等。

NIH 的院长（Director）负责 NIH 所有的学术和管理事务。尽管 NIH 的各研究所及研究中心各负其责，但是院长在规划 NIH 的研究日程和前景方面仍然举足轻重，是整个 NIH 事务的全权责任人，在带领各研究所实现既定目标、寻求新的发展机遇，尤其是协调各研究所之间的合作关系等方面肩负重任。为此，院长定期召开各种办公会议，与院外学术团体和专家、患者、健康机构、国会、上级管理部门、员工代表理事会等进行交流、沟通，以确定 NIH 研究的重点领域，并鼓励各研究所在这些领域开展创新性工作。近年来 NIH 的重点研究领域包括：基因组与基因医学、基础和应用基础研究、临床研究，以解决低收入人群的医疗保健问题。NIH 设常务副院长，辅佐院长处理 NIH 的日常事务。

2. 绩效管理模式与经验

（1）NIH 绩效管理模式

NIH 成立了项目评价与绩效办公室。专门负责美国国立卫生研究院的绩效评价，并参与美国卫生与人类服务部年度绩效计划和报告的准备和协调工作。NIH 为加强绩效管理，要求项目提交年度进展报告和结题绩效报告，在此基础上，NIH 形成其年度绩效报告。2012 年以前，NIH 单独形成绩效报告，作为美国卫生与人类服务部附录上报。以 2012 年美国国立卫生研究院绩效报告为例，其报告主要包括 NIH 绩效目标完成情况、NIH 主要职能和功能领域（共分成科学研究结果、研究结果的交流与转移、能力建设和研究资源、人力资源的战略管理以及项目监管和改进 5 个功能领域）、NIH 绩效管理评价标准、绩效详细分析、对美国卫生与人类服务部战略计划支持情况、经费使用情况等内容。2012 年之后，其绩效管理情况整合在美国卫生与人类服务部战略规划、年度绩效计划与绩效报告中（顾雁峰，2011 年；颜敏，2009 年）。

建立人事管理机制。NIH 的人员总体流动性很大，人事管理机制更灵活。NIH 有雇员近 2 万名，主要采用“5+6”（共 11）年的连续评议淘汰体制和经常性工作绩效评估体制，仅 5% 的人能最终成为固定科研人员。初中级科技人员每 3 ～ 4 年评估，高级科技人员、课题组长和实验室主任每 4 年评估，研究所所长每 4 ～ 6 年评估。NIH 对课题组进行定期评估，评估结果分为 5 个等级，并根据不同等级做出增加支持、继续维持、削减资源、两年后复议、撤销等处理，被撤销的课题组组长必须离开 NIH（李萌，2011）。

评估结果与奖励挂钩。评估结果与奖励挂钩，评估周期不超过 1 年，最短为 90 天。NIH 还制定了一系列吸引人才和留住人才的特殊政策，包括早期生涯研究者政策、实施培训计划、贷款偿还计划、工作生活质量计划等，设立儿童照料中心、家庭生活中心与工作中心等。NIH 的基金支持以自由申请为主、立项为辅的方针，鼓励原始创新。多年来不断改进同行评议的方式评估项目，加大对研究者主导的高风险、高影响研究的支持力度。

（2）NIH 开展绩效管理与评价取得的经验

稳步前进，先试点。美国是一个高度重视科学独立精神的国家。科研机构的传统运作根深蒂固在人民心中，对传统科研运作体制的改革具有极大的抵抗力。为了使该法律得以顺利实施，美国首先提出了一项试点计划，该计划将在某些科研机构中实施，然后不断扩大实施范围，直到其被完全实施（李强，2007 年）。

强调增加管理责任和流动性。科研机构实施"政府绩效与成果计划"是为了督促科研机构提高管理水平，促进科研成果的输出。同时，由于科研活动与政府行政活动大不相同，他们给科研机构提供了很大的权力。

引入监督机制。美国国会可以进行整体监督。拥有大量科研机构的部门，例如能源部，对该部门的科研机构以及内部研究机构进行定期监督。

3. 绩效管理的启示

（1）绩效考核重结果和效果

我国热带农业科研机构应借鉴国外先进经验，将绩效考核重点从过程和产出转变到结果和效果，将预算与绩效挂钩，以法律形式保障科研机构的绩效管理工作，明确各部门的任务、确定目标、制定绩效衡量标准、提高绩效和责任，使纳税人清楚他们的钱花在哪里，取得了什么效果（龚旭，2003 年）。

（2）制度健全明了，利于操作和遵循

我国热带农业专业化管理机构建设需稳步推进，不断完善和规范全流程的规章制度，但还需要进一步围绕科研服务需求，将有关制度规定整合衔接起来，并加快流程化、可视化和公开化工作，便于管理人员、申请人、评审人及公众掌握和遵循（朱庆平，2018 年）。

（3）诚信体系健全，保障公平和效率

我国热带农业科研单位各级管理部门需推进内部控制制度建设，打造廉洁、高效、规范的科技管理系统，严格处理违规人员和项目，视情适时向主管部门报告以追究责任，维护科学诚信，履行监管责任，保障科研活动公平和效率（张行易，2019 年）。

（4）管理制度优化，加强专业化管理

我国热带农业科研机构管理改革的重点内容之一是管理制度和队伍建设，需统筹做好内设机构改革和分工，加强队伍建设，细化岗位职责，提高管理团队的专业化能力和水平（朱庆平，2014 年）。

（二）英国医学研究理事会绩效管理模式分析

1. 机构简介

英国医学研究理事会简称 MRC，成立于 1913 年，隶属于英国研究理事会，是一个由英国公共资金建立的国家级政府机构，是英国七大国家级研究理事会之一，其宗旨是资助为改善人们健康状况而开展的医学研究。它资助的科学研究以及培养的科学家将满足医疗卫生服务、制药及其他医疗卫生相关企业和学术研究的需求。MRC 所资助的研究工作在英国获得了许多非常重要的科学发现和医药成就。其每年超过 5 亿英镑开支的一半是提供给下属的 40 家研究所、研究室和各个研究中心，而另一半则是用于对大学和医学院校研究团队的资助和个人的培训奖学金。受 MRC 资助的项目已经有 29 个拿到了诺贝尔奖。MRC 一共有 25 个分单位分布在全英各地，并且拥有 27 个研究中心与牛津大学、剑桥大学、伦敦帝国理工大学等英国顶尖名校合作。

2. 绩效管理模式与经验

（1）英国 MRC 绩效管理模式

定期开展评价，确保采用最合适的评价方法。按照英国财政部（HM Treasury）的指南，MRC 不定期对其运作的项目进行投资产出评价。除此之外，MRC 对其所有研究所、执行部门和中心开展五年一次的滚动评价，评价所有二级部门在项目投资产出比、科研产量和社会影响力等方面的绩效表现和潜力。此外，MRC 还与其他资助者展开合作，积极开展委托的、研究者主导的评价研究，以确保其评价采用最合适的方法（姜桂兴，2018 年）。

评价内容以 4 类文件呈现。一是战略计划。MRC 每 6 年制订一版中长期部门战略计划，提出机构未来一段时间内整体的优先事项与战略方向，相关目标在每个战略周期中末期进行审查，形成报告。二是交付计划。MRC 根据制定的战略计划不定期推出相应的中长期交付计划，对战略目标做具体的阐述和具体产出项目规划，同时每年推出一份更新的进展附录。三是年度评价报告。从 1914 年开始，MRC 就每年推出一份年度评价报告。在综合开支审查方案特别是 2010 政府预算审查方案应用后，作为绩效评价的一部分，年度评价报告的重点就放在 MRC 的年度经费收支情况。四是经济效益报告和成果产出及影响力报告。MRC 使用独立证据来评价战略目标的长期效益结果和绩效，该证据的一个重要组成部分是从所有持有资金的研究人员收集的系统和结构化信息，目前使用的是 Research fish 系统。MRC 定期提供有关其实施计划目标的绩效信息，以支持有关医学研究的进展、生产力、质量和影响。

绩效考评结果为 MRC 机构层面战略目标的制定提供参考。绩效考评结果充分地支持了 MRC 的年度预算制订、中长期经济效益及社会影响力目标的调整、绩效评价实施方案的修改等重要决策环节。考评结果也作为各项目的成果实时反馈到各责任部门，促使 MRC 机构层面的战略目标和绩效目标在项目层面更好地落实，以提高机构人员的行政管理效率。

（2）英国 MRC 开展绩效管理与评价取得的经验

完善制度建设，使制度绩效管理评价体系科学化、规范化。相对完善的制度是规范绩效管理的前提和保证。MRC 机构的绩效管理和评价有一个相对完善的体系作为支撑，有法可依，有章可循（孟溦，2009 年）。

在明确制度功能定位的前提下，制定宏观和长远的战略目标。MRC 绩效评价体系的一个核心内容就是在滚动评价周期内，以中长期战略规划的形式，反复梳理和调整组织职能、核心使命、未来优先发展方向等重大问题。针对不同的社会时期、不同的经济条件和不同的科技发展阶段，MRC 对自身的功能进行了解和定位，以达到与行业领域发展热点对标，充分瞄准国家发展方向的目的。

明确分类的可量化性指标体系是高质量绩效评价的核心。关注成果产出的同时，注重成效的评价。英国 MRC 在评价年度绩效时，同时考虑产出、成效和影响力。

在实践中不断完善绩效管理体系。MRC 的绩效评价体系经过多年的建设和探索，具有科学性、适用性和先进性（郑淼，2007 年）。因此，我们不应期望建立一个一劳永逸的完善绩效管理与评价体系，也不应因为其缺陷而全盘否定。要在实践、纠正、再实践、再纠正的过程中不断完善绩效管理体系，使绩效考核的程序、过程和方法更加合理。

构建综合信息管理体系，推进绩效考核技术创新。MRC 是利用项目在线信息管理工具收集的实时数据，了解组织的长期效益和绩效，如 MRC 的研究成果。正是因为有了这样一个整合的资源信息采集平台，事业单位才能够掌握事业单位经营过程中产生的全面、准确、实时的绩效信息，大大简化了科研机构的绩效考核程序，提高了工作效率促进科技创新成果和机构技术改造，使科技信息产生更大的经济效益和社会效益。这样的绩效信息管理系统无疑将成为未来绩效管理和评价的主流。

3. 绩效管理的启示

（1）完善绩效评价制度建设

中国热带农业科研机构的绩效评价建设工作刚刚起步，亟待在现有基础上进一步完善制度建设，在明确机构职能定位的前提下树立宏长远的战略目标，提出科学规范的可量化性指标体系，建设一体化的信息管理系统，构建公开透明的热带农业科研资源管理和评价机制，切实推动科技创新体系建设。

（2）制定宏观和长远的战略目标

近年来，中国也意识到了制度建设在机构发展中的重要性，针对 MRC 的绩效管理和评价提出了一系列探索性的管理制度和方案，这一系列文件为中国热带农业科研机构层面的运行绩效管理和绩效评价设立了一个指导性的框架，评价的依据是根据当前的基本国情、科研发展现状、国际发展趋势，评价方式是自我评价与上级主管单位评价相结合，评价内容由建设水平、公共服务、科研产出 3 个一级指标及其下设的 8 个二级指标、20 个三级指标构成，与该指标体系相关的政策、法规和行业指南也正在逐步出台中。

（3）制定合理的绩效评价体系

中国热带农业科研绩效评价目前仍重点关注论文发表数量、所获省部级以上奖项数量等成果产出，建议应同时关注一些有实际成效方面的评价，以及机构项目成果产生的其他经济学、社会学效益及影响力，将绩效评价指标细化、具体化、阶段化。中国热带农业科研项目管理往往重视在运行过程中对财务目标的审计，而非业务目标的审计，一方面可能与实际资源条件冲突，另一方面又无法及时纠正技术偏差。绩效评价体系的设计并非一蹴而就。绩效评价体系是从实践中总结出来的一个相对客观的评价标准。这个标准就是经验本身，而经验从来都不是完美的。

（4）建设一体化的信息管理系统，推动机构绩效评价技术革新

MRC 使用项目在线信息管理工具实时收集的数据来了解机构长期效益和绩效，如 MRC 的 Research fish。正是因为有这样一体化资源信息收集平台，机构能够掌握关于机构运行上全面、准确、实时产生的绩效信息，极大地简化了科研机构的绩效评价程序，提高了机构科技创新成果推广和技术转化的效率，使科技信息产生更大的经济和社会效益。这样的绩效信息管理系统，无疑将成为未来机构绩效管理和评价的主流。尽管中国政府及科研机构的主管部门极力推进科研机构改革、融合、跨学科综合发展，但由于技术方面、政策方面的诸多难题，科研信息的共享程度还需进一步加强。如能在未来打破科研机构间的信息壁垒，加强不同领域的广泛合作，根据科研产出的特点，推出更多个性化、可视化、可行性强的信息管理和绩效考核工具，实现绩效管理信息的智能收集、深度分析和科学评价，必将为中国热带农业科研机构的绩效管理和评价工作注入新的活力（朱庆平，2014 年）。

（三）日本学术振兴会绩效管理模式分析

1. 机构简介

日本学术振兴会（The Japan Society for the Promotion of Science，简称“JSPS”）。1932 年，通过日本天皇的赞助资金而创立。目前是日本唯一的独立科研经费支援机构。

基于公平公正的审查、评价体系，学术振兴会资助以大学为主体的学术研究以及国际交流活动。成立该会旨在推动学术研究、资助培养研究人员、促进国际学术交流以及开展其他与学术振兴有关的业务活动。

JSPS 的前身是于 1932 年利用日本天皇为奖励学术研究活动而赐予文部省大臣的 150 万日元创建的财团法人日本学术振兴会。在之后的 1967 年 9 月，根据日本学术振兴会法成为特殊法人。70 多年来，作为推动日本学术振兴事业的核心机构，该会开展了各种各样的业务活动。2003 年 10 月，为了追求更高的业务灵活性与高效性，进一步提高面向研究人员与各类学术研究机构的服务水平，作为独立行政法人的日本学术振兴会踏上了新的征程。

2. 绩效管理模式与经验

（1）JSPS 绩效管理模式（吴建南，2009 年）

开展年度评价，接受公众监督。2003 年 JSPS 正式成为独立行政法人机构，按照《独立行政法人机构通则法》的要求，JSPS 每年对本机构的组织与运行状况开展年度评价。2004 年，JSPS 成立了自我检查评价委员会和外部评价委员会，分别开展自我检查评价和外部评价，最终将由外部评价委员会向 JSPS 理事长提交年度绩效评价报告，并向公众公式报告，展示其绩效，接受公众监督。

绩效管理指标选择针对性较强。JSPS 年度绩效管理主要关注两个方面，一为业务运行情况，包括业务运行效率、人员配备及使用、节能减排、信息管理等。二为业务计划的运行及绩效。以针对资助计划实施过程的绩效管理为例，主要从效率（JSPS 作为 IAA 的效率绩效）、有效性（JSPS 的资助活动管理绩效）、公正性和透明性（项目评审和管理的绩效）4 个方面进行绩效管理，绩效管理指标选择针对性较强。

开展国际评价，为成功转型奠定基础。2002 年在成为 IAA 之前，JSPS 开展了一次国际评价，该次国际评价是以国际专家为主，结合少数日本国内专家和 JSPS 高层，对 JSPS 进行了一次彻底的整体性绩效评价，为 JSPS 从文部科学省的下属机构到 IAA 的成功转型奠定了基础，也为 JSPS 成为 IAA（美国国际学术联盟）的发展提供了很好的咨询意见，评价所形成的很多建议后来都被 JSPS 所采纳实施，并取得的了很好的效果。尤其是在绩效报告准备方面：JSPS 的国际评审报告书包括“评审报告书”和“评审材料”两个部分，评审报告书是由国际专家讨论完成的，评审材料是由 JSPS 准备的绩效报告。JSPS 的绩效报告分为 7 个部分：日本科学研究制度、JSPS 概况、研究资助、人才培养、国际交流、统计资料和补充材料。

（2）JSPS 开展绩效管理与评价取得的经验（吴建南，2009 年）

绩效管理的开展是以国家法律和政策为基础，以相关的评价制度为保障，将战略制定、绩效计划制定、绩效评价实施有机结合，旨在实现高效管理、预算审定和公众互动。

战略导向下的“目标—过程—结果”三位一体的绩效评价模式逐步得到采纳，JSPS 在制定绩效计划时都将是否符合政府目标作为重要内容予以考核与管理。

绩效管理与机构经费管理紧密相连，一是下一年财政预算的批复情况与上一年财政年度的绩效执行情况紧密相连，要想下一财政年度获得足够的预算，必须认真执行上一财政年度的绩效管理目标。二是通过机构经费的审计，督促和监督自主活动的有效进行。

有评价、有反馈、有改进。JSPS 在绩效评价结束后，会将评价结果反馈，再根据改进建议等改进后续工作，使绩效管理成为一个周而复始的循环过程，使科学机构的绩效呈现螺旋式提高。

3. 绩效管理的启示

自 20 世纪 80 年代后期起，日本的经济强国地位和世界科技的突飞猛进对其以技术引进为主的科技政策与体制构成了越来越严峻的挑战。1995 年《科学技术基本法》的颁布与实施使日本的科技体制发生了根本性变革，日本与中国有着相似的文化背景、相似的先经济、后科技的发展道路，对我国的基础研究绩效管理模式体系研究具以下借鉴和参考意义。

① 目前我国科研绩效评价工作已趋于日常化、规范化和制度化，并已成为各科学机构加强预算管理、提高管理绩效、取信于科学界和公众、接受社会监督的有效手段。因此，中国热带农业各科研机构应制定科学、合理、针对性较强的绩效评价指标，加强科研绩效管理，不断提升单位的科技创新与发展。

② 定期开展绩效评价，接受公众监督。开展绩效评价，形成固定的绩效报告，并定期向社会公示，接受公众监督。

第六章

热带农业科研管理问题分析及对策建议

一、热带农业科研管理问题分析

（一）科研管理理念落后，管理效率低

热带农业科研机构的领导、管理人员及科研人员，一致认为科研工作的发展是农业科研机构改革与发展的需要，科研水平的高低是衡量农业科研机构科研实力的强弱标准（王梓，2020年）。因而，绝大多数科研人员认为为了促进科研工作高水平发展，取得更多的科研成果，高质量完成上级主管部门制定的考核指标，只重视种质资源创新、科研项目申报与立项、科技成果、新品种选育、科技成果转化与推广等与科研相关的工作，而忽视科研管理工作的重要性，导致管理理念落后的现象。此外，随着国家对农业科研支持力度的增加，以及科技体制改革的不断深化，农业科研管理工作的管理对象、管理范围、管理方式及外部环境都发生了变化，科研管理事物越来越多，与大农业相比，热带农业科研机构科研管理的模式和方法还比较落后，仍出现机械地收发文件、汇总资料等传统上传下达的现象，科研管理水平和效率较低，未充分发挥科研管理信息化在科研资料填报、筛选、审核、统计等方面的便捷作用（汪秀华，2010年）。落后的管理方式难以为科技创新及决策高效率地提供准确、有效的信息支撑，同时给科研人员、管理人员增加了大量费时、费力的重复填报工作，严重制约了热带农业科技创新的快速发展。

（二）科研管理队伍薄弱，激励机制不完善

热带农业科研管理人员存在以下问题，一是管理部门队伍薄弱。主要体现为年龄结构不合理、人员流动性大等方面，对新技术的创新管理能力及接受新知识的能力不

足，在管理工作中往往采取传统做法，管理体制僵化，管理思维守旧，不能跟上时代发展的步伐，无法满足当前热带农业科技创新事业快速发展的需求。二是管理人员专业知识较为单一（杨煜，2010 年）。随着热带农业科技的发展，热带农业科研管理迫切需要建立一支具有专业性、前瞻性和创新性等高素质的人才队伍，要求热带农业科研管理工作者必须具备较强的综合素质，不仅要了解相关专业知识，还要掌握国家乃至全球科技政策，才能有效地保障科研工作的顺利开展，但热带农业科研管理缺乏先进的管理理念，科研管理综合素质与能力不足，阻碍了热带农业科研管理体制的创新与发展。三是兼职人员多，专业知识掌握有限。热带农业科研机构各级领导普遍对科研管理人员重视度不高，兼职人员缺乏专业性、系统性的专业知识，难以掌握新时代科研管理发展的趋势，热带农业科研管理人员的专业性和稳定性不够，导致热带农业科研管理人员专业水平提升困难。四是缺乏有效的激励机制。大部分热带农业科研机构未建立完善的管理人员激励制度，未能将管理人员的管理成果与绩效挂钩，严重影响了管理人员工作的积极性，同时也难以吸引热带农业科研管理复合型人才加入科研管理队伍中（曹栎，2016 年）。

（三）科研管理方式落后，信息化水平较低

与大农业相比，中国热带农业科研管理还存在着诸多问题，大农业的科研管理已引入互联网信息管理系统，科研管理呈现出网络化、立体化的格局特点。但目前热带农业科研管理工作基本停滞在传统的管理模式和方法上。科研管理信息化水平较低，严重制约了热带农业科技创新与发展。导致科研信息化水平较低的主要原因，一是科研管理信息化队伍建设滞后。因现有的科研管理队伍成员专业背景一般是文科或者是相关学科，严重缺乏既精通科研活动规律，又有一定的专业背景，还要有一定的信息技术知识，各个单位对管理人员往往重使用、轻培养，科研管理人员仍按照传统的管理模式管理，信息化水平低，难以适应规范化、科学化和信息化的科研工作。二是缺乏科研管理信息化规划、信息化成效低。热带农业科研机构未充分认识科研管理信息化的重要性，对科研管理信息化缺乏中长期规划，没有统一的实施、协调部门，往往一个系统运行一段时间又推出另一套系统，科研人员不仅没有感受到科研管理信息化的便利，还加重了工作负担，认可度不高，不利于科研管理信息化工作的推进。三是缺少需求信息深加工。目前，部分热带农业科研机构虽然已建立科研信息化管理系统，但仍停留在档案管理、静态统计及简单查询等，信息资源的增值服务及综合开发利用意识不强，深层次挖掘力度不够，未与其他数据库的资源联系，难以形成系统的决策系统及知识学习平台（王莉莉，2020 年；周舒毅，2019 年）。

（四）科研绩效管理意识淡薄，机制不健全

中国热带农业对大农业而言，产值相对较小，国家对热带农业科技合作投入的经费相对很少，相关设施及管理与大农业相比，存在很多不足。其中，科研绩效评价是科研管理的一个重要手段，但部分热带农业科研单位领导及相关工作人员对科研绩效管理的认识不足，主观意识比较薄弱，甚至对绩效管理抱有抵触的态度，认为科研自由权受到了一定程度的限制，对科研绩效管理不支持、不理解、不配合，科研人员及管理人员对绩效评价重视不够，仅注重立项及验收，绩效评价统筹协调机制不够完善，缺乏整体层面的统筹规划，在实施绩效评价时，财务处、科技处及项目实施部门缺乏协调配合，致使绩效评价与项目申报、预算和管理割裂，绩效评价的效率及效果受到一定影响。科研绩效管理工作难以开展，科研绩效评价工作形式化，无法充分发挥其应有的作用，给科学事业单位的科研项目管理带来直接影响，也阻碍科研目标的顺利实现（李俊霖，2018 年）。

（五）科研绩效管理评价指标不合理，缺乏科学性

科学研究单位肩负着国家科技研发的重要使命，科研开展情况的优劣关系到国民经济发展的大局，因此，科学合理地开展科研绩效评价工作至关重要。我国热带农业科研绩效评价与大农业相比起步较晚，热带农业科研单位在开展科研绩效评价工作时，没有构建一套科学、合理的科研绩效评价管理体系，指标设定尚未有标准。存在的情况主要有：一是评价指标的选取与确定随意性较强，且成果评价注重数量。部分科研管理部门在签订项目合同时要求考核指标以发表文章数量、专著数量等作为科研绩效评价的唯一标准，过分注重科技成果的数量导致缺乏科学性。二是科研绩效评价不考虑差异性。每个学科的研究重点，包括科研工作量、科研条件及产出科技成果的周期时间等方面差别较大，因此，很难用统一标准来衡量，若采用统一的评价标准对所有的学科开展评价，缺乏差异性和弹性的考核评价将会大大影响科研绩效评价结果的客观性及科学性。三是评价指标的确定缺少科学方法和依据，以成果定权重、指标、标准等较为普遍（赵丽萍，2016 年）。部分热带农业科研单位在制定科研绩效评价指标时，直接借鉴大农业科研单位的科研绩效评价指标或是参考其他热带农业单位已经在用的指标，没有根据本单位的实际情况制定合理、完善、科学且符合本单位研究特点的指标，评价指标缺少依据，往往根据成果定权重、指标、标准，指标的权重、标准等设置不科学，导致评价结果难以作为考核的参考。

（六）科研管理人员积极性不高，科研管理水平有待提升

近年来，国家对科技体制改革越来越重视，重视科技人才的培养及考核，加大对科研的投入力度，放宽对科研人员的束缚，但却忽视了科研管理人员。农业科研单位注重对科技人员的人才培养和职称晋升，注重品种选育、成果推广等“硬”科学，而忽视农业科研管理这一“软”科学（王春敏，何瑞，2019）。目前影响科研管理人员工作积极性的原因有3点，一是科研单位重视科技的产出，重视科技人才的培养及引进，重视科技成果的转化，忽略了科研管理工作，没有认识到科研管理工作的重要性、必要性及专业性。二是科研管理工作人员主要负责科研管理工作，日常事务性的工作较多，没有太多精力投入到科研工作中，基本没有科研成果或者成果较少，直接影响绩效工资的收入水平。因此，科研管理工作人员与科研人员相比，收入相差较大。另外，科研管理工作人员的职称晋升条件比较严格，在参加职称评聘竞争时难度较大，日常工作繁重，但是职称上难有突破，严重影响了其工作的积极性。三是科研单位的激励机制不完善，没有针对科研管理人员的激励机制，还存在管理人员的绩效与管理成果脱节的现象，不能激发科研管理人员的工作积极性，降低了科研管理人员的工作热情，造成科研管理人才流失。

（七）科研项目监管不到位，科研成果不突出

目前，国家对农业越来越重视，对农业科研的支持力度越来越大，各科研单位的项目申请量及项目经费增长较快。另外，农业科研单位科研人员的职位及职称晋升等对项目的立项数、经费数和成果数都有要求。没有项目支持，就做不出成果，没有成果就难以成长，所以，各科研单位非常重视项目的申报，都想方设法寻找项目和经费。随着各科研单位承担的科研项目数量的增长，伴随而来的科研项目管理不到位的问题显现出来。一是部分科研单位和科研人员只侧重项目的申报，热心于项目的申报过程，多方面多渠道去申报项目，一旦项目获批，就把精力放在下一个项目的申报过程，只有少量的精力花费在已获批的项目上。二是当初为了增加项目的获批率，预定的项目任务目标难以完成，加之大部分的科研项目的周期短，科研成果不理想，没有高质量的成果，缺乏实实在在可转化的成果。三是科研经费的管理不到位。部分科研项目获批后，项目负责人缺乏经验，不知道怎样执行项目，导致经费无法支出，项目经费执行进度较慢，影响项目的执行进度以及结题审计时遇到问题。科研项目受到科研管理、成果转化等多个部门的管理，不同部门间的运行方式不同，沟通不及时，影响经费的执行进度以及实际开支与经费预算脱节。四是科研单位普遍压缩科研管理岗位，科研管理人员人手紧缺，加上缺乏制度体系的管理与约束，忽视了对科研项目的跟踪与管理，因此无法监督到每一

个科研项目，不能保证所有的项目都能高质量、高水平地完成。

（八）科研管理部门之间缺乏沟通，科研团队协作不紧密

目前大多数科研单位的科研项目管理与科研成果管理属于两个不同管理部门的职责，两个部门虽然分工明确，但由于缺乏有效的沟通与交流机制，导致科研项目管理部门不了解科研成果的产出和转化情况，同样地，科研成果管理部门不了解科研项目中产生的具体科研成果。而一个项目从申请准备到具体实施、项目验收以及成果鉴定等多个环节需要多个部门的配合，一旦沟通不畅，将会影响整个项目的执行进度和完成效果。另外，目前，农业科技创新发展变成了学科间不断交叉、融合，多学科、跨学科相互协作创新的局面，这就要求科研团队必须成为包括多学科领域的综合性研究群体（李国锋等，2015）。但是在实际操作中，各个研究团队之间各自为政，相互竞争，各种资源配置不合理，研究内容单薄，研究成果重复，没有创意，科研方法落后。为了争取项目的自主支配权力，以及职称评审的有利条件，各研究团队之间缺乏进一步的沟通与交流，无法进行深入合作。

（九）科技服务意识不够强，科技服务方式单一

科研院所是科学研究和技术开发的基地，是培养高层次科技人才的基地，是促进高科技产业发展的基地，也是创新体系中的重要力量，是知识、技术创新的重要源头（张爱宁和李晥玲，2013）。农业科研院所做好技术开发的目的就是促进农业的发展。因此，科研院所更有责任和义务做好科技服务工作。作为热带农业科研院所，更应该踏踏实实地为当地农业和农民提供技术服务。但是目前大多数的科研院所并没有重视科技服务工作，仅仅通过举办技术培训班、派遣挂职干部到当地的农村，不能对当地的农业发展起到较大的促进作用。

（十）科研成果产出率高，科研成果转化率低

科研成果的转化率是提高国家知识产权战略的重要内容。虽然我国高校科研院校的科研成果十分丰富，但科研成果的转化率却十分低。目前，中国高校科研院所每年的科研成果转化率不到30%，其中，真正实现产业化的科研成果转化率不到5%（张鹏和龙飞，2020）。造成科研成果转化率低的原因，一是目前科研院所的管理机制中，对从事科技推广的科研人员重视程度不够，没有激发其工作的热情，导致科研成果的转化率低。二是部分科研院所并没有把科技成果的转化率作为考核科研人员的硬性指标。三是部分科研院所缺乏推动农业科技成果转化的专业人员，无法推动成果的转化，导致成果转化率低下。四是多数科研成果不能适应市场的需求，造成成果与市场脱轨的状态。

二、热带农业科研管理优化升级对策建议

（一）强化科研管理创新理念，提升管理水平

强化热带农业科研机构科研管理创新理念。一是树立“以人为本”的管理理念。热带农业科研管理人员要与时俱进，及时关注各学科的发展动态，充分发挥管理、监督和服务等职能，适应社会新需求，切实为热带农业科技服务工作，树立现代化管理意识，同时还要提高自身素质，加强热带农业科研管理创新意识、创新能力培养，学习国内外先进农业科研管理经验及模式（王春敏，2019 年），运用科学的管理方法，帮助科研人员解决实际问题，为科研人员提供更好的服务，促进热带农业科技工作的开展。二是完善科研管理体制机制。科研管理部门应及时认真学习国家最新科研政策，结合本单位实际情况制定符合本单位的科研管理激励机制，并广泛向科研人员解读、宣传，提高科技人员科技创新及成果转化的积极性。三是增强服务意识，提高服务质量（张立颖，2019 年）。根据实际情况，帮助科研人员解决实际问题，不仅要完成各项科研任务，还要优化自己的知识结构、提高自身综合素质，坚持“开放”的原则，借助外界科研平台帮助科研人员开拓项目申报渠道，争取重大项目，结合社会经济发展需要增强与其他单位的沟通与合作，提升科技成果转化创效创益能力，使热带农业科研管理成为热带农业科研机构整体向前发展的助力器。

（二）提升农业科研管理人员综合素质，加强管理队伍建设

加强科研管理人才队伍建设是推进热带农业科研工作高效有序开展的重要保障之一。热带农业科研管理包含人、财、物及信息，需要有较强的组织、管理及专业知识储备能力，因此，各热带农业科研单位应从实际情况及需求出发，建立年龄结构合理、专业知识和管理能力互补的管理团队。党的十八大以后，国家越来越重视科技创新发展，大力实施创新驱动发展战略，对热带农业科研及管理人员提出了更高的要求，为适应国家新形势新政策的发展，各单位应从以下方面大力提升热带农业科研管理人员的综合素质：一是加强对热带农业科研管理人员的培训，提升科研管理综合素质（李雅静，2020 年）。有针对性地组织科研管理人员参加农业政策法规、管理学知识、专业知识等方面的培训和学习，提高科研管理队伍的综合素质与能力，使热带农业科研管理人员了解国家方针政策、创新管理方法，提高热带农业科研管理服务效率。二是加强与其他单位及专家的交流，提高热带农业科研管理水平。加强与国内外科研单位科研管理方面的研讨交流，学习科研管理新理论体系和方法，增强科研管理人员的业务能力，提升热带农业

科研管理人员综合素质与农业科研管理水平。三是建立健全热带农业科研管理激励机制。通过制定有效的热带农业科研管理激励机制，将科研管理人员职称评审与其项目管理能力、工作效率、科研成果和服务态度等方面挂钩，建立合理完善的考核指标，充分调动热带农业科研管理人员的积极性，使热带农业科研管理人员树立较大的奋斗目标与干劲（刘友梅，2019 年）。

（三）建立科研信息化管理系统，提高管理效率

随着科技的快速发展，各个科研单位都承担了大量的科研项目，研究成果与管理内容也较多，增加了科研管理部门的难度。为此建立热带农业科研信息化管理系统，可以高效、精准、规范地监督科研项目的研究进展，顺利地开展科研绩效统计及项目绩效评价，提升管理效率。因此，各个科研单位建立科研信息化管理体系是十分必要的。主要措施：一是整合资源，建立热带农业科研管理信息库。合理有效地对各种信息进行整合及组织，建立健全科研管理信息库，同时科研管理部门应在整合资源的基础上，挖掘潜在信息，构建科研管理决策平台，在制定科技发展规划、科研立项评估、专家遴选、科研项目及经费管理、科技成果评估等提供科学有效的决策信息。二是加强领导，建立专业的信息化管理队伍。在热带农业科研单位成立单位领导和各职能部门负责人为成员的领导小组，协调科研管理系统的建设，同时各职能部门与有信息技术背景的管理人员成立工作小组，本单位信息专家或技术服务人员组成专家咨询小组，这样就能在专家组的指导下逐步建立以基层为单位的基本单位信息采集、应用平台，实现热带农业科研单位管理信息资源系统化、集成化，推动热带农业科研管理工作的发展（王莉莉，2020 年；周舒毅，2019 年）。

（四）树立良好的科研绩效管理意识，完善评价机制

为提高科研绩效评价水平，首先各单位领导及管理部门要高度重视该项工作，做好内部宣传和教育工作，让所有的职工均能对科研项目绩效评价的意义、作用和必要性有所了解、消除抵触情绪，并把落实组织目标作为切入点，对被考核对象在组织目标执行中的行为、工作态度以及结果等内容进行评估，循序渐进地对职工的工作行为和方式进行改善（赵春山，2012 年）。

同时要建立热带农业科研绩效评价结果的长效应用机制。一是制定配套的管理制度及激励制度，加强科研人员对科研绩效评价的意义、作用和必要性了解，同时促使该制度起到监督作用，加强对科研执行及结果的管理，循序渐进地改善科研竞争环境（肖愚，2008 年）。二是加强各部门之间的沟通协调。热带农业科研单位领导应统筹协调好各部门之间的沟通，成立绩效评价工作小组包括科研管理部门、财务部门、课题组等，

明确各部门的绩效评价职责及重点任务，共同促进绩效评价工作规范有序地进行。三是扩大绩效评价应用范围。将热带农业科研过程考核与年度绩效结合，项目结果考核与验收结合，促进绩效评价与预算编制、预算执行和监督等各环节有机结合。四是建立信息反馈机制。通过定期通报科研绩效评价结果等方式，将评价结果及时反馈至科研管理部门和课题组等，强化责任意识及监督意识，逐渐形成长效应用机制。

（五）完善绩效评价指标体系，建立科研绩效评价数据库

加强热带农业科研单位科研绩效评价指标的科学性、合理性，提高管理部门对科研绩效评价效率，各单位需结合本单位科研项目的实际情况，构建合理完善的绩效指标体系。构建合理完善的绩效指标体系，需广泛征集各方意见（承担科研项目的专家及项目主管部门相关领导），对指标设置的合理性和科学性进行反复论证，研究建立合理完善的科研项目通用指标体系，这一体系应包括：投入指标（经费投入、人员投入、经费使用效率），产出指标（数量指标、效益指标、满意度指标等）（周沁乔，2006 年）。根据数学模型及专家打分等不同方式对评价指标的权重反复论证，并制定科学合理的指标标准。同时，对不同类型科研项目的评价指标进行梳理、筛选与整合，建立规范、动态、标准的科研绩效评价指标数据库，不断完善指标体系，通过制定科学合理的科研绩效评价指标体系，及规范、动态、标准的科研绩效评价指标数据库，顺利地开展科研绩效统计及项目绩效评价，提升管理效率（李继怀，2009 年）。同时，促进和激励科研人员参与科研资源的合理竞争，通过竞争提高科学创新能力，促进科研项目的良性发展。

（六）激发科研管理人员的工作热情，提高科研管理水平

为了提升热带农业科研单位的科研管理水平，促进科研能力的提升，加快科研成果的转化，需要激发科研管理人员的工作热情，提升科研管理水平，可以采取以下措施。一是科研单位应该重视科研管理工作，认识到科研管理工作的重要性。招聘有热带农业科研背景知识，懂得管理学的专业人员到科研管理部门，提升科研管理水平。加大对现有科研管理岗位人员管理学知识以及热带农业知识的培训，优化其知识结构，提高其工作效率进而提高科研管理水平。二是减少同一级别科研管理人员与科研人员的收入差距，使得科研管理人员感觉到被尊重，被理解，受到平等待遇，有利于激发其工作热情。还要考虑到科研管理人员与科研人员的工作内容和性质的不同，在制定考核标准时，使用不同的标准对不同的人员进行考核。科研人员和科研管理人员的职称评审条件，也要根据各自的工作分工区别对待。科研管理人员的职称评审要向管理工作倾斜，可以从管理业绩及水平、服务态度等方面进行评审。三是通过建立高效的热带农业科研管理激励机制，从根本上调动科研管理人员的工作热情。激发科研管理工作人员主动服

务科研，对在科研管理工作中，有突出表现的人员应给予相应的物质或精神奖励，充分认可其工作能力及服务水平，使得科研管理人员能更好地服务科研工作。把工作效率、责任心和科研人员的评价等综合因素作为科研管理人员的职务、职称晋升的依据。例如，中国科学院物理研究所自主开发了“管理人员考核评价信息系统”，让全所科研人员参与网上评价，畅通了科研人员和行政人员之间的沟通渠道，激励、督促行政人员不断改进工作方法，提高业务素质，增强服务意识，为其他农业科研院所提供了一个很好的借鉴（钟娟，2014）。

（七）加强科研项目高效管理，加大高质量科研成果的产出

热带农业科研单位只有加强科研项目的高效管理，才能促进高质量科研成果的产出，促进科研能力的提升，促进科技生产力的前进。一是加强对重大项目申报的指导。科研管理人员要参与到重大科研项目的准备工作中。运用国家最新的政策及实际需求对项目的立项依据、科研产出以及对社会的实际意义等方面作出准确指导。对项目做可研性分析，对具体项目的实施提供合理意见。在项目立项后，及时跟踪执行情况，提高项目的执行力。二是响应国家“放管服”改革政策，建立合理的科研管理系统。运用信息化手段，将科研项目的相关信息录入科研管理系统，及时监督项目执行情况，保证项目执行的科学性，提升科研水平，提高科研成果的产出。使用信息化手段，对科研项目进行高效管理。减少项目负责人汇报项目进展的次数，填报项目情况表的次数。简化工作流程，赋予科研人员更多的权限，给予科研人员更多的时间，专心做好科研。三是对科研人员加强思想引导，逐步取消其重项目申报，放松项目实施过程管理的现状。引导科研人员加强项目的实施过程及重视科研产出。四是加强沟通，提高效率。各个管理部门之间要相互协作，尤其是科研管理部门、成果转化部门和财务部门，在科研项目申报、实施过程中相互配合，提高管理效率。五是在项目完成之后做好验收工作，及时对项目作出合理评价，为下一次项目的申报做好准备。

（八）加强科研管理部门及科研团队合作，提升科研水平

为了进一步提升科研单位的科研水平，农业科研单位科研管理部门之间需要进行有效的沟通交流。各部门之间需要建立共享信息的科研管理平台，在这个共享平台上，各部门管理人员能够及时了解项目进展情况，经费使用情况，科研成果的产出情况以及成果转化的相关信息，各部门之间互通有无，促进科研项目的立项、实施过程以及项目验收等活动的顺利开展。促进科研成果的转化率，提升科研水平。

另外，为了增加申报项目的中标率，提升科研单位的科研水平，各科研单位需要完善科研管理人员与科研人员的交流渠道，架起一座沟通的桥梁，建立一支强壮的科研团

队。科研团队是由科研人员和科研机构的管理人员共同组建的，因此，团队之间的合作系统就成了这个团队的关键（卢劲梅等，2015）。这样的科研团队将是强强联合，科研管理人员将联合全单位的优势资源，统筹学科资源，合理规划，共同申报项目，共同突破技术难关。科研管理人员与科研人员相互配合，相互学习，共同进步，促进科研单位科研水平的飞速提升。

（九）提升科技服务理念，提高科技服务质量

热带农业科研单位是热带农业地区科技创新的主要力量，农业科研的公益性决定了科研院所做好科技服务的职责。热带农业科研单位应该加大宣传力度，呼吁全体科技人员参与到科技服务的队伍中来，做实实在在的服务工作，提高当地农民的收入，促进当地农业的发展。科技人员到田间地头实地了解农民的需求，教给他们最需要的技术，加大科技成果的推广力度。及时根据农民的实际需求和当地农业发展的特点，调整研究内容，促进科研水平的提升。

（十）健全科研成果管理机制，提高科研成果转化率

构建以成果转化为目标的高质量科研管理体制科技发展水平已成为衡量高校、科研机构、企业、国家竞争力的主要指标，知识产权也已成为保持竞争力的关键性资源（冯翠等，2018）。因此需要采取措施，进一步提升热带农业科研单位的成果转化率。一是对热带农业科研单位的管理体制进行改革，强调科研管理在成果转化方面的引导作用。二是科研人员在确定研究内容时，要参与农业生产，面向市场需求，科学选择研究题目及内容。三是建立激励机制。热带农业科研院所要制定有效的激励政策，改变科研人员重科研成果，轻专利的思想，同时把知识产权创造纳入科研人员的绩效考核，提升专利保护对于科研人员的重要性。四是培养专门从事科技成果转化的专业人员和复合型人才，提升科技成果的转化率。五是发挥大数据智能服务作用。在国家“大数据”战略背景下，建立一套集政策、技术、成果、资金、需求、咨询、服务等各类科技信息资源的科技服务平台，利用信息化手段实现信息的精准匹配和共享，实现一站式集成化智能服务，可大大提高工作效力（郝少盼和陈达，2019）。

附　录

附录 1　广东省财政厅　广东省审计厅关于省级财政科研项目资金的管理监督办法

第一章　总　则

第一条　根据党中央、国务院推进科技领域“放管服”改革精神和省委、省政府进一步促进科技创新的要求，依据《中共广东省委办公厅 广东省人民政府办公厅印发〈关于进一步完善省级财政科研项目资金管理等政策的实施意见（试行）〉的通知》（粤委办〔2017〕13 号）、《广东省人民政府印发关于进一步促进科技创新若干政策措施的通知》（粤府〔2019〕1 号）等规定，为规范省级财政科研项目资金管理，提升科研项目资金绩效，落实科研机构和科研人员经费管理自主权，激发创新活力，特制定本办法。

第二条　本办法适用于以科学研究为目的，涵盖基础研究、应用研究、技术研究与开发、科技条件与平台建设、科技交流与合作等活动，以项目制方式由省直部门立项或项目承担单位自主立项管理的省级财政科研项目资金。以稳定性支持、后补助等非项目制方式安排的省级财政科研资金，由资金使用单位自主统筹管理使用（国家和省另有规定的除外）。项目承担单位以市场委托方式取得的横向经费，纳入单位财务统一管理，由项目承担单位按照委托方要求或合同约定自主使用，不适用本办法。

第三条　科研项目资金管理遵循“尊重规律、优化流程，充分放权、明确职责，强化激励、突出绩效，专账核算、规范管理”原则。

第四条　科研项目资金使用应遵照实事求是、精简高效、厉行节约、倡导共享的原则。

第二章　职责分工

第五条　科研项目资金按照“谁使用、谁负责”原则，由项目承担单位和项目负责人自主管理使用。按照“谁立项、谁监管”原则，由省直部门承担政策指导和资金监管责任。

第六条　项目承担单位是科研项目资金管理的责任主体，自主管理使用本单位科研项目资金，具体职责包括：

（一）制定并完善本单位财务、资产、政府采购、绩效评价、成果转化及与此相关的科研、人事、科研诚信及科研伦理等内部管理制度和实施办法。明确本单位科研项目预算调剂、间接费用统筹、劳务费人员费开支管理、绩效支出分配、结题财务审计、结余资金使用、成果转化收益分配、急需科研设备耗材采购等管理权限和审核流程。

（二）负责预算审核把关，规范财务支出行为，建立岗位分离、内部约束的内部风险防控机制，完善项目资金使用监督检查和绩效评价。

（三）负责本单位科研项目资金监管，实行专账核算，定期向项目主管部门报告项目实施、资金使用情况。因故终止或撤销的项目须及时向项目主管部门报批，并按要求退回财政资金。

（四）实行内部公开制度，定期公开科研项目预算、预算调整、资金使用、资金结余、科研成果等项目信息。

（五）建立科研财务助理制度，为科研人员提供专业化服务。

第七条　项目负责人是科研项目资金使用的直接责任人，对项目资金使用的真实性、合法性、合规性和相关性负责，具体职责包括：

（一）据实编制项目预算和绩效目标，组织预算执行，真实编列项目决算。

（二）建立并落实科研项目日志管理制度，据实记录科研项目研究方向和技术路线调整、研究团队人员变动、预算调整、资金使用、设备和耗材使用情况等内容，真实反映科研项目研究过程及资金开支情况。

（三）对因故需终止实施的项目，须提出明确处理意见并及时报告项目承担单位。

第八条　省项目主管部门是本部门科研项目资金的分配和监管主体，具体职责包括：

（一）组织科研项目论证评审，编制资金分配方案和绩效目标。

（二）指导下属单位完善项目管理、内控制度，适时开展项目管理自主权落实情况核查。监督项目承担单位规范管理，提高科研项目绩效。

（三）组织开展项目实施期末综合绩效评价，完善评价结果应用。

（四）对因故需终止实施的项目，核定剩余项目资金并提出明确处理意见报送省财政部门。对需收回省财政统筹使用的，配合省财政部门收回项目财政资金。

（五）落实科研诚信管理和联合惩戒机制，对严重违背科研诚信和科研伦理要求的项目承担单位和科研人员，会同相关部门实施责任追究，联合惩戒。

第九条　省财政部门负责制订省级财政科研项目资金管理办法，根据项目主管部门编制的资金分配方案及时拨付项目资金，不直接参与科研项目审批、管理，具体职责包括。

（一）制定省级财政科研项目资金管理办法。

（二）建立科研项目资金拨付、政府采购绿色通道。

（三）开展资金使用管理情况抽查，指导单位完善资金管理制度。

（四）及时收回经省项目主管部门确认需终止实施的项目财政资金。

第十条 省审计机关依法对省级财政科研项目资金的管理使用和绩效情况进行审计监督，具体职责包括。

（一）依照《中华人民共和国审计法》及其实施条例，根据年度审计计划安排或审计工作需要，开展相关科技创新政策落实以及科研项目资金管理使用和绩效情况的审计或审计调查。

（二）对开展的审计或审计调查事项出具相应的审计结论文书，必要时进行公告。

（三）监督有关部门、项目承担单位或个人及时整改审计发现问题。

第三章 项目资金开支范围

第十一条 项目资金支出是指在项目组织实施过程中与研究活动相关的、由项目资金支付的各项费用支出。项目资金分为直接费用和间接费用。

第十二条 直接费用是指在项目研究过程中发生的与之直接相关的费用，具体包括：

（一）设备费。在项目研究过程中购置或试制专用仪器设备，对现有仪器设备进行升级改造，以及租赁外单位仪器设备而发生的费用。

（二）材料费。在项目研究过程中消耗的各种原材料、辅助材料、低值易耗品等的采购及运输、装卸、整理、回收处理等费用。

（三）测试化验加工费。在项目研究过程中支付给外单位或依托单位内部检测机构的检验、测试、化验及加工等费用，非独立核算的内部检测机构应按规定明确检测费用标准。

（四）燃料动力费。在项目研究过程中相关大型仪器设备、专用科学装置等运行发生的可以单独计量的水、电、气、燃料消耗费用等。

（五）差旅费/会议费/国际合作交流费。在项目研究过程中开展科学实验（试验）、科学考察、业务调研、学术交流、业务培训等所发生的外埠差旅费、市内交通费用；组织开展学术研讨、咨询以及协调项目研究工作等活动而发生的会议费用；项目研究人员出国、赴港澳台、外国专家来华、港澳台专家来内地工作以及开展学术交流的费用等。本科目预算不超过直接费用10%的，不需要提供预算测算依据，可统筹使用。

（六）出版/文献/信息传播/知识产权事务费。在项目研究过程中，需要支付的出版费、资料费、专用软件购买费、文献检索费、专业通信费、专利申请及其他知识产权事务等费用。

（七）劳务费。在项目研究过程中支付给参与项目研究的承担单位编制外研究生、博士后、访问学者、项目聘用的研究人员和科研辅助人员的劳务费用。

项目聘用人员的劳务费开支标准，参照当地科学研究和技术服务业从业人员平均工资水平，根据其在项目研究中承担的工作任务确定，其社会保险补助纳入劳务费科目列支。劳务费预算不单设比例限制，由项目承担单位和科研人员据实编制。

项目聘用的研究人员和科研辅助人员依法与项目承担单位签订合同（协议）。

参与项目研究并与项目承担单位签订劳动合同的编制外人员的工资性支出在劳务费中列支，确不具备签订合同或协议条件的，可按规定提供相关佐证材料。

（八）人员费。项目承担单位属科研事业单位的，可从直接费用中开支参与项目研究的在编人员工资性支出，用于补足财政补助标准与本单位实际发放水平之间的差额，并纳入单位工资总额限额管理。

（九）对全时全职承担我省重点领域研发计划的团队负责人（领衔科学家 / 首席科学家、技术总师、型号总师、总指挥、总负责人等）以及引进的高端人才，可实行年薪制管理。年薪所需经费在项目经费中单独核定，在本单位绩效工资总量中单列，相应增加单位当年绩效工资总量。

（十）专家咨询费。在项目研究过程中支付给临时聘请的咨询专家的费用。专家咨询费不得支付给参与项目管理相关工作人员。

（十一）其他支出。项目研究过程中发生的除上述费用之外的其他支出以及不可预见支出，在申请预算时应单独列示，单独核定。

第十三条　项目承担单位可按照本单位科研规律和项目特点，参照国家和省的有关规定，研究制定符合本单位科研活动实际的各类直接费用支出标准。

劳务费和人员费列支应结合相关人员参与项目的全时工作时间等因素合理确定。

对团队负责人、高端人才的年薪，项目承担单位应在项目申报时报项目主管部门确定人员名单和年薪标准，实行一项一策、清单式管理，并报省科技厅、人力资源社会保障厅、财政厅备案。

项目承担单位应按照实事求是、精简高效、厉行节约的原则，合理确定差旅会议与国际合作交流费、专家咨询费的开支范围、标准等，并简化相关手续。

第十四条　间接费用是指项目承担单位在组织实施项目过程中发生的无法直接列支的相关费用，主要用于补偿项目承担单位为了项目研究提供的现有仪器设备及房屋，水、电、气、暖消耗，有关提高科研管理、服务能力等费用，以及绩效支出等。

项目承担单位在统筹安排间接费用时，应合理分摊间接成本以及对科研及相关人员绩效支出。绩效支出安排与科研人员在项目工作中的实际贡献挂钩，适当向一线科研人员倾斜。绩效支出不单设比例限制，纳入单位奖励性绩效单列管理，不计入单位绩效工资总量调控基数。项目承担单位从我省重点领域研发计划项目间接费用中提取的绩效支出，应向承担任务的中青年科研骨干倾斜。

第十五条 间接费用按照不超过项目直接费用扣除设备购置费后的一定比例核定，与项目承担单位信用等级挂钩，并实行总额控制。具体比例如下。

（一）科技研究类项目。

1. 500 万元及以下的部分为不超过 20%；

2. 500 万元至 1 000 万元的部分为不超过 15%；

3. 1 000 万元以上的部分为不超过 13%。

（二）试验设备依赖程度低和实验材料耗费少的基础研究、软件开发、集成电路设计、科研咨询、科技服务、软科学研究、智库等智力密集型项目。

1. 500 万元以下的部分为不超过 30%；

2. 500 万元至 1 000 万元的部分为不超过 25%；

3. 1 000 万元以上的部分为不超过 20%。

对数学等纯理论基础研究项目，项目承担单位可进一步根据实际情况适当调整间接经费比例。

第十六条 间接费用由项目承担单位统筹管理使用，并向创新绩效突出的团队和个人倾斜。项目承担单位应在充分征求意见基础上研究制定间接费用管理办法，合规合理使用间接费用，并建立间接费用开支台账，进行单独核算。

科研项目由多个单位承担的，间接费用在总额范围内由牵头单位与参与单位协商分配。

项目承担单位不得在核定的间接费用以外再以任何名义在项目资金中重复提取、列支相关费用。

第四章 预算编制

第十七条 项目负责人根据目标相关性、政策相符性和经济合理性原则，编制项目收入预算和支出预算。收入预算按照从各种不同渠道获得的资金总额填列，包括省级财政资助的资金以及从项目承担单位和其他渠道获得的资金。

支出预算根据项目需求，按照资金开支范围和不同资金来源编列。项目直接费用中除设备费外，其他费用可只提供基本测算说明，不提供明细。仪器设备购置，应对拟购置设备的必要性、现有同类设备的利用情况以及购置设备的开放共享方案等进行单独说明。合作研究资金应对合作研究单位资质及拟外拨资金进行重点说明。

第十八条 项目承担单位组织科研和财务管理部门对项目预算进行审核。由多个单位共同承担同一项目的，项目承担单位的项目负责人和合作研究单位参与者根据各自承担的研究任务分别编报资金预算，经所在单位科研、财务部门审核并签署意见后，由项目负责人汇总编制。

第十九条　省项目主管部门组织专家或择优遴选第三方机构对项目和资金预算进行评审，根据项目实际需求，结合专家评审意见，参考同类项目确定项目资助额度。

第二十条　项目承担单位组织项目负责人根据批准的项目资助额度调整项目预算，并在收到资助通知之日起 30 日内完成审核，报省项目主管部门备案。

第五章　预算执行与决算

第二十一条　省级财政科研资金可根据项目承担单位申请，通过其他直接支付方式直接拨付至单位账户。

第二十二条　项目承担单位应在单位账户下设省级科研项目资金子账户，对拨付至单位账户的科研项目资金实行专账管理，单独核算，专款专用，并对科研项目资金支出的真实性、合法性、完整性负责。

由多个单位共同承担同一项目的，项目主承担单位应及时按预算和合同转拨合作研究单位资金，并加强对转拨资金的监督管理。

因项目负责人调动等因素导致项目主承担单位变更，原主承担单位应与变更后的主承担单位签订有关协议，明确责任义务，在报经省项目主管部门审批、省财政部门备案后，可由原主承担单位直接将经费拨付至变更后的主承担单位。

第二十三条　资助香港、澳门特区高校、科研机构的省科研项目经费，应按照国库集中支付的有关规定和向境外支付的有关要求，由项目主管部门及时组织拨付至港澳特区高校、科研机构。其中，港澳特区高校、科研机构与省内单位联合承担的项目，项目经费可分别拨付至港澳特区高校、科研机构和省内单位。

第二十四条　项目负责人应按项目预算执行。在科研项目实施期间，项目负责人可以在研究方向不变、不降低申报指标的前提下，自主调整研究方案、技术路线和科研团队人员。涉及重大调整事项，项目承担单位应及时报省项目主管部门备案。

第二十五条　项目承担单位应建立健全科研财务助理制度，为科研人员在项目预算编制和预算调整、资金开支、财务决算和验收方面提供专业化服务，有关费用纳入科研项目经费直接费用开支。

第二十六条　科研项目实施过程中，直接费用中各项费用的预算调整可由项目承担单位自主办理，提高办理效率。项目承担单位应制定本单位科研项目预算调整管理办法，规范预算调整行为。

（一）项目负责人根据科研活动的实际需要，经项目承担单位批准后对直接费用中各项费用进行调剂。

（二）项目间接费用不得调增。

（三）项目预算总额不变，合作研究单位之间发生预算调剂，或者由于合作研究单位增加（减少）发生预算调剂的，应协商一致并重新签订合作协议后办理，并报省项目主管部门备案。

（四）预算调整情况应在结题验收报告中予以说明，并在项目承担单位内部公开。

第二十七条 项目预算执行中有以下情况需要预算调整的，由项目负责人提出申请，经项目承担单位审核同意后，报省项目主管部门审批。

（一）由于研究内容或者研究计划作出重大调整等原因，需要增加或减少项目预算总额；

（二）原项目预算未列示外拨资金，需要增列。

第二十八条 科研资金支出原则上应当通过银行转账、公务卡、支票等非现金方式结算。

对于不具备非现金方式结算条件、但科研工作实际需要发生的支出，报经单位内部核准后，可以现金结算。

项目承担单位应制定相关实施细则，明确不具备非现金方式结算条件情形下的财务审批程序和报销手续，从严控制现金支出事项，减少现金提取和使用。

第二十九条 项目负责人应严格按照资金开支范围和标准开支项目经费。不得擅自调整外拨资金，不得利用虚假票据套取资金，不得通过编造虚假劳务合同、虚构人员名单等方式虚报冒领劳务费和专家咨询费，不得通过虚构测试化验内容、提高测试化验支出标准等方式违规开支测试化验加工费。严禁使用项目资金支付各种罚款、捐款、赞助、投资等。

第三十条 对因故被终止实施的项目，以及因故被撤销的项目，省项目主管部门应及时通知省财政部门收回项目财政资金。项目承担单位应在接到有关通知后 30 日内退回财政资金。

第三十一条 项目实施期间，年度剩余资金可结转下一年度继续使用。项目完成任务目标并通过验收后，结余资金留归项目承担单位使用，由项目承担单位统筹安排用于科研活动的直接支出。

第三十二条 项目研究结束后，项目负责人应会同科研、财务、资产等管理部门及时清理账目与资产，如实编制项目资金决算，不得随意调账变动支出、随意修改记账凭证。行政事业单位使用项目资金形成的资产，由项目承担单位按照国有资产管理规定管理使用。

有多个单位共同承担一个项目的，项目承担单位的项目负责人和合作研究单位的参与者应分别编报项目资金决算，经所在单位科研、财务管理部门审核并签署意见后，由项目承担单位的项目负责人汇总编制。

项目承担单位应组织其科研、财务等管理部门审核项目资金决算，并签署意见后报省项目主管部门。

第三十三条　项目承担单位属于高校和科研院所的，可自行采购科研仪器设备，自行选择科研仪器设备评审专家。高校和科研院所应简化科研仪器设备采购流程，对科研急需的设备和耗材，经项目承担单位负责人批准，采用特事特办、随到随办的采购机制，可不进行招投标程序，缩短采购周期。对于独家代理或生产的仪器设备，可按规定程序确定采取单一来源采购等方式，增强采购灵活性和便利性。

第六章　监督管理

第三十四条　省项目主管部门应建立健全对项目承担单位开展科研活动和科研资金管理的事中和事后监督机制，合理制定科研项目年度监督检查计划，在相对集中时间联合相关部门开展联合检查和抽查，避免重复检查、多头检查。

制定年度监督检查计划时，应统筹考虑其他部门的检查计划，充分利用大数据等信息技术提高监督检查效率，实行监督检查结果信息共享和互认。

项目承担单位和项目负责人应主动配合省有关部门的检查与监督，对于在项目实施期内已开展同类检查和审计活动的，及时提供检查结果和结论。对审计机关开展的各项审计项目，应及时提供相关数据资料（含电子数据资料）。

第三十五条　项目承担单位应监督项目负责人建立科研管理日志制度，据实记录科研活动和过程管理。科研项目管理日志的记录情况纳入项目承担单位对项目负责人的管理考评范围。

项目承担单位应在项目实施期末自主选择具有资质的第三方中介机构进行结题财务审计。

项目承担单位必须在单位内部实行项目公开制度，公开项目预算、预算调整、项目决算、资金使用（重点是间接费用中的绩效支出、外拨资金、委托服务、结余资金使用）、研究成果等项目信息，接受社会监督。

第三十六条　省财政部门对不按规定编制项目资金预算、不按规定使用资金、不按规定进行会计核算、不按规定报送年度收支报告、不按规定编报项目决算的，按照《中华人民共和国预算法》《广东省自主创新促进条例》《会计法》和《财政违法行为处罚处分条例》等法律法规处理。

对截留、挪用、侵占、虚报冒领项目资金的直接负责主管人员和其他直接责任人员，移送有关主管机关、单位处理；涉嫌犯罪的，依法移送司法机关处理。

第三十七条　省审计机关开展相关审计或审计调查时，可根据审计工作需要依法对社会审计机构出具的科研项目结题财务审计报告和其他相关审计报告进行核查或抽查，如发现社会审计机构存在违反法律、法规或者职业准则等情况的，移送有关主管机关依法追究责任。

对审计中发现的违反国家规定的财政收支、财务收支行为，在法定职权范围内作出处理、处罚决定或移送有关主管部门处理；涉嫌违纪违法的，移送有关机关、单位依纪依法追究责任。

第三十八条 严格执行省级财政科研项目严重失信行为记录与惩戒有关规定，省科技主管部门会同相关部门对严重违背科研诚信要求的行为实行终身追责。对严重违背科研诚信要求的相关科研人员、项目负责人及违反职业规范、职业道德的第三方中介机构采取联合惩戒措施，按照科研项目管理相关规定记入诚信档案，并纳入科研活动黑名单。

第三十九条 任何单位和个人发现科研项目资金在使用和管理过程中或第三方中介机构在开展财务审计、项目申报咨询等活动中有违法违规行为的，有权检举和举报。

第七章 绩效评价

第四十条 项目承担单位应建立项目资金的绩效管理制度，明确项目整体绩效目标和阶段性绩效目标，并选择可衡量的绩效指标，对项目负责人开展定期跟踪监督，以及日常绩效目标运行跟踪管理。

第四十一条 省项目主管部门可委托项目管理专业机构或具有资质的第三方中介机构，严格依据任务书在项目实施期末进行一次性综合绩效评价。

第四十二条 绩效评价结果作为项目调整、后续支持的重要依据，以及对相关研发、管理人员和项目承担单位、项目管理专业机构业绩考核的参考依据。

项目承担单位在评定职称、制定收入分配制度等工作中，应注重运用科研项目绩效评价结果。

合理区分因科研不确定性未能完成项目目标和因科研态度不端导致项目失败，鼓励大胆创新，严惩弄虚作假。

第八章 附 则

第四十三条 本办法由省财政厅、审计厅负责解释。

第四十四条 在本办法印发前立项、尚在实施期内的科研项目，可按本办法执行。社会科学类科研项目按照《广东省财政厅关于省级财政社会科学研究项目资金的管理办法》（粤财规〔2018〕1号）执行。

第四十五条 本办法自2019年7月5日起实施，有效期3年。《广东省财政厅关于印发〈关于省级财政科研项目资金拨付管理的暂行规定〉的通知》（粤财教〔2017〕503号）同时废止。

附录 2　关于调整自治区本级财政科研项目经费管理办法的若干规定

科技厅　财政厅

为改进自治区本级财政科研项目（以下简称科研项目）资金管理方式，解决财政厅、科技厅《广西壮族自治区本级技术研究与开发经费管理办法》在执行中存在的重大问题，根据《国务院关于改进加强中央财政科研项目和资金管理的若干意见》（国发〔2014〕11 号）和《财政部 科技部关于调整国家科技计划和公益性行业科研专项经费管理办法若干规定的通知》（财教〔2011〕434 号）的有关精神，制定本规定。

一、明确科研项目经费支持对象

科研项目经费支持对象为在广西壮族自治区内注册的、具有独立法人资格的企事业单位等。

二、规范经费开支范围和预算编制评审

按照财政科学化精细化管理要求，建立科研项目间接成本补偿机制，将科研项目经费分为直接费用和间接费用。

（一）规范直接费用使用管理。直接费用是指在科研项目研究开发过程中发生，并与科研项目研究直接相关的费用。具体包括设备费、材料费、测试化验加工费、燃料动力费、差旅费、会议费、国际合作与交流费，出版、文献、信息传播和知识产权事务费，劳务费、专家咨询费和其他支出等。

科研项目申请单位根据科研项目研究开发任务的特点和实际需要，按照政策相符性、目标相关性和经济合理性的原则，科学、合理、真实地编制项目经费预算。直接费用各项支出不得简单按比例编列。具体如下。

劳务费是指支付给项目组成员中没有工资性收入的相关人员（如在校研究生、博士后等）和临时聘用人员等的劳务性费用。单位长期聘用的或者签有长期劳务合同的人员不属于劳务费支持范围。劳务费预算没有比例限制。项目申请单位应当结合单位实际和相关人员参与项目的全时工作时间，实事求是地编制劳务预算费，项目临时聘用人员的社会保险补助纳入劳务费科目中列支。

专家咨询费预算应当按照规定的标准据实编制。

设备费预算编制应严格控制设备购置费，鼓励共享、试制、租赁专用仪器设备以及对现有仪器设备进行升级改造。凡是广西大型科学仪器协作共用网能够满足项目研发需求的不予购买；确有必要购买的，在编制预算时必须详细列出品名、规格、数量及单价，并单独说明拟购置仪器设备的必要性、现有同样设备的利用情况以及购置设备的开放共享方案等情况。对单台 / 套价格在 50 万元以上的仪器设备，按照财政厅、科技厅、教育厅、广西科学院等部门《关于印发广西壮族自治区本级新购大型科学仪器设备联合评议试行办法的通知》（桂财教〔2014〕112 号）要求，通过新购大型科学仪器设备联合评议后才能编入预算。

（二）规范间接费用使用管理。间接费用是指承担科研项目任务的单位在组织实施科研项目过程中发生的，无法在直接费用中列支的相关费用。具体包括为项目实施提供的现有仪器设备及房屋，水、电、气、暖消耗等，有关管理费用的补助支出以及绩效支出等。

间接费用按项目统一核定，由科研项目承担单位和科研项目合作单位根据各自承担的研究任务和经费额度，协商提出分配方案，在科研项目预算（书）中予以明确，并分别纳入各自单位财务统一管理，统筹安排使用。间接费用按照项目经费预算分段超额累退比例法计算，按不超过项目经费中直接费用扣除设备购置费后的一定比例核定。具体比例为：500 万元及以下部分，不超过 20%；500 万元（不含本数）至 1 000 万元的部分，不超过 13%；超过 1 000 万元的部分，不超过 10%。间接费用中绩效支出不超过直接费用扣除设备购置费后的 5%。

科研项目承担单位应当建立健全内部管理办法，合规合理使用间接费用。其中绩效支出，由所在单位根据国家有关规定在对科研工作进行绩效考核的基础上，结合一线科研人员实际贡献公开公正安排，充分体现科研人员价值，发挥绩效支出的激励作用。科研项目承担单位不得在核定的间接费用或管理费用之外再以任何名义在项目资金中重复提取、列支相关费用。

（三）规范经费预算评估评审。科研项目经费预算评审采取合并式评审和分离式评审两种方式进行。一般 100 万元以下项目采取合并式评审，100 万元及以上项目采取分离式评审。在预算评估评审过程中，有关中介机构和咨询专家应当科学合理地提出预算审核建议，不得简单地按比例核减科研项目直接费用预算，同时建立健全预算评估评审的沟通反馈机制。

合并式评审是科研项目可行性论证与经费预算评审合并进行的评审方式。在科研项目可行性论证时，专家组中应当有 1 ～ 2 名财务专家，对经费预算进行评审。

分离式评审是科研项目可行性论证与经费预算评审分开进行的评审方式。在科研项目通过可行性论证并确定立项后，组织评审专家组对科研项目经费预算进行单独评审。评审专家组由 3 名财务专家、1 名管理专家和参加过项目可行性论证的 1 名技术专家组成。实行分离式评审的科研项目，根据经费预算评审意见和建议，确定科研项目预算。

三、改进资金拨付结算方式

（一）加快科研项目资金拨付进度。科技厅等相关主管部门要按照部门预算管理的规定，在编制当年部门预算时细化科研项目预算，并按照部门预算编报时限要求及时将预算安排建议送达财政厅，提高年初预算到位率。财政厅要及时审核并通过部门预算下达科研项目经费预算。科技厅等相关主管部门要按照财政国库管理有关规定及时支付资金。科研项目承担单位要及时按预算核拨科研项目合作单位经费。部门预算正式批复前，从每年1月1日起，可以按不超过“二上”预算数1/4的限额支付资金，保证科研任务顺利实施。

（二）改进科研项目资金结算方式。对会议费、差旅费、小额材料费和测试化验加工费等支出，科研项目承担单位为科研院所、高等学校等事业单位的，要按规定实行“公务卡”结算；科研项目承担单位为企业的，也应当采用非现金结算方式。对设备费、大宗材料费和测试化验加工费、劳务费、专家咨询费等支出，科研项目承担单位原则上应当通过银行转账方式结算。

四、改进结转结余经费管理

科研项目承担单位要本着勤俭节约的原则，根据科研项目年度实施的实际需要申请预算，合理安排支出，最大限度地减少资金的结转结余，提高科研项目年度预算的执行效率。

（一）科研项目结转经费管理要求。结转经费是指未完成科研项目的年度经费预算减去年度实际支出后的余额。科研项目实施期间，结转经费由科研项目承担单位结转下一年度按规定继续使用。

（二）科研项目结余经费管理要求。结余经费是指科研项目结束或因故终止时，科研项目经费总预算减去实际总支出后的余额。因故终止项目结余经费还包括处理已购物资、材料及仪器、设备的变价收入。科研项目完成并通过验收后，对信用评价较好的项目承担单位，可允许其在一定期限内按规定统筹安排结余资金，用于科研活动的直接支出，同时将使用情况报相关主管部门。对未通过验收和经过整改才予验收的科研项目，或信用评价较差的科研项目承担单位，结余资金按原渠道收回。

五、简化经费预算调整程序

（一）预算总额调整。由科研项目承担单位应当按程序将变更申请报科技厅审核后，再报财政厅批准。

（二）实施单位间的预算调整。对科研项目总预算不变，科研项目承担单位与合作单位之间的预算调整，以及增加或减少科研项目合作单位涉及的预算调整，按程序报科技厅批准。

（三）直接费用调整。对科研项目总预算不变，需调整直接费用中材料费、测试化验加工费、燃料动力费，出版、文献、信息传播、知识产权事务费及其他支出预算的，由科研项目组负责人提出申请，科研项目承担单位审批，科技厅在中期财务检查或财务验收时予以确认；设备费、差旅费、会议费、国际合作与交流费、劳务费、专家咨询费一般不予调增，如需调减可按上述程序调剂用于科研项目其他方面支出；严格控制会议费、差旅费、国际合作与交流费支出，项目实施中发生的3项支出之间可以调剂使用，但不得突破3项支出预算总额。间接费用不得调整。

六、加强科研项目资金管理监督

（一）明确项目单位职责分工。科研项目承担单位是经费使用和管理的责任主体，负责建立健全经费管理制度，完善内部控制和监督制约机制，严格预算调整审批程序；按规定提出财务验收申请，配合做好财务审计、财务验收等工作，办理财务结账手续；推动本单位现有仪器设备等科研条件对项目的开放共享。科研项目合作单位对经费使用管理负有共同责任，应当对科研项目经费和自筹经费分别单独核算，自觉接受监督检查。

（二）规范科研项目资金使用。科研项目承担单位与合作单位要依法依规使用科研项目资金，不得利用虚假票据套取资金；不得通过编造虚假合同、虚构人员名单等方式，虚报冒领劳务费和专家咨询费；不得通过虚构测试化验内容、提高测试化验支出标准等方式违规开支测试化验加工费；不得随意调账变动支出、随意修改记账凭证、以表代账应付财务审计和检查。要加强外拨经费的监督管理，科研项目承担单位与合作单位不得层层转拨、变相转拨经费。对从财政以外渠道获得的项目资金，要按照国家有关财务会计制度规定以及相关资金提供方的具体要求管理和使用。要按照国家有关规定强化间接费用管理，制定具体的管理办法，合理统筹安排绩效支出，提升科研人员工作绩效水平。要严格执行国家关于政府采购、招投标、资产管理等的规定，行政事业单位使用项目经费形成的固定资产属于国有资产，一般由单位进行使用和管理，自治区有权进行调配；企业使用项目经费形成的固定资产，按照《企业财务通则》等相关规章制度管理。

（三）加强科研项目资金监管。财政厅、科技厅按照职责分工，通过专项审计、中期财务检查、财务验收、绩效评价等方式，对科研项目经费进行监督检查。对各类违法违规使用经费的行为，要按规定采取通报批评、暂停项目拨款、终止项目执行、追回已拨项目资金、取消一定期限内科研项目申报资格等措施严肃处罚，涉嫌违法的移交司法机关处理，切实维护财经法规的严肃性。

（四）建立健全信用管理机制。科技厅要对科研项目承担单位、合作单位、项目负责人，以及参与科研项目的科研人员、中介机构和咨询专家，在经费管理使用、评估评审方面的信誉度进行评价和记录，建立“黑名单”制度，将严重不良信用记录者列入

“黑名单”，阶段性或永久性取消其申报或参与科研项目的资格。

（五）积极推进信息公开。科技厅要及时公示非涉密项目预算安排情况，接受社会监督；逐步探索建立科研项目绩效公示制度；积极公开违规使用科研经费的行为。科研项目承担单位要逐步建立项目信息公开制度，在单位内部公示项目组人员构成、项目设备购置、预算调整、外拨经费、间接费用使用等情况。

经费管理的其他有关规定，仍按照财政厅、科技厅《广西壮族自治区本级技术研究与开发经费管理办法》执行。对于2015年1月1日后立项的科研项目，经费预算可按本规定第二条相应调整。

本规定自印发之日起施行，由财政厅、科技厅负责解释。

附录3　云南省科技厅科技计划项目管理办法

第一章　总　　则

第一条　为规范云南省科学技术厅（以下简称省科技厅）科技计划项目（以下简称项目）管理，建立和完善科学的项目管理机制，提高项目管理和实施成效，根据《云南省人民政府关于印发云南省财政科技计划（专项、基金等）管理改革方案的通知》（云政发〔2016〕21号）等有关规定及科技体制改革精神，结合我省实际，制定本办法。

第二条　本办法适用于省科技厅以省级财政科技经费予以支持或以科技政策调控、引导，由符合条件的单位承担，在一定时限内实施的科学技术研究开发活动。

第三条　项目管理遵循依法行政、明确职责、管理公开、精简高效的原则，实行项目申报、管理、验收、评价、科技报告、科研诚信等全过程信息化管理。

第二章　责任主体与职责

第四条　项目管理中的责任主体分为六类。

（一）省科技厅；

（二）项目推荐部门；

（三）项目承担单位；

（四）项目负责人；

（五）专业机构；

（六）项目评审专家。

第五条　省科技厅的基本职责如下。

（一）项目组织、实施、服务、监督和评价；

（二）对项目推荐部门、项目承担单位、项目负责人、专业机构、项目评审专家进行分类指导，并进行工作评估和监督；

（三）协调解决项目实施中的其他事项。

第六条　项目推荐部门是指具有项目推荐和管理职能的部门（机构）。主要包括州市科技主管部门，省直委办厅局、省属事业单位、省属企业、中央驻滇单位、国家级开发区管委会等所属科技管理部门（机构）。其他申请作为项目推荐部门的单位，向省科技厅提出申请，经省科技厅审核确认。

项目推荐部门的基本职责如下。

（一）协助省科技厅或省科技厅委托的专业机构工作，负责本地区、本单位项目审核、推荐和管理工作；

（二）对项目承担单位和项目负责人进行指导、监督和服务；

（三）协调解决项目实施中的困难和问题。

第七条 项目承担单位是指承担省科技计划项目，具有独立法人资格的企业、高校、科研院所或其他机构。

项目承担单位的基本职责如下。

（一）承担项目实施的法人责任，负责项目实施管理，对完成项目内容、实现目标任务负责。

（二）落实项目相关保障条件，解决项目实施中的问题和困难。

（三）对研发投入设置专账进行明细核算，并负责项目经费、科研成果、知识产权、项目形成的资产等管理工作。

（四）按要求提交验收申请及验收材料。完成科技报告、项目资料呈交等工作。

（五）接受省科技厅、项目推荐部门和省科技厅委托的专业机构的指导和监督。

第八条 项目负责人是项目组织实施的直接责任人，承担项目组织、协调、执行等具体工作。

项目负责人的基本职责如下。

（一）拟定项目实施方案，安排研究任务分工，检查、督促项目执行进度和质量；

（二）按时组织完成项目合同书规定的阶段目标任务，及时报送阶段性成果、重要进展和科技报告等，报告影响项目实施的重大问题及事项；

（三）规范使用项目经费。

第九条 专业机构是受省科技厅委托，开展项目管理、科技评估、监督和服务工作的机构。

专业机构的基本职责如下。

（一）接受省科技厅和有关部门的监督和检查，按照“公平、公正和公开”原则，开展项目管理工作，提供优质、高效的服务；

（二）建立健全项目管理、经费管理、监督评估、专家履职尽责、科研诚信等制度；

（三）落实科技报告制度，加强知识产权管理，开展项目成果汇交，负责项目资料归档；

（四）受理各方对项目过程管理中所涉及的单位、参与人员和专家的异议、申诉和投诉、举报，及时按相关规定处理反馈，并开展信用记录；

（五）及时向省科技厅报告项目过程管理中出现的项目合同调整、延期、终止等重大问题，提出处置的意见建议；

（六）开展相关领域科技发展动向跟踪调研和发展战略研究，提出科技发展意见建议，协同编制项目申报指南。

第十条 项目评审专家是受省科技厅或专业服务机构委托，开展项目咨询、评估、评价、评审，属于云南省科技人才专家库的专家。评审专家的基本职责如下。

（一）独立、客观、公正地提出个人意见；

（二）保守项目涉及的知识产权和技术秘密；

（三）主动回避涉及自身利益及特定关系的项目评审评估等相关事项；

（四）遵守承诺书内容。

第三章 申报与立项

第十一条 省科技厅根据全省经济社会发展需要和科技创新规划部署，结合年度工作重点和财政经费预算，在广泛吸纳各方意见的基础上，组织研究、编制并发布项目申报指南，对项目类别、重点领域、项目数量、申请条件、申请材料、受理方式、审批程序等内容予以明确。指南发布到项目申报受理截止，时间不少于 50 天。

第十二条 项目采用申报评审制方式立项；符合招标条件的，采用招标方式立项。对具有明确政府目标、技术路线清晰、组织程度较高、优势承担单位集中的重大科技计划项目或重大招商引资项目，可以采取定向择优、定向委托或一事一议等方式确定承担单位。

对先行投入资金开展工作的后补助项目，省科技厅按照相关办法给予财政资金支持。下放管理权限的项目，立项及管理由承接下放权限的单位独立决策，并报省科技厅备案，科技厅对项目实施总体绩效进行跟踪管理。

第十三条 申报项目应当符合以下基本条件。

（一）符合省科技计划项目申报指南要求；

（二）项目实施期限一般不超过 3 年。

第十四条 项目申报单位应当符合以下基本条件。

（一）项目申报单位在云南省行政区域内设立、登记、注册并具有独立法人资格的企事业单位或其他机构；对于事关我省产业发展中的重大关键技术难题，允许省外高校、科研院所、企业等单位申报，但项目产业化应用及生产地点应在云南省行政区域内。

（二）上年度有研究与开发经费支出。

（三）在所申报项目领域，具有一定研发优势和工作基础。

（四）具有健全的内控制度、规范的会计核算制度和完成项目所需的组织管理能力。

（五）无不良信用记录。

（六）近一年内无重大责任事故和可能影响项目实施的法律纠纷。

第十五条　申请项目应当提供云南省科技计划项目申请书。申请材料有具体规定的，还应当提交符合该类别项目具体要求的申请材料。

第十六条　项目申报实行网络申报。

项目申报单位通过云南省科技计划项目管理信息系统，向其项目推荐部门逐级申报。

涉密项目按照省科技厅涉密科技计划项目管理规定执行，不通过网络申报和政务服务窗口受理。

第十七条　省科技厅政务服务窗口对项目申报材料进行完整性、规范性在线审查，合格的予以受理，不合格的退回申报单位。

第十八条　省科技厅根据科技计划项目类别，建立公正、科学的项目评审方式、工作规则和专家评审规范，建立全过程可申诉、可查询、可追溯的评审体系。

省科技厅建立科技评审专家入库信息定期更新机制，完善评审专家的诚信记录、责任追究制度，严格规范专家评审行为。

第十九条　申报评审制项目，按下列程序组织遴选。

（一）省科技厅分管业务部门或省科技厅委托的专业机构负责组织项目初审工作，初审结果通过科技计划项目管理信息系统进行在线查询；

（二）省科技厅综合计划管理部门或省科技厅委托的专业机构组织项目评审，在分管业务部门或专业机构提出立项建议或进行合规性审查后，提出进入项目库建议；

（三）省科技厅厅务会审定（审议）项目入库建议。资助额度超过 500 万元的项目，须经省科技厅党组会议审定。

（四）省科技厅通过科技信息管理平台，对审定项目进行公示后纳入项目库。

第二十条　下放管理权限的项目，由省科技厅分管部门审核提出进入项目库建议，经省科技厅厅务会（党组会）审定，通过科技信息管理平台公示后，纳入项目库。

第二十一条　省科技厅科学合理建立项目库，项目库实行动态管理。三年内没有纳入计划安排的项目，自动离库。

第二十二条　省科技厅按财政年度预算要求，从项目库中遴选项目编制年度预算，建立预算库。

第二十三条　省科技厅根据年度工作重点和财政年度预算执行要求，从预算库中分批编制年度科技计划，完成会签、报批等程序，正式下达立项通知。

第四章　实施与管理

第二十四条　项目及经费通知下达后 2 个月内，项目推荐部门、承担单位应与省科技厅或受省科技厅委托的管理部门或专业机构，就项目目标、研发内容、考核指标、绩效目标、经费预算、进度计划、实施期限、科技报告、验收方式、技术合同登记及实施各方的权利和义务等内容进行约定，正式签订项目合同书，并提交承诺书。后补助项目不签订项目合同书。

第二十五条 省科技厅根据科技计划项目管理需要，建立项目年度执行情况报告制度，提交报告情况作为项目日常监管、评价、调整以及验收综合评价的重要依据。

第二十六条 项目执行期间，合同书内容原则上不得调整。

确需调整项目合同书内容的，由承担单位提出书面申请，经项目推荐部门审核，报省科技厅审批。委托专业机构管理的项目，由专业机构审核后报科技厅审批。合同书内容调整幅度较大的项目，须重新签订项目合同书。

在研究方向不变、不降低申报指标和绩效指标的前提下，项目承担单位在充分论证的基础上，可以自主调整研究方案和技术路线，并报省科技厅或专业机构备案。

第二十七条 发生以下情形之一的，可以调整项目合同书内容。

（一）技术、市场、政策等发生较大变化，项目原定目标需要适当修改的；

（二）项目负责人因工作变动、出国（境）、伤病及其他原因，导致需要变更的；

（三）项目执行期限内因客观原因不能完成目标任务，需要延期的；

（四）其他不可抗拒原因需变更合同书内容的。

第二十八条 项目执行期变更，应在到期前 3 个月提出，延长期限不得超过 1 年，最多延期 1 次。项目负责人变更，新任负责人需具备相应的专业技术能力和资格。

第二十九条 出现下列情形之一的，项目承担单位应及时提出终止。

（一）因现有水平和条件限制，项目不能正常实施以致难以完成合同书考核指标的；

（二）因承担单位发生重大经营困难，或兼并、重组、改制等原因，不能继续实施的；

（三）因主观原因导致项目进度严重滞后，执行期过半基本没有实施项目的；

（四）因项目研究开发的关键技术已由他人公开、市场发生重大变化等，项目研究开发工作丧失必要性的；

（五）有知识产权纠纷或者侵权行为，存在知识产权风险的。

出现下列情形之一的，由省科技厅或项目推荐部门提出终止并作出处理。

（一）因承担单位、项目负责人在项目研究开发、经费使用等方面出现违纪违法行为或违反科研诚信及社会信用实施联合惩戒，项目面临重大风险的；

（二）承担单位未经批准，单方面变更合同书内容，或不按合同书要求组织实施项目的；

（三）项目执行期延期期满后仍未完成，或者执行期满，3 个月后无故不申请验收或未提出延期申请的；

（四）依据抽查评估结果或其他按规定应予终止的。

第五章　验收与评价

第三十条　承担单位应当在项目执行期满 3 个月内，在线提出验收申请和提交验收材料。由项目推荐部门审查通过后，向省科技厅或专业机构申请验收。实施期内已全面完成项目合同书所规定各项指标的，可申请提前验收。

第三十一条　申请项目验收应提供以下基本材料：

（一）项目完成情况总结报告；

（二）项目经费决算报告、经费支出明细账，重大项目应当提供会计师事务所的审计报告；

（三）承诺书。

第三十二条　项目验收以合同书、实施过程中经省科技厅批准的调整内容为依据，对项目实施的组织管理、目标任务完成和经费使用情况等进行一次性综合绩效评价。验收评价的主要内容有：

（一）合同书规定的研究开发内容和技术经济指标的完成情况；

（二）项目知识产权（包括技术标准）的获得、保护和管理情况；

（三）项目经费使用的合理性、规范性；

（四）项目验收材料的完备性、规范性；

（五）项目组人员履职情况和人才培养情况；

（六）项目执行的总体质量和社会经济效益。

第三十三条　项目已按照合同书规定要求完成 80% 以上考核目标和任务，经费到位且使用合理合规，给予通过验收。凡具有下列情况之一，为不通过验收。

（一）任务指标完成程度低于 50%，或者约束性指标任意一项未完成的；

（二）实施过程中出现重大问题，未能解决和做出说明，或研究开发过程及结果等存在纠纷尚未解决的；

（三）财政经费使用不符合规定要求的；

（四）提供虚假验收材料的；

（五）其他不符合通过验收情形的。

对基本完成合同书规定内容，经费使用合理，且有证据证明项目承担单位已按合同书或者其他要求开展研发工作，勤勉尽责，但部分考核指标确因实际情况导致无法完成的，给予结题。

第三十四条　省科技厅对验收结果进行公示，通过验收的项目发放验收证书。项目承担单位在结果公示后 30 天内，应根据专家验收意见完善验收材料，申请办理科技成果登记备案。

第三十五条 项目实施形成的知识产权、技术标准和获奖成果、登记成果等，作为项目评价的重要依据。涉密成果按照省科技厅涉密科技计划项目管理规定管理。

省科技厅鼓励、支持采取多种方式进行科技成果的转移转化。

第三十六条 省科技厅分管业务部门或省科技厅委托的专业机构负责项目科技档案归档工作。

第六章 监督与处置

第三十七条 省科技厅分管业务部门和委托的专业机构负责项目的管理和监督工作，并进行全过程的指导服务。

第三十八条 省科技厅采取中期检查评估方式，对财政资助资金 200 万元以上的项目，最多开展 1 次过程检查。自由探索类基础研究项目及 200 万元以下的项目，不开展过程检查。检查对象随机抽取，检查评估结果对社会公开。

第三十九条 省科技厅按照财政专项资金管理规定要求，实行绩效分类评价制度。目标导向类项目在项目结束后 2 ～ 3 年内进行绩效跟踪综合评价。绩效评价结果作为后续支持的重要依据。

第四十条 省科技厅建立科技计划项目信用管理制度，对科技计划项目相关责任主体在项目申报、立项、实施、验收、奖励和咨询评审评估等全过程进行诚信承诺、信用审查、信用记录和信用评价，对项目承担单位开展信用评级，并将其信息作为相关工作的决策依据。

第四十一条 终止实施的项目，省科技厅向承担单位下达终止通知，委托相关机构进行经费审计，并根据审计结果收回尚未使用和使用不符合规定的财政经费。

对承担单位拒不退回经费的，省科技厅通过司法途径收回财政经费。

第四十二条 对不予通过验收的项目，按以下方式处置。

（一）项目承担单位已积极主动采取措施，但因客观原因，导致项目未能达到合同书规定的目标和技术经济指标的，按照工作量与经费使用相配比或资金筹措比例的原则，确认支出后收回项目结余的财政经费；

（二）因承担单位、项目负责人不积极主动实施项目，或弄虚作假企图验收的，全额收回所安排的财政经费。

第四十三条 省科技厅对项目承担单位予以结题的项目数进行记录，结题项目数累计数占承担单位在研省级科技计划项目数比例超过 10% 以上的，降低项目承担单位科技计划信用级别。

第四十四条 省科技厅严肃追究项目承担单位、项目负责人及项目参与人员的违规违纪行为。有违法行为的，依法移交司法机关追究法律责任。

有下列情形之一的，纳入省科技计划项目严重失信行为和一般失信行为记录名单，视情节轻重，对相关责任主体实施通报批评、终止项目实施、暂停或取消项目承担单位或项目负责人 3 ～ 5 年项目申报资格等惩戒，并推送相关部门实施联合惩戒。

（一）弄虚作假申报项目，有套取、骗取财政经费等行为；

（二）项目财政经费使用不符合规定要求，有截留、挪用、挤占、私分等行为；

（三）在项目评审、实施和验收等各工作环节，存在弄虚作假、徇私舞弊、剽窃他人科技成果等科研不端行为，或存在操纵专家、专业机构等行为；

（四）不按要求接受监督检查，或对检查反馈意见整改不及时、不到位；

（五）项目组织实施中，有失职、渎职等行为；

（六）终止项目或项目验收不通过后不按要求退回财政经费；

（七）项目执行期满 3 个月后无故不申请验收，或不按合同书要求提交科技报告；

（八）其他应予追究责任的违规、违纪和违法行为。

第四十五条 项目评审专家在项目评审、评估过程中对外泄密、损害有关单位权益的，应当依法承担法律责任，并列入科研诚信记录名单。专家利用评审、评估以权谋私或者弄虚作假的，一经发现，取消专家资格并依法追究法律责任。

第四十六条 专业机构以骗取财政科技资金为目的，故意伪造或者变造虚假证明材料，提供科技计划项目申请人虚假信息，使申请人获得财政资金资助的，或者与政府相关主管部门工作人员相互串通、牟取非法利益的，经省科技厅查证属实后，将该专业机构列入科研诚信记录名录；情节严重、涉嫌犯罪的，依法移送司法机关处理。

第四十七条 省科技厅、项目推荐部门及其工作人员违反本办法规定，不履行职责，或者与相关人员串通、弄虚作假，骗取省级财政科技资金，或者利用职务之便，吃拿卡要、收受他人财物的，依法追究行政责任，涉嫌犯罪的，依法移送司法机关处理。

第七章 附 则

第四十八条 本办法由省科技厅负责解释。

第四十九条 本办法自 2019 年 3 月 5 日起施行，有效期至 2022 年 3 月 5 日。2017 年 7 月 20 日发布的《云南省科技计划项目管理办法（试行）》（省科技厅公告第 46 号）同时废止。

附录4　贵州省省级财政科研项目和资金管理办法（试行）

（黔府办发〔2016〕4号）

第一章　总　　则

第一条　为深入推进财政科研项目和资金管理改革，激发科研人员的积极性和创造性，根据《国务院关于改进加强中央财政科研项目和资金管理的若干意见》（国发〔2014〕11号），结合我省实际，制定本办法。

第二条　本办法所称省级财政科研项目是指根据省科技发展规划和战略安排，由省级财政资金予以资助、科技计划管理部门组织实施的各类科技计划（专项、基金）（以下简称科技计划）。省级财政科研资金是指列入省级财政预算的科技计划经费。

第三条　省科技厅应当加强与有关部门沟通，做好科技发展优先领域、重点任务和重大项目等统筹协调。省财政厅应当加强科技预算安排的统筹协调，做好各类科技计划资金年度预算方案的综合平衡。省级财政科研项目实施和资金使用中存在的重大问题，由省财政厅、省科技厅提交省科技创新领导小组研究。

第二章　科技计划的设立

第四条　科技计划应当明确功能定位、目标任务、时限要求、资金规模、资金来源和考核指标，建立健全绩效评价、动态调整和终止机制。科技计划管理部门应科学组织安排科研项目，提升项目层次和质量。

第五条　根据科学研究、技术创新和成果转化规律，调整设立五大科技计划体系。按照不同类型科技计划的特点，建立相应的组织管理方式和实施机制。

（一）基础研究计划。突出创新导向，以财政科技投入为主，重点支持制约经济社会发展的基础研究和重大应用基础研究，推动基础前沿、交叉特色和重点学科发展。

（二）科技支撑计划。聚焦公益需求，以财政科技投入引导企业和社会资金共同投入，支撑产业综合竞争力和可持续发展能力的提升。

（三）科技成果应用及产业化计划。突出企业主体，发挥政府财政资金的杠杆引导作用，通过市场机制引导社会资金和金融资本进入创新领域，形成后补助、投资入股、科技贷款相结合的资金支持方式，促进科技成果转移转化、资本化、产业化。

（四）科技重大专项。突出战略导向，以协同创新为核心，以企业投入为主、财政科技投入为引导，推动产业链延伸、产业联盟形成、产业辐射发展和产业板块技术进步。

（五）科技平台及人才团队建设计划。强化能力保障，优化功能布局，完善考核评价机制。

第三章　科研项目管理

第六条　科技计划管理部门应当结合经济社会发展需求编制年度科技计划项目指南并定期向社会发布。自指南发布日到项目申报受理截止日，原则上不少于 50 天。

第七条　科技计划管理部门应建立科研项目立项检索制度，通过项目库查重、科技查新、专利检索以及市场分析等方式，对科技计划项目申报材料进行初查，避免重复或指向不明立项。

第八条　科技计划管理部门应改进专家遴选制度。项目评估评审以同行专家为主，一线科研人员比例应达到 75% 左右，扩大企业专家参与项目评估评审的比重。完善专家数据库，实行评估评审专家随机抽取和回避制度。推动学术咨询机构、协会、学会等参与项目评估评审工作。对采用视频或会议方式评审的，强化专家自律，接受同行质询和社会监督。对采用通讯方式评审的，评审前专家名单严格保密，保证评审公正性。

第九条　科技计划管理部门应建立公平公正公开的项目承担单位遴选机制，全面推行科研项目网上申报、网上与网下评审结合、网上公示制度，积极引入招投标机制，实现立项过程“可申诉、可查询、可追溯”。自项目申报受理截止日到项目立项公示原则上不超过 90 个工作日。

第十条　科技计划管理部门应健全科研项目管理服务机制，积极协调解决项目实施中出现的新情况新问题。针对不同科研项目管理特点组织开展巡视检查或抽查。发现违规行为应责成项目承担单位限期整改或暂停、中止项目实施。

第十一条　项目承担单位应当自项目完成后 2 个月内向科技计划管理部门提出验收或结题申请，并于验收或结题后 1 个月内提交科技报告。由于客观原因不能按期完成项目计划的，项目负责人可以申请延期但延长期限不超过 1 年。无特殊原因未按时提出验收或结题申请的，按未通过验收或结题处理。科技计划管理部门自收到验收或结题申请之日起 1 个月内，组织有关专家依据项目计划任务书验收或结题。

第十二条　科技计划管理部门要严把验收审查质量关，项目验收可采用同行评议、第三方评估和用户测评方式进行，探索科技项目标准化评价替代部分科技项目验收工作。对部分探索性强的基础研究项目，经省科技厅确认科研人员已经勤勉尽职仍不能按期完成任务的，允许给予结题。

第四章 科研资金管理

第十三条 科研资金分为直接费用和间接费用。直接费用是指在项目研究过程中发生的与项目研究直接相关的费用，具体如下。

（一）设备费。是指在项目研究过程中购置或试制专用仪器设备，对现有仪器设备进行升级改造，以及租赁外单位仪器设备而发生的费用。鼓励通过共享、租赁、改造、试制专用仪器设备减少科研项目设备的购置预算。申请新购置单台套价值在 20 万元及以上科研仪器设备的，申请单位须同时提交本单位大型科研仪器设备共享情况自查报告。

（二）材料费。是指在项目研究过程中消耗的各种原材料、辅助材料、低值易耗品等的采购及运输、装卸、整理等费用。

（三）测试化验加工费。是指在项目研究过程中支付给外单位（包括项目承担单位内部独立经济核算单位）的检验、测试、化验及加工等费用。

（四）燃料动力费。是指在项目研究过程中相关大型仪器设备、专用科学装置等运行发生的可以单独计量的水、电、气、燃料消耗费用等。

（五）差旅费。是指在项目研究过程中开展科学实验（试验）、科学考察、业务调研、学术交流等所发生的外埠差旅费、市内交通费等。差旅费的开支标准应当按照国家有关规定执行。

（六）会议费。是指在项目研究过程中为了组织开展学术研讨、咨询以及协调项目研究工作等活动而发生的会议费用。会议费支出应当按照国家有关规定执行，并严格控制会议规模、会议数量和会期。

（七）国际合作与交流费。是指在项目研究过程中项目研究人员出国及赴港澳台、外国专家来华及港澳台专家来内地工作的费用。国际合作与交流费应当严格执行国家外事资金管理有关规定。

（八）出版 / 文献 / 信息传播 / 知识产权事务费。是指在项目研究过程中，需支付的出版费、资料费、专用软件购买费、文献检索费、专利申请及其他知识产权事务等费用。

（九）劳务费。是指在项目研究过程中支付给项目组成人员中没有工资性收入的在校研究生、博士后和临时聘用人员的劳务费用，以及临时聘用人员的社会保险补助费用。劳务费应当结合当地实际以及相关人员参与项目的全时工作时间等因素合理确定。

（十）专家咨询费。是指在项目研究过程中支付给临时聘请的咨询专家的费用。专家咨询费标准按国家有关规定执行。科技计划管理部门工作人员不得以任何方式，直接或间接向项目承担单位收取专家咨询费或劳务费。

（十一）其他支出。项目研究过程中发生的除上述费用以外的其他支出，应当在申请预算时单独列示，单独核定。直接费用应当纳入项目承担单位财务统一管理，单独核算，专款专用。

第十四条　间接费用是指项目承担单位在项目组织实施过程中发生的无法在直接费用中列支的相关费用，主要用于补偿项目承担单位为了项目研究提供的现有仪器设备及房屋，水、电、气、暖消耗，有关管理费用，以及绩效支出等。绩效支出是指项目承担单位为了提高科研工作绩效而安排的相关支出。

第十五条　结合不同学科特点，间接费用一般按照不超过项目直接费用扣除设备购置费后的一定比例核定，并实行总额控制，具体比例如下。

（一）500 万元及以下部分为 20%；

（二）500 万～ 1 000 万元的部分为 13%；

（三）超过 1 000 万元的部分为 10%。

绩效支出不超过直接费用扣除设备购置费后的 5%。

第十六条　项目申请单位要结合本单位的现有科研条件和设施，科学合理、实事求是编制项目总预算和年度预算，并对仪器设备购置、合作单位资质及拟外拨资金进行重点说明。有自筹经费来源的，提供出资证明及其他相关财务资料。科技计划管理部门在项目预算评估评审中不得简单按比例核减预算。除以定额补助方式资助的项目外，依据科研任务实际需要和财力可能核定项目总预算和年度预算，不得在预算申请前先行设定预算控制额度。

第十七条　科技计划管理部门要合理控制项目和预算评估评审时间，按照财政国库管理有关规定及时批复项目和年度预算。省财政厅正式批复部门预算前，可以预拨部分预算资金。对有明确目标的重大项目，按照关键任务合同完成情况进行拨款。

第十八条　规范直接费用支出管理，各类科技计划的支出科目和标准原则上应保持一致。放宽直接费用预算调整权限。在项目经费总额不变的情况下，项目直接费用中材料费、测试化验加工费、燃料动力费、出版 / 文献 / 信息传播 / 知识产权事务费、其他支出如需调整预算，由项目负责人提出申请，报项目承担单位审批，科技计划管理部门在财务检查或验收时予以确认。严格控制直接费用中会议费、差旅费、国际合作与交流费等支出，项目实施中发生的该 3 项支出之间可以调剂使用，但不得突破 3 项支出预算总额。

第十九条　完善间接费用支出管理，项目承担单位应当建立健全间接费用的内部管理办法，结合一线科研人员实际贡献公开公正安排绩效支出，充分发挥绩效支出的激励作用。项目承担单位不得在核定的间接费用以外重复提取、列支管理费或其他相关费用。

第二十条 项目完成后项目承担单位应当编制项目经费决算报告。项目经费决算开支范围应当与项目经费预算的范围相一致，如实反映项目经费预算执行和项目实施的基本情况，不一致的应当说明理由。

第二十一条 改进项目结转结余资金管理。项目在研期间，年度剩余资金可以结转下一年度继续使用。项目完成任务目标并通过验收，且承担单位信用评价好的，项目结余资金按规定在一定期限内由单位统筹安排用于科研活动的直接费用支出，并将使用情况报科技计划管理部门；未通过验收和整改后通过验收的项目，或承担单位信用评价差的，结余资金按原渠道收回。

第二十二条 项目实施过程中，因故终止执行的项目，其结余资金应当原渠道退回。因故被依法撤销的项目，已拨付的资金应当全部退回。因特殊情况退回资金确有困难的，应当由项目承担单位提出申请报科技计划管理部门核准。

第五章 后补助

第二十三条 在我省注册、具有独立法人资格的企业、科研院所、高等学校，根据市场需求先行投入资金，从事研究开发、成果转化、产业化活动或科技服务，并取得明显成效的，通过审查或认定后，可享受后补助。

第二十四条 后补助分为先备案后补助、后审查后补助和科技服务后补助 3 种方式。

（一）企事业单位围绕我省发展重点领域，先行投入资金组织开展研究开发活动，取得预期成果登记，并按相关程序向省科技厅备案后，可根据成果转化活动所处阶段申请后补助。

（二）企事业单位根据市场需求及自身发展需要，先行投入资金组织开展研究开发、成果转化、产业化活动取得显著经济社会效益，达到相关标准，经省科技厅审查后可申请后补助。

（三）省级财政资金投资建设的公益性科技资源平台及科技服务机构，面向社会开展公共服务，经绩效考核后可申请后补助。

第二十五条 后补助所需资金由省科技厅从省应用技术研究与开发专项资金中列支，经省科技厅组织专家评审或委托具有相应资格的第三方机构认定后，拨付给项目承担单位，由项目承担单位统筹使用。省科技厅负责定期发布后补助项目申报通知并组织实施，省科技厅、省财政厅负责后补助项目经费使用情况监督。如发现弄虚作假、伪造成果、挪用挤占等行为，可中止事项、停止拨款，并根据具体情况追回部分或全部财政补助经费，将不良信用记录纳入省科技信用管理体系，并视情节轻重，给予取消单位申报资格等处理。

第六章　科研项目和资金监管

第二十六条　科技计划管理部门要切实履行项目监管主体责任，制定或修订科技计划管理制度，建立健全本部门内部控制和监管体系；督促指导项目承担单位和科研人员依法开展科研活动；做好政策宣传、培训等工作。

第二十七条　科技计划管理部门要加强科研信用管理，建立覆盖指南编制、项目申请、评估评审、立项、执行、验收全过程的科研信用记录制度，委托专业机构对项目承担单位和科研人员、评估评审专家、中介机构等参与主体进行信用评级。将有严重不良信用记录的项目承担单位、科研人员、评估评审专家和中介机构等记入“黑名单”，阶段性或永久取消其申请财政资助项目或参与项目评审、管理的资格。各科技计划管理部门应共享信用评价信息。

第二十八条　科技计划管理部门应当建立责任倒查制度，针对出现的问题倒查科技计划管理部门相关人员的履职尽责和廉洁自律情况，经查实存在问题的依法依规严肃处理。

第二十九条　项目承担单位要强化在项目申请、组织实施、验收和资金使用等方面的法人主体责任。建立常态化的自查自纠机制，严格依法处理本单位出现的违法违规行为。科研人员要弘扬科学精神，恪守科研诚信，强化责任意识，严格遵守科研项目和资金管理的各项规定，自觉接受有关方面监督。

第三十条　项目承担单位应当改进科研项目资金结算方式，原则上采用非现金方式结算。科研院所、高等学校等事业单位承担项目所发生的会议费、差旅费、小额材料费和测试化验加工费等，原则上实行公务卡结算。企业承担的项目，上述支出也应当采用非现金方式结算。项目承担单位对设备费、大宗材料费和测试化验加工费、劳务费、专家咨询费等支出，原则上应当通过银行转账方式结算。

第三十一条　项目承担单位应当规范科研项目资金使用行为，依法使用项目资金。不得有下列行为。

（一）擅自调整外拨资金。

（二）利用虚假票据套取资金。

（三）编造虚假合同、虚构人员名单等方式虚报冒领劳务费和专家咨询费。

（四）虚构测试化验内容、提高测试化验支出标准等方式违规开支测试化验加工费。

（五）随意调账变动支出、随意修改记账凭证、以表代账应付财务审计和检查。

第三十二条　违反本办法规定违规使用项目资金的，科技计划管理部门和科技经费监管部门采取下列方式处理。

（一）通报批评。

（二）暂停项目拨款。

（三）终止项目执行。

（四）追回已拨项目资金。

（五）取消项目承担者一定期限内项目申报资格。涉及违法的移交司法机关依法处理，并将有关结果向社会公开。

第七章　附　　则

第三十三条　本办法由省科技厅、省财政厅负责解释。

第三十四条　本办法自印发之日起施行。此前相关规定与本办法相抵触的以本办法为准。

附录 5　关于进一步改进完善省级财政科研项目资金管理等政策的实施意见

（黔府办发〔2017〕26 号）

为贯彻落实《中共中央办公厅国务院办公厅印发〈关于进一步完善中央财政科研项目资金管理等政策的若干意见〉的通知》（中办发〔2016〕50 号）精神，改革和创新科研经费使用和管理方式，激发科研人员的积极性和创造性，进一步推进简政放权、放管结合、优化服务，提出以下实施意见。

一、改进省级财政科研项目资金管理

（一）简化预算编制，下放预算调剂权限。简化预算编制科目，将“会议费”“差旅费”“国际合作与交流费”3 个科目合并为“会议费 / 差旅费 / 国际合作与交流费”科目，由科研人员结合科研活动实际编制预算并按规定统筹安排使用，其中不超过直接费用 10% 的，不需要提供预算测算依据。下放预算调剂权限，在项目经费总额不变的情况下，项目直接费用中的材料费、测试化验加工费、燃料动力费、出版 / 文献 / 信息传播 / 知识产权事务费及其他支出如需调剂预算，由项目负责人提出申请，报项目承担单位核准。改进预算编制方法，实行部门预算批复前项目资金预拨制度，保证科研人员及时使用项目资金。（省财政厅、省科技厅、项目承担单位、项目主管部门负责）

（二）提高间接费用比重，取消绩效支出比例限制。省级财政科技计划（专项、基金等）中实行公开竞争方式的研发类项目，均要设立间接费用。间接费用按照不超过项目直接费用扣除设备购置费后的一定比例核定：500 万元以下（包括 500 万元）的部分按 20% 核定，500 万～1 000 万元（包括 1 000 万元）的部分按 15% 核定，1 000 万元以上的部分按 13% 核定。间接费用中绩效支出不受比例限制。项目承担单位要制定科研项目资金绩效支出管理制度，依法依规使用间接费用，要处理好合理分摊间接成本和对科研人员激励的关系，绩效支出安排与科研人员在项目工作中的实际贡献挂钩。项目承担单位中的国有企事业单位从科研经费中列支的编制内有工资性收入科研人员的绩效支出，一次性计入当年本单位工资总额，但不受当年本单位工资总额限制、不纳入本单位工资总额基数。（项目承担单位、项目主管部门负责）

（三）明确劳务费开支范围，劳务费不设比例限制。参与项目的在校生、博士后、访问学者以及聘用的研究人员、科研辅助人员等，均可按规定标准开支劳务费。劳务费预算不设比例限制，由项目承担单位和科研人员据实编制。项目聘用人员的劳务费开支标准参照项目所在地科学研究和技术服务业从业人员平均工资水平，根据其在项目研究中承担的工作任务确定，其社会保险补助纳入劳务费科目列支。（项目承担单位、项目主管部门负责）

（四）改进项目结转结余资金留用处理方式。项目实施期间，年度剩余资金可结转下一年度继续使用。项目完成任务目标并通过验收，且承担单位信用评价较好的，结余资金留归项目承担单位使用，在 2 年内由项目承担单位统筹安排用于科研活动的直接费用支出；2 年后未使用完的，按规定收回。未通过验收和整改后通过验收的项目、承担单位信用评价或预算执行评价较差的项目，结余资金按原渠道收回。（项目承担单位、项目主管部门负责）

（五）自主规范管理横向经费。支持高校、科研院所通过签订合作研究、委托研究、技术开发、技术咨询、技术服务等方式，从企事业单位、社会团体或个人等获得非财政拨款性质的横向科研项目经费。项目承担单位以市场委托方式取得的横向经费，纳入单位财务统一管理，由项目承担单位按委托方要求或合同约定管理使用。项目承担单位要从横向经费结余部分提取一定比例用于科研人员劳务报酬，其中软件开发类、设计类、规划类、咨询类等主要依靠智力投入的科研项目不低于 70%，其他项目不低于 20%。科研劳务报酬一次性计入当年本单位工资总额，但不受当年本单位工资总额限制、不纳入本单位工资总额基数。科研劳务报酬计缴个人所得税。（项目承担单位负责）

二、改进高校、科研院所差旅会议、科研仪器设备采购和基本建设项目管理

（六）下放差旅费、会议费管理权限。高校、科研院所可根据教学、科研、管理工作实际需要，按照精简高效、厉行节约的原则，研究制定差旅费管理办法，合理确定教学科研人员乘坐交通工具等级和住宿费标准，会议次数、天数、人数和会议费开支范围、标准。难以取得住宿费发票的，以及省内出差地不能提供公共交通车船发票的，在确保真实性的前提下，据实报销城市间交通费，并按规定标准发放伙食补助费和市内交通费。会议代表参加会议所发生的城市间交通费，原则上按差旅费管理规定由所在单位报销；邀请国内外专家、学者和有关人员参加会议，对确需负担的城市间交通费、国际旅费，可由项目主办单位从会议费等费用中报销。科研类差旅费、会议费不纳入行政经费统计范围，不受零增长限制，从科研经费中列支的国际合作与交流费用不纳入“三公”经费统计范围，不受零增长限制。（高校、科研院所负责）

（七）完善高校、科研院所科研仪器设备采购管理。高校、科研院所可自行采购科研仪器设备，自行选择科研仪器设备评审专家组织开展新购仪器设备查重评议。省财政厅要简化政府采购项目预算调剂和变更政府采购方式审批流程。高校、科研院所应当控制设备购置费支出，鼓励使用贵州省大型科研仪器网络共享平台资源。高校、科研院所要切实做好设备采购的监督管理，做到全程公开、透明、可追溯。对高校、科研院所进口仪器设备继续实行备案制管理，落实进口科研教学用品免税政策。（省财政厅、贵阳海关、省国税局、省地税局、高校、科研院所负责）

（八）完善高校、科研院所科研基本建设项目管理。对高校、科研院所利用自有资金、不申请政府投资建设的项目，由高校、科研院所自主决策，报主管部门备案，不再进行审批。省内高校、科研院所主管部门要指导高校、科研院所编制五年建设规划，对列入规划的科研基本建设项目不再审批项目建议书。简化高校、科研院所科研基本建设项目城乡规划、用地及环评、能评等审批手续，缩短审批周期。（省发展改革委、省教育厅、省科技厅、省农委、省林业厅、省水利厅、省国土资源厅、省环境保护厅负责）

三、规范管理、改进服务

（九）强化法人责任。项目承担单位是科研项目实施和资金使用管理的责任主体，要切实履行项目组织实施、验收、资金和资产使用等方面的管理职责，严格遵守科研项目资金管理各项规定，健全内部管理制度，加强预算审核把关，主动公开项目预算、预算调剂、资金使用、研究成果等情况，切实做好国有资产管理。（项目承担单位负责）

（十）建立科研财务助理制度。项目承担单位要建立健全科研财务助理制度，为科研人员在项目预算编制和调剂、经费支出、财务决算和验收等方面提供专业化服务，科研财务助理所需费用可由项目承担单位根据情况通过科研项目资金等渠道解决。充分利用信息化手段，建立健全项目承担单位的内部科研、财务部门和项目负责人信息共享平台，提高科研管理效率和便利化程度。（项目承担单位负责）

（十一）改进财务报销管理。项目承担单位要制定符合科研实际需要的内部报销规定，科研项目在野外考察、心理测试以及社会调查、访谈等过程中支付给调查、访谈对象个人的数据采集费等，直接面向个人或偏远地区获得的样本采集费和从个人手中购买农副产品等特殊材料支付的材料费，确实无法取得发票或财政性票据的，在确保真实性的前提下据实报销。全面实行非现金方式结算，项目实施过程中发生的劳务费和专家咨询费应采用银行转账方式发放，由支付对象凭据报销。（项目承担单位负责）

（十二）精简检查评审。省科技厅、省财政厅、项目主管部门要加强对科研项目资金监督的制度规范、年度计划、结果运用等的统筹协调，建立职责明确、分工负责的协同工作机制。省科技厅、项目主管部门要加快清理规范委托中介机构对科研项目开展的各种检查评审，加强对前期已经开展相关检查的结果运用，推进检查结果共享，减少检查数量，改进检查方式，避免重复检查、多头检查、过度检查。（省科技厅、省财政厅、项目主管部门负责）

（十三）创新财政科研资金支持方式。省应用技术研究与开发资金主管部门要进一步创新财政科研资金支持方式，推动部分专项资金由无偿变有偿、拨款变投资、资金变股权，激发创新创业活力。有偿支持主要采取股权投资、研发领域PPP（政府和社会资本合作）、风险代偿、政府购买服务等方式。（省科技厅、省财政厅、省发展改革委、省农委负责）

四、加强制度建设和工作督查

（十四）尽快出台操作性强的实施办法。项目主管部门要完善预算编制指南，指导项目承担单位和科研人员科学合理编制项目预算；制定预算评估评审工作细则，优化评估程序和方法，规范评估行为，建立健全与项目申请者及时沟通反馈机制；制定财务验收工作细则，规范委托中介机构开展的财务检查。自2017年10月1日前，各高校、科研院所要制定出台差旅费、会议费、公务卡结算、科研仪器采购等科研经费内部管理办法，其主管部门要加强工作指导和统筹；自2017年年底前，项目主管部门要制定出台相关实施细则，项目承担单位要制定或修订科研项目资金内部管理办法和报销规定。2017年以后承担省级财政科研项目的单位，都要于当年制定出台相关管理办法和规定。（省科技厅、省农委、省发展改革委、高校和科研院所主管部门、高校和科研院所、项目承担单位负责）

（十五）加强对政策措施落实情况的督查指导。省财政厅、省科技厅要适时组织开展对项目承担单位科研项目资金等管理权限落实、内部管理办法制定、创新服务方式、内控机制建设、相关事项内部公开等情况的督查，督查情况以适当方式进行通报，并将督查结果纳入信用管理，与间接费用核定、结余资金留用等挂钩。审计机关要依法开展对政策措施落实情况和政策资金的审计监督。项目主管部门要督促指导所属项目承担单位完善内部管理，确保各项政策规定落到实处。（省财政厅、省科技厅、省审计厅、项目主管部门负责）

本意见印发后，次月底前完成验收（结题）的科研项目适用本意见；2017年立项的科研项目适用本意见。

各市（州）、贵安新区要参照本实施意见精神，制定或完善本地区财政科研项目资金管理的具体办法。

附录 6　贵州省国际科技合作重点项目计划管理暂行办法

第一章　总　　则

第一条　为了规范贵州省国际科技合作重点项目计划（以下简称“合作计划”）的管理，提高合作计划项目的管理效率，保证合作计划项目管理的公开、公正和科学，根据合作计划的特点，制定本办法。

第二条　合作计划的立项原则。

（一）坚持配合国家总体外交工作，保障国家安全，维护国家利益的原则；

（二）坚持以我为主、平等合作、互惠互利、成果共享的方针；

（三）充分利用国际和国内的资源和市场，积极配合“科教兴黔”“开放带动”和“可持续发展”三大战略的实施，全方位、多层次、宽领域、多渠道开展国际科技合作、技术经济合作和促进产业的发展，吸引和利用国际智力资源。

第三条　主要合作计划。

（一）国际合作研究。指由两国或两国以上科技人员合作开展的基础研究、应用研究、开发研究和软科学研究；

（二）国际合作开发。指利用国内外有自主知识产权的工艺、技术，共同开发有市场前景和市场目标的产品和发展相关产业；

（三）国际科技交流。指组织省内科技人员及其相应的管理人员出国进修培训，国外科技人员及其相应的管理人员来黔讲学、交流，国际间信息交换，举办或参加国际学术会议和展览会等；

（四）国际技术贸易。指以贸易形式进行的技术经济合作。

第四条　合作计划是贵州省科学技术计划的组成部分，与其他科学技术计划并列，相互衔接、集成和协调。合作计划项目的实施采取有限目标、滚动立项、逐年实施的管理方式，实施周期一般不超过 2 年。

第五条　贵州省科学技术厅（以下简称“省科技厅”）负责编制合作计划并组织实施和管理。省科技厅对外合作处负责合作计划的具体编制和管理工作。

第二章　申　　报

第六条　全省各地区、省属各有关委办厅局、科研院所、大专院校和企事业（含民营企业）单位，依照本办规定，均可按要求提出申请。

第七条 申报合作计划项目必须具备。

（一）项目立项充分，目标明确，研究内容、方法和技术路线切实可行，有一定的工作基础和研究条件，并能在 1 ～ 2 年内取得预期成果或阶段结果。

（二）项目承担单位具有一定的国际合作基础和能力，合作渠道畅通，合作伙伴信誉可靠。合作对象为一个或一个以上国家、地区或国际组织。

（三）项目负责人具有主持合作项目的能力，年龄不超过 55 周岁，具有中级以上（含中级）专业技术职称或硕士以上学位（含硕士），能用外语与合作伙伴进行交流。项目主要成员应具备良好外语能力。

（四）经费预算切实可行。需自筹或从其他渠道匹配的资金，在申报合作项目时必须落实。

（五）项目负责人和主要参加者申请合作计划项目原则上不得超过两项，在承担项目未结题之前，不得再申请新列项目。

第八条 凡申报合作计划项目必须提供。

（一）《贵州省国际科技合作重点项目计划申请书》（以下简称《申请书》）及附件一式五份和相应软盘。

（二）项目合作协议书（复印件及中文译件）。

（三）项目合作协议书附件（双方合作机构和合作者简况、科研成果与有关证明材料）。

第九条 申报合作计划项目的受理时间为每年 4 月底前。有关申报材料按要求在受理时间内报送到省科技厅对外合作处。

第三章　立　　项

第十条 省科技厅按照本办法对申报项目是否符合合作计划资助范围、申报手续是否完备、申请人资格、项目人员结构、管理运作、资金构成和落实情况及有无知识产权纠纷等进行必要的审查和调查。

第十一条 省科技厅视具体情况，聘请了解国内外研究开发状况和趋势，熟悉技术、市场及管理等方面的专家对项目进行评审、论证，并征求有关专业职能部门意见。

第十二条 在审查、调查、评审和论证的基础上，省科技厅对项目进行综合分析和平衡，择优立项，并以计划形式下达。

第十三条 获得立项通知的申报单位，在规定时间内与省科技厅对外合作处联系办理有关合同签署事宜。逾期按自动放弃处理。

第十四条 列入合作计划的项目，实行合同制管理。在项目的实施过程中，必须严格按照合同规定的内容认真组织实施，如期完成。

第十五条 项目执行年度报告制度，项目负责人每年 1 月 31 日前向省科技厅提交上年度执行情况报告及经费使用情况报告。不按要求报送年度执行情况报告的，省科技厅将停拨项目经费。

第十六条 在执行合作计划项目中，凡是涉及派遣人员出国和邀请合作方来访等有关事宜，需事前报省科技厅备案。

第十七条 由于国际合作环境发生变化或其他特殊原因，需要中途调整或撤销的项目，项目负责人应及时写出书面报告，附经费决算及固定资产购置情况表。经承担单位和主管部门审核并签署意见后，报送省科技厅。省科技厅对提出报告的项目进行审核，以正式文件作出处理决定。调整后的内容经甲、乙和乙方保证单位签字后执行。

第十八条 省科技厅对项目执行情况定期进行监督和检查，承担单位须根据项目进展情况及时向省科技厅提交有关书面汇报材料。

第十九条 合作计划项目在规定的执行期结束后两个月内，项目负责人认真写出工作总结报告、研究报告（附完整的技术资料及有关材料）、经费使用情况报告，填写结题表，经项目主持单位和主管部审查后，一式二份及相应软盘，报送省科技厅。经省科技厅审查同意后组织验收。

第二十条 合作计划项目产生的科技成果、项目负责人和项目承担单位应申请相关知识产权，并按照《科技成果登记办法》进行科技成果登记；发生技术转移时，应按照《技术合同认定登记办法》办理技术合同登记手续；符合科学技术奖励条件的，按照科学技术奖励的有关规定申报。

第二十一条 合作计划项目科技成果的知识产权，应按照事先与国外合作方的约定，归项目完成者分享；由合作计划项目经费购置的固定资产，属国有资产，纳入项目承担单位的固定资产账户核算和管理。

第四章 经 费

第二十二条 合作计划经费是用于资助合作计划项目的专项费用，主要用于合作计划项目实施中的国际交往与合作研究的启动和补充以及项目的验收评审。

第二十三条 合作计划项目经费由省科技厅采取一次审定，分期拨付，包干使用，超支不补，违约追回的原则进行管理。

第二十四条 承担单位应接受省科技厅对项目经费使用情况的监督和检查，并按规定向省科技厅报送年终财务决算。

第五章　附　　则

第二十五条　本办法由省科技厅负责解释。

第二十六条　本办法自发布之日起施行。

附录 7　福建省科技计划项目管理办法

（闽科计〔2019〕9 号）

第一章　总　　则

第一条　为营造有利于创新创业创造的良好发展环境，加强我省科技计划项目的规范化和科学化管理，提高项目管理效率和实施成效，根据《国务院关于优化科研管理提升科研绩效若干措施的通知》《中共中央办公厅、国务院办公厅印发〈关于进一步加强科研诚信建设的若干意见〉的通知》《中共中央办公厅、国务院办公厅印发〈关于深化项目评审、人才评价、机构评估改革的意见〉的通知》《中共福建省委办公厅、福建省人民政府办公厅印发〈关于深化项目评审、人才评价、机构评估改革的实施意见〉的通知》，以及《福建省人民政府关于改进加强省级财政科研项目和资金管理的若干意见》等精神，结合我省实际，特制定本办法。

第二条　本办法所称省科技计划项目，是指根据福建省科技和经济社会发展需求，以省科学技术发展规划纲要为指导，列入省科技计划，在一定期限内进行的科学技术研究开发及相关活动。

第三条　福建省科学技术厅（以下简称省科技厅）设立的各类科技计划项目的管理活动适用本办法。

第四条　省科技计划项目管理包括指南发布与申报受理、立项管理、实施过程管理、验收结题管理等环节。

第五条　省科技计划项目按科技计划类别进行分类管理，省科技厅负责综合管理，项目实施管理单位和项目承担单位按各自职责进行分级管理。

第六条　所有省科技计划项目应按照电子政务建设的相关要求，纳入“福建省科技计划项目管理信息系统”（以下简称项目管理信息系统），实现省科技计划项目管理网上公开和信息共享。

第二章　指南发布与申报受理

第七条　省科技计划项目指南发布与申报受理应当按照征集指南建议、指南编制与发布、申报推荐与受理等工作程序进行。

第八条 省科技厅根据省委、省政府工作部署、省科学技术发展规划纲要，以问题为导向，以需求为牵引，广泛吸纳各方意见，体现创新驱动战略，反映产业技术需求，按不同科技计划项目类型，在征集年度省科技计划项目申报指南建议工作基础上，编制年度省科技计划项目申报指南。科技计划项目指南内容可根据需要在网上公开征求意见，提高指南的科学性。

第九条 指南应包括各类科技计划项目支持方向、重点领域、申报条件、要求及申报时限等内容。项目指南应关注重大原创性、颠覆性、交叉学科创新等方向与领域，深入实施军民融合发展战略。逐步实行省级科技计划年度指南定期发布制度，按规定向社会主动公开，并确保申报指南从发布日到项目受理截止日期不少于 70 天。

省级科技计划项目一般采取公开竞争的方式择优遴选承担单位。对具有明确任务目标、技术路线清晰、组织程度较高、优势承担单位集中的科技项目，可采取定向申报。采取定向申报的项目，应明确项目研发内容、任务指标和申报单位等要求，择时对外发布申报指南并确定项目申报时限。对于企业牵头的项目，指南应对企业资质等情况提出明确要求，鼓励企业共同投入并组织实施。鼓励支持军民融合技术研发，加快推动军民协同创新和成果转化，支持军民融合产业发展。

第十条 省科技计划项目实行归口推荐申报。项目推荐单位按照省科技计划项目申报要求，归口组织、推荐有关单位申报省科技计划项目，并负责审核项目申报材料。

第十一条 项目推荐单位包括设区市科技行政管理部门（包括平潭综合实验区职能部门，以下相同）、中央驻闽科研单位、省直部门、本科高校等。推荐单位即为立项后的项目实施管理单位。

县级单位申报的项目经县级科技行政管理部门审核后上报设区市科技行政管理部门，再汇总统一推荐。企业按属地管理原则逐级由地方科技行政管理部门上报推荐。具有行政隶属关系的省属企业也可由其省直主管部门推荐。

第十二条 项目申报单位与项目负责人应具备以下基本条件：

（一）在闽具有独立法人资格的企事业单位（大学以学院为项目申报单位，具有独立法人资格的学院以系或二级学院为项目申报单位）；

（二）具有完成项目必备的人才条件和基本技术装备与设施；

（三）具有与项目相关的研究经历和研发能力；

（四）具有完成项目所需的组织管理和协调能力；

（五）具有良好的科研诚信状况；

（六）项目负责人在项目结束时年龄原则上不超过 60 周岁。项目负责人为院士的，项目申报、结束时年龄要求按有关规定执行。由企业牵头申报的项目，项目结束时负责人年龄原则上不超过 65 周岁。

第十三条　省科技计划项目推行“材料一次报送”和电子文档管理，精简申报要求、报表及流程等，项目申报单位和项目组成员应注册、登录项目管理信息系统，网上填报提交项目申请材料。项目推荐单位负责在线审查、推荐。

第三章　立项管理

第十四条　省科技计划项目立项管理包括项目形式审查、评审、审核审批、签订任务书等。

第十五条　省科技厅或其委托的有关单位负责对申报项目进行形式审查，符合申报条件并通过形式审查的项目，由省科技厅负责组织或委托有关单位进行项目评审。

评审可包括技术评审、管理评审、预算评审等，根据项目特点采取一种或多种方式开展，同一轮次实行同一种评审方式，避免评审结果出现歧义。项目评审应克服唯论文、唯职称、唯学历、唯奖项倾向，综合考虑申报单位、负责人和团队的实际能力、研发需求和项目经济社会效益。

第十六条　项目技术评审可采取会议、网络或视频等形式。评审过程和评审结果通过项目管理信息系统进行记录或留档，逐步实现评审结果反馈，立项信息公开，实现“可申诉、可查询、可追溯”。对项目研究内容、项目经费预算一般采取合并评审。允许申报单位与项目负责人在评审前提出回避单位及个人。

项目评审以同行专家为主，并视需求邀请省内外技术专家、财务专家参与评审。推动建设集中统一、标准规范、安全可靠、开放共享的省科技专家库。评审专家必须是项目管理信息系统专家库的专家，原则上应主要选取活跃在科研一线、熟悉相关技术的专家参与评审。与产业应用结合紧密的项目，在条件允许时还应选取活跃在生产一线的专家参与评审。

需会议评审的，应在会议前及时组织专家审阅申报材料，确保专家充分了解申报项目情况；需汇报答辩的，项目负责人原则上应亲自汇报答辩，除财务人员外，不在项目申报团队内的人员不得参与答辩。

第十七条　省科技厅根据需要组织开展项目管理评审，可在评审前采取会议汇报、现场调研等方式了解项目具体情况。

第十八条　省科技厅根据年度科技工作重点，综合评审结果提出立项意见，会同省财政厅等相关部门下达年度立项计划和资助经费。

对技术评审或管理评审分数不及格的项目，不予立项。

第十九条　省科技厅、项目承担单位、项目实施管理单位依据项目申请书、评审意见和下达的科技项目计划，商议签订项目任务书（文本格式由省科技厅制定），确定项目各方的权利和义务。经签约各方商议审核后，一般应在科技项目计划下达后的 50 个工作日内完成项目任务书签订手续。奖励性后补助和事后立项后补助项目不需签订科技计划项目任务书。

各类科技计划项目实施期限一般不超过三年，个别项目确实需要延长实施时间的，承担单位可在任务书商议过程中提出，由省科技厅予以确认，但最长不得超过五年。

第四章　实施过程管理

第二十条　省科技厅、项目实施管理单位、项目承担单位和科研人员按照相应职责开展项目实施过程管理。

第二十一条　省科技厅主要职责。

（一）确定项目组织实施的管理单位；

（二）开展项目绩效考评和监督管理；

（三）做好项目实施过程的服务和监督，组织开展必要的检查或抽查，及时协调解决项目实施中出现的相关问题；

（四）实施过程管理中发现违规行为应责成整改或中止、撤销项目。涉及违法行为的移交相关部门处理。

第二十二条　项目实施管理单位主要职责。

（一）做好项目的组织实施管理和服务工作，督促项目承担单位和科研人员依法依规开展科研活动；

（二）建立健全科研项目监管制度，加强对所主管的单位科技项目和经费管理的监督检查，发现违规问题，督促项目承担单位整改，或向省科技厅提出中止、撤销项目的建议意见；

（三）督促项目承担单位及时做好结题和档案整理工作；

（四）做好实施项目的统计调查及其他有关工作。

第二十三条　项目承担单位主要职责。

（一）项目承担单位是科技计划项目实施和经费管理使用的责任主体，应切实履行法人责任，营造良好的科研环境和条件，激发科技人员创造力；

（二）支持项目负责人带领项目组按时完成有关研究开发任务，填报相关统计调查表，做好科研档案管理工作；

（三）建立常态化的自查自纠机制，接受并配合省科技厅和项目实施管理单位对项目执行情况进行必要的监督检查、考评；

（四）及时报告项目执行中出现的重大事项及建议解决办法。

第二十四条　项目组成员主要职责。

项目负责人是项目实施的牵头人和责任人，要做好项目实施的组织协调工作，项目组成员要在项目负责人的带领下，弘扬科学精神，恪守科研诚信，强化责任意识，严格遵守科技项目和经费管理的各项规定，自觉接受有关方面的监督和检查。

第二十五条　项目实施过程中，赋予科研人员技术路线决策权。科研人员可以在研究方向和内容不变、不降低任务书指标的前提下，自主调整技术路线，无须报备。项目实施过程中，实行重大事项报告制度。对项目实施期间出现的重大变更和影响项目执行的重大问题等，项目负责人和项目承担单位应及时报告项目实施管理单位，由项目实施管理单位报省科技厅审核。其中，由于不可抗力因素或其他合理情形，需对项目的研究目标、内容、计划进度、合作单位、研究人员等变更时，原则上由项目承担单位在任务书到期前提出任务变更申请，项目实施管理单位提出审查意见，省科技厅审核同意后变更任务书。

第二十六条　健全完善“双随机”抽查制度，减少项目实施周期内的各类评估、检查、抽查、审计等活动，避免重复多头检查，除科技重大专项与重大科技创新平台外，省科技计划项目以项目承担单位自我管理为主，一般不开展过程检查（评估）。推行科技重大专项中期绩效评估，针对专项实施过程关键节点实行“里程碑”式管理，对项目实施进度严重滞后，或难以达到预期绩效目标的，及时予以调整或取消后续支持。

第五章　验收结题管理

第二十七条　省科技计划项目的结题工作由省科技厅或其委托的相关单位组织进行。

第二十八条　项目结题方式包括项目验收、项目中止和项目撤销等三类。

正常实施的项目申请验收结题。无法继续实施的项目采取项目中止或项目撤销的方式结题。

奖励性后补助和事后立项后补助项目不需开展验收，省科技厅对重大科技成果购买补助项目、引进重大研发机构资助项目在资助经费下达后一定期限内组织开展项目实施成效评价，重点评估成果转移转化、应用推广及产生的经济社会效益。

第二十九条　项目验收由项目承担单位提交项目验收材料，经项目实施管理单位审核后提交省科技厅。项目验收以项目任务书为基本依据，对是否完成任务书约定的内容和目标、项目经费使用的合理性等进行客观、公正的评价。项目验收具体要求按照《福建省科技计划项目验收管理办法》执行。

第三十条　项目已开始实施且项目经费已使用，由于不可抗力因素、市场重大变化等原因使项目无法或无必要进行的，由项目承担单位提出项目中止申请，经项目实施管理单位审核后，报送省科技厅批准项目中止，项目余下经费回收。项目承担单位已注销或无法联系的或被列入失信被执行人且不主动作为，由项目实施管理单位及时核实并提出申请，报送省科技厅批准。

第三十一条 项目计划已下达但项目经费尚未使用，由于立题不当、技术骨干变动、承担单位不能按时签订任务书等原因使项目无法或无必要进行的，由项目承担单位提出申请，经项目实施管理机构审核后，报送省科技厅批准项目撤销，项目经费回收。项目承担单位已注销或无法联系或被列入失信被执行人且不主动作为的，由项目实施管理单位及时核实并提出项目撤销申请，报送省科技厅批准。

第三十二条 在任务书规定期限内不能完成任务而无法提交验收的，项目承担单位原则上应提前三个月提出项目延期申请，经项目实施管理单位审核后，在任务书到期前报送省科技厅批准项目延期。项目实施期只可以延期一次，延期时间原则上不超过一年。

第三十三条 因项目承担单位存在严重违反项目管理规定的行为，或任务书到期二年后仍无法结题的，省科技厅可以对项目予以强制中止或强制撤销。

第三十四条 项目产生的科技成果及其形成的知识产权归属，任务书有约定的从其约定；任务书未约定的，按照国家有关规定执行。

项目承担单位对本单位科研成果管理负主体责任，应加强对本单位科研人员拟公布项目成果的真实性审查。项目实施管理机构督促指导项目承担单位积极开展项目成果的应用和转化，并按照科技成果登记、科学技术保密、知识产权保护等有关规定做好相关工作。

省科技厅在相关科技计划项目中建立科技报告制度，项目验收后科技报告纳入福建科技报告服务系统，根据分级分类原则向社会公开，实现科技资源持续积累、完整保存和开放共享。

第六章　诚信管理

第三十五条 省科技厅按照权力运行网上公开的要求，将科技计划项目和经费管理相关制度、规定固化到项目管理信息系统中，实现全过程网上公开运行，自觉接受社会公众和纪检监察机关等的监督。

第三十六条 建立覆盖项目管理全过程的资信管理制度，对项目承担单位、项目负责人和有关专家参与科技活动的行为信用进行实时记录，可对项目承担单位与项目负责人开展科研诚信资历审核、项目查重等，确保符合项目管理要求。强化责任追究，对严重违背科研诚信要求的行为依法依规终身追责。充分尊重科学研究灵感瞬间性、方式多样性、路径不确定性的特点，重视科研试错探索的价值，建立鼓励创新、宽容失败的容错纠错机制，形成敢为人先、勇于探索的科研氛围。

第三十七条 科技计划项目实行承诺管理制度。项目承担单位、项目负责人应承诺遵守科研诚信要求，保证所提供申报项目信息的真实性，在签订项目任务书时，共同签署承诺意见，保证按计划开展研究工作，按时报送有关材料，按要求做好验收结题工作，并保证提供的项目信息真实性，对信息虚假导致的后果承担责任。

第三十八条　科研人员要恪守科学道德准则，遵守科研活动规范，践行科研诚信要求，不得抄袭、剽窃他人科研成果或者伪造、篡改研究数据、研究结论；不得购买、代写、代投论文，虚构同行评议专家及评议意见；不得违反论文署名规范，擅自标注或虚假标注获得科技计划资助；不得弄虚作假，骗取科技计划项目、科技经费等。

第三十九条　项目承担单位是科研诚信建设第一责任主体，要加强对科研人员的科研诚信教育，建立完善学术管理制度，对本单位员工遵守科研诚信要求及责任追究作出明确规定或约定，将科研诚信工作纳入常态化管理，逐步建立科研领域守信激励机制。

第四十条　对发现的违规行为区分不同情况，采取科研诚信诫勉谈话、通报批评、取消项目申报或评审资格、终止项目执行、追回项目经费、列入“黑名单”等措施予以处理，涉嫌犯罪的移交监察、司法机关处理。其中：

（一）对存在到期未结题项目的承担单位和项目负责人，取消其项目结题前申报省级各类科技计划项目资格；

（二）对任务书到期二年后仍无法结题，项目承担单位不予说明或整改措施不到位的，省科技厅对项目予以强制中止或强制撤销；

（三）对强制中止和强制撤销的项目，根据严重失信行为责任，将相关项目承担单位和负责人列入“黑名单”予以处理，取消项目承担单位 3 年申报省级各类科技计划项目的资格；取消项目负责人 3 年申报或参与申报省级各类科技计划项目的资格。

第四十一条　参与项目管理的人员必须遵循保密和回避原则，妥善保管申报材料，严禁外传非公开的项目和评审信息；不得向评审专家施加或暗示项目评审倾向性意见，在涉及近亲属申报的项目时应主动回避，不得伪造专家评审意见，不得擅自透露专家个人信息。

第四十二条　评审专家应当遵守以下要求。

（一）坚持实事求是的原则，严格遵守科研诚信要求，独立、客观、公正地提供个人意见，按时保质地完成评审任务；

（二）保护评审对象的知识产权和技术秘密，妥善保存评审材料，并在评审活动结束后将其全部退还，不得复制与评审有关的材料，不得擅自传播、扩散有关评审内部情况；

（三）与评审事项有利害关系时，应当主动申请回避；

（四）在评审期间，未经许可，评审专家个人不得就评审事项与评审对象及相关人员进行接触，严禁收取评审对象的报酬。

第四十三条 以下人员不得选作评审专家。

（一）与评审对象有利害关系的人员；

（二）评审对象因正当理由而事先正式书面申请希望回避的人员；

（三）资信管理记录不良的人员。

第四十四条 在项目评审过程，评审专家若存在违规行为，省科技厅视情节轻重，采取记录其个人不良资信、取消评审专家资格、通报违规事实等方式处理；若存在违法行为，评审专家须承担相应法律责任。

第七章 附 则

第四十五条 项目经费管理按照《福建省级科技计划项目经费管理办法》执行。

第四十六条 各类科技计划项目在实施过程中，可结合工作需要，根据本办法制定具体管理办法或实施细则。

第四十七条 本办法自印发之日起施行。原《福建省科技计划项目管理办法》（闽科计〔2015〕54号）同时废止。

第四十八条 本办法由省科技厅负责解释。

附录 8　福建省级科技计划项目经费管理办法

（闽财教〔2017〕41 号）

第一章　总　　则

第一条　为规范省级科技计划项目经费管理，提高资金使用效益，促进改革创新，形成充满活力的科技管理和运行机制，根据《中共中央办公厅 国务院办公厅关于进一步完善中央财政科研项目和资金管理等政策的若干意见》（中办发〔2016〕50 号）和《福建省人民政府关于促进高校科技创新能力提升的若干意见》（闽政〔2016〕37 号）等文件精神，依据我省省级财政专项资金管理办法和有关财务管理制度，结合我省实际，制定本办法。

第二条　省级科技计划项目经费（以下简称项目经费）是指省级财政预算安排的支持开展科学技术活动的专项资金。

第三条　项目经费管理和使用原则。

（一）突出重点，分类支持。根据国家和省委、省政府方针政策和科技发展需求，确定项目经费重点支持方向。遵循科技活动规律，实行分类管理，创新财政科技经费支持方式。

（二）科学安排，合理配置。发挥市场对科技资源配置的导向作用，坚持简政放权、放管结合、优化服务。

（三）专款专用，单独核算。项目经费纳入项目承担单位（以下简称承担单位）财务统一管理，实行单独核算，确保专款专用。

（四）公正公开，追踪问效。强化项目经费信息公开，加强科研诚信建设，推行面向目标和结果的追踪问效机制。

第四条　部门、单位和项目负责人职责。

（一）省财政厅职责：根据财政预算编制要求，会同省科技厅制定项目经费总体投向。负责审核并批复年度项目经费预算和决算。对项目经费进行财政绩效考评和监督检查等。

（二）省科技厅职责：根据国家和省委、省政府方针政策制定省科技计划项目管理办法和年度项目申报指南。组织项目申报、预决算编制，组织重大项目预算评审。开展绩效考评和监督检查等。

（三）实施管理机构（含主管部门，即项目任务书中的丙方，下同）职责：落实项目经费以外资金及相关配套条件。组织项目经费使用情况自查、绩效考评和监督检查等。

（四）承担单位职责：履行项目申请、组织实施、验收和经费管理等方面职责。完善项目经费管理制度，根据实际需要建立科研财务助理制度。接受有关部门的绩效考评和监督检查等。

（五）项目负责人职责：负责组织项目的有效实施和成果应用推广。配合承担单位履行项目申请、验收和经费管理等职责。接受有关部门的绩效考评和监督检查等。

第二章　项目经费支持方向和方式

第五条　项目经费用于支持在我省（计划单列市除外，另有规定的从其规定）注册、具有独立法人资格的单位开展各类科学技术活动，主要包括基础研究、研发投入、前沿和重大关键技术研究开发、社会公益研究开发、产业共性技术研究开发、创新平台建设、科技成果转化等。

承担单位以同一项目申报多项财政资金支持的，应在申报材料中说明，依托同一核心内容或同一关键技术编制的不同项目视为同一项目。

第六条　项目经费采取包括事前直接补助、后补助、贴息、风险补偿金、股权投资（含资本金注入）、基金等多种支持方式。省科技厅会同省财政厅根据项目的特点及绩效目标，确定具体支持方式。

采用事前直接补助方式支持的项目经费按以下规定管理。其他支持方式应另外制定经费管理办法。

第三章　项目经费支出范围

第七条　项目经费由直接费用和间接费用组成。承担单位履行本职工作的经费和其他与项目相关的经费不在该列支范围。

第八条　直接费用是指在项目研究开发过程中发生的与之直接相关的费用。主要包括。

（一）设备费：指研究开发项目过程中所发生的仪器、设备、样机购置和自行试制，以及对现有仪器设备进行升级改造和租赁外单位仪器设备而发生的费用。

（二）材料费：指在项目研究开发过程中消耗的各种原材料、辅助材料等低值易耗品的采购及运输、装卸、整理等费用。

（三）测试化验加工费：指在项目研究开发过程中支付给外单位（包括承担单位内

部独立经济核算单位）的检验、测试、化验及加工等费用。

（四）燃料动力费：指在项目研究开发过程中相关大型仪器设备、专用科学装置等运行发生的可以单独计量的水、电、气、燃料消耗费用等。

（五）差旅费/会议费/国际合作交流费：差旅费指在项目研究开发过程中开展科学实验（试验）、科学考察、业务调研、学术交流等所发生的外埠差旅费、市内交通费；会议费指在项目研究开发过程中为组织开展研讨、咨询、协调项目等活动而发生的会议费；国际合作交流费指项目研究开发过程中项目组人员与国外科研机构合作、培训及邀请有关专家来闽工作等各项费用。

差旅费/会议费/国际合作交流费由项目负责人结合科研活动实际需要编制预算并按规定统筹安排使用，其中不超过直接费用10%的，不需要提供预算测算依据。

（六）出版/文献/信息传播/知识产权事务费：指项目研究开发过程中需要支付的出版费、书籍购买费、资料费、文献检索费、专用软件购置费、专业通信费、专利申请与维护费，以及知识产权顾问费等各项费用。

（七）劳务费：指参与项目的研究生、博士后、访问学者以及项目聘用的研究人员、科研辅助人员等的劳务性支出和社会保险补助。

参与项目的研究生、博士后、访问学者以及项目聘用的研究人员、科研辅助人员可在劳务费中列支劳务性支出，项目聘用的非工资性收入人员可在劳务费中列支劳务性支出和社会保险补助。劳务费预算由承担单位和项目负责人、科研人员据实编制，不设比例限制。

（八）专家咨询费：指在项目研究开发过程中按标准支付给临时聘请的咨询专家的费用。专家咨询费不得支付给参与项目管理的相关人员。

（九）其他支出：指与项目研究开发相关且不能列入上述费用的其他必要费用，其他支出应当严格控制，加强审核和监督，在申请项目经费预算时单独列示并注明开支的具体内容，单独核定。

第九条　间接费用是指承担单位在组织实施项目过程中发生的无法在直接费用中列支的相关费用。主要包括。

（一）承担单位为项目实施提供的仪器设备及房屋，水、电、气、暖消耗。

（二）有关管理费用的补助支出。

（三）绩效支出。绩效支出是指承担项目任务的单位为提高科研工作绩效安排的相关支出，取消项目经费中绩效支出比例限制，其支出不纳入承担单位绩效工资总额。

承担单位在统筹安排间接费用时，要处理好合理分摊成本和对科研人员激励的关系，绩效支出安排与科研人员在项目中的实际贡献挂钩。

间接费用实行总额控制，按照项目经费扣除设备购置费后的一定比例核定：扣除后

500 万元以下的部分为 20%；500 万～ 1 000 万元的部分为 15%；1 000 万元以上的部分为 13%。

第四章　项目经费预算编制与审批

第十条　承担单位、项目负责人在编报预算时应当保证所提供信息的真实性，不得虚列预算，并对信息虚假导致的后果承担责任。

第十一条　项目经费预算的编制要求。

（一）承担单位在提交项目申报材料的同时，应当编制项目经费的来源预算与支出预算，支出预算应当严格执行第八条的经费支出范围。

（二）项目负责人配合承担单位科研管理部门、财务部门共同编制项目经费预算。有合作单位的项目，应当根据合作协议同时编列各单位承担的主要任务、经费预算。

以上有关预算编制要求具体按附件中的项目经费预算编制要求和表格执行。

第十二条　承担单位利用“福建省科研设施仪器网络管理服务平台”科技资源能够满足项目实施需要的，省科技厅不再批准利用项目经费重复购置。凡是项目经费全额或部分出资新购置单台价格 50 万元（含 50 万元）或成套价格在 100 万元（含 100 万元）以上的科研仪器设备，按照“谁审批、谁负责”的原则，由省科技厅或省科技厅委托的第三方中介机构进行查重和评议。评议结果作为新购置科研仪器设备预算编制审核的依据。

第十三条　项目经费预算的评审和审批程序。

（一）省科技厅和省财政厅组织专家或委托中介机构对重大项目的经费预算进行评审。

（二）在听取专家或中介机构评审意见的基础上，由省科技厅和省财政厅对经费预算进行审核。对特别重大的项目还可对经费预算组织专门论证。

（三）项目立项和经费审定后，由省科技厅会同省财政厅下达项目计划和经费。

（四）原则上在预算执行前一年的 9 月前完成项目申报、评审和立项工作，项目经费编入年度预算。

（五）实行部门预算批复前项目经费预拨制度。省科技厅会同省财政厅，于每年 10 月 31 日前，将下一年度项目计划和经费转移支付预计数提前下达到市县，并于本级人大批准预算后的 60 日内将项目经费转移支付全部正式下达。

第十四条　对批准立项并分年度实施的项目，由省科技厅根据项目执行情况，将分年度经费直接列入年度预算，会同省财政厅下达。

第五章　项目经费执行

第十五条　省科技厅与实施管理机构、承担单位签订项目任务书，任务书中经费预算作为预算执行、绩效考评和监督检查的重要依据。

第十六条　项目经费的拨付，按照财政资金支付管理的有关规定执行；项目经费的结算票据按照行政事业单位资金往来决算票据的有关规定执行。

第十七条　项目经费使用中涉及政府采购的，采购活动应按照政府采购法律法规和有关规定执行。高校、科研院所按以下规定执行。

（一）高校、科研院所可自行组织或委托采购代理机构采购各类科研仪器设备。

（二）对高校、科研院所采购进口科研仪器设备实行备案制。属于《福建省省级政府采购进口产品清单》内的产品还可免于组织进口产品专家论证，只要通过福建省政府采购网上公开信息系统中“省属高校、科研院所科研仪器设备进口”模块对采购进口仪器设备进行备案。继续实行进口科研教学用品免税政策。

（三）高校、科研院所可在福建省政府采购评审专家库外自行选择科研仪器设备评审专家，但应当在采购文件公告中予以注明。

（四）高校、科研院所采购通用类零星小额货物可通过全省统一的“网上超市”实施政府采购。

第十八条　项目经费中的差旅 / 会议 / 国际合作交流费使用应结合科研活动实际需要按规定统筹安排使用。高校、科研院所按以下规定执行。

（一）高校、科研院所可根据科研活动实际需要，按照实事求是、精简高效、厉行节约的原则，研究制定科研类差旅费、会议费管理办法，合理确定科研人员乘坐交通工具等级和住宿费标准，会议次数、天数、人数和会议费开支范围、标准。对野外考察、心理测试等科研活动中无法取得发票或财政性票据的，承担单位在确保真实性的前提下，可按实际发生额予以报销费用，并按规定标准发放伙食补助和市内交通费。会议代表参加会议所发生的城市间交通费，原则上按差旅费管理规定由所在单位报销。因工作需要，邀请国内外专家、学者和有关人员参加会议，对确需负担的城市间交通费、国际旅费，可由主办单位在项目经费的会议费中报销。

（二）高校、科研院所为完成项目任务目标的出国（境）参加学术交流活动的次数、天数，可根据科研活动实际需要予以安排。

（三）其他项目承担单位发生的差旅费、会议费、国际合作交流费的开支标准应当按照国家、省内有关规定执行。

第十九条　项目经费使用原则上采用公务卡和银行转账方式结算。

第二十条　对由事业单位承担的项目经费在 10 万元及以下的基础性研究小额资助

项目，承担单位在提取间接费用后，直接费用的结余部分实行“包干使用”。在项目通过验收后，由项目负责人提供项目组全体成员签字的经费使用清单及说明，经项目所在单位科研、财务管理部门审核，报单位领导审批后报销。承担单位根据本单位实际制定实施细则。

第二十一条 项目签订任务书后，项目经费使用原则不得调整，确有必要调整的按以下规定执行。

（一）在项目总预算不变情况下，调整子项目间预算或项目合作单位间预算，由项目承担单位审批。

（二）在项目总预算不变情况下，直接费用中的科目间预算调整，由项目承担单位审批。

（三）在项目总预算不变情况下，间接费用预算总额不得调增。

（四）在项目总预算不变情况下，项目合作单位的增加或减少所涉及的预算调整，应由项目负责人和承担单位及时报告项目实施管理机构审核后，报省科技厅审批。

第二十二条 在研项目的年度结转经费，结转下一年度按规定继续使用。项目验收通过后，允许项目结余经费由承担单位在 2 年内统筹安排使用，用于科研活动的直接支出，并将使用方案在《科技项目经费总决算表》中予以说明。对项目验收后的结余经费，2 年后未使用完的，全部予以收回。

第二十三条 未通过验收的项目或因承担单位科研诚信评价差决定不再支持的项目，未拨付的项目经费，不予拨付，已拨付未使用完的项目经费全部予以收回。撤销的项目，剩余经费全部收回。中止的项目，在省科技厅下达正式决定后一个月内，承担单位必须编制经费决算，连同固定资产购置情况经实施管理机构审核后一并报送省科技厅批准，剩余经费应全部收回。

第二十四条 项目经费执行过程中实行重大事项报告制度。在项目实施期间出现任务重大调整和变更，以及不可抗拒因素造成意外损失等原因使项目中止或撤销而影响预算执行的重大事项，项目负责人和承担单位应及时报告项目实施管理机构审核后，报省科技厅审批。

第六章 监督与管理

第二十五条 省科技厅和财政厅负责对项目经费使用和管理进行专项绩效考评和监督检查。绩效评价和检查结果作为项目经费预算调整及以后年度项目申报立项的重要依据。

第二十六条 实施管理机构应加强对项目实施过程的管理监督。

第二十七条 承担单位应为项目实施做好跟踪服务和支撑条件建设，按项目实施进度执行预算，对所承担的项目正确实施会计核算，做到单独设账、独立核算、专款专用。承担单位申请项目结题验收时，必须向省科技厅提交《科技项目经费总决算表》。

第二十八条　项目负责人和科研人员应严格按规定使用项目经费，遵守项目和经费管理的各项规定，自觉接受有关方面的监督和检查。

第二十九条　项目验收结题时，承担单位应办理项目经费决算，除提供有关技术资料外，应当同时提交《科技项目经费总决算表》，经承担单位财务审核后，上报省科技厅，作为项目验收结题的必备材料。

第三十条　承担单位在审核《科技项目经费总决算表》时，对存在虚编预算、虚构人员冒领项目经费、重复提取列支间接费、变相转拨项目经费和违反国家财经纪律等行为的不得通过审核。

第三十一条　项目经费使用管理中存在虚报、截留、挪用等违法行为的，除暂停项目拨款、中止项目执行、追回已拨经费、取消承担单位和项目负责人三年内申报资格外，应当按照《中华人民共和国预算法》《财政违法行为处罚处分条例》等有关规定对相关部门和单位予以处理，并依法追究相关责任人的责任。构成犯罪的，依法移送司法机关。

第三十二条　行政事业单位使用项目经费形成的固定资产，一般由承担单位使用和管理。企业使用项目经费形成的固定资产，按《企业财务通则》等相关规章制度执行。项目经费形成的知识产权等无形资产，按国家和我省有关规定执行。

项目经费形成的大型科学仪器设备、科学数据、自然科技资源等，在保障有关参与单位合法权益的基础上，按规定开发共享，以减少重复浪费，提高资源利用效率。

项目经费形成的科技成果应主动转化，科技成果使用、处置和收益等按科技成果转化有关规定执行。

第七章　附　　则

第三十三条　本办法自印发之日起施行。2015 年制定的《福建省级科技计划项目经费管理办法》（闽财教〔2015〕56 号）同时废止。

附录9　福建省促进科技成果转化条例

（2017年11月24日福建省第十二届人民代表大会常务委员会第三十二次会议通过）

第一章　总　　则

第一条　为了促进科技成果转化为现实生产力，规范科技成果转化，加快实施创新驱动发展战略，推动经济建设和社会发展，根据《中华人民共和国促进科技成果转化法》和有关法律、法规，结合本省实际，制定本条例。

第二条　本省行政区域内的科技成果转化及其相关活动，适用本条例。

本条例所称科技成果转化，是指为提高生产力水平而对科技成果所进行的后续试验、开发、应用、推广直至形成新技术、新工艺、新材料、新产品，发展新产业等活动。

第三条　科技成果转化活动应当遵守法律法规，维护国家利益，尊重科技创新规律和市场规律，体现智力劳动价值分配导向，遵循自愿、互利、公平、诚实信用的原则，加强知识产权保护，保障参与各方主体的利益。

第四条　县级以上地方人民政府应当加强对科技成果转化工作的领导，将科技成果转化纳入国民经济和社会发展规划，加强科技、税收、人才、产业、金融、政府采购、军民融合等政策协同，推动建立科技成果转化市场机制，健全科技成果转化体系，鼓励和支持公民、法人和其他组织转化科技成果，促进科技成果的商品化、产业化和国际化。

县级以上地方人民政府科学技术行政部门应当按照政府规定的职责，做好科技成果转化的促进、管理、协调和服务工作。

县级以上地方人民政府其他有关部门依照各自职责，做好科技成果转化相关工作。

乡（镇）人民政府、街道办事处应当协助有关部门做好科技成果转化相关工作。

第五条　建立以企业为主体、市场为导向、产学研深度融合的技术创新体系，加强对中小企业创新的支持，发挥企业在研究开发投入、方向选择、项目实施和成果应用中的主导作用，促进科技成果转化。

第六条　对在科技成果转化工作中做出突出贡献的单位和个人，县级以上地方人民政府应当按照有关规定给予表彰和奖励。

第二章　组织实施

第七条　县级以上地方人民政府科学技术行政部门应当会同其他有关部门根据国家和本省产业政策以及本地国民经济与社会发展规划，组织协调实施有关科技成果的转化。

第八条　省人民政府科学技术行政部门应当会同其他有关部门建立统一的科技报告制度和科技成果信息系统，规范科技成果信息采集、加工与服务活动，除涉及国家秘密和商业秘密外，依法向社会提供科技成果信息查询、筛选等公益服务。

第九条　省人民政府统筹建设中间试验基地、工程（技术）研究中心、重点实验室、科技信息网络、技术交易场所等促进科技成果转化的基础设施。

设区的市、县（市、区）人民政府根据经济社会发展需要，加大对促进科技成果转化基础设施建设的投入。

第十条　科技成果完成单位对其持有的科技成果，除涉及国家秘密、国家安全外，可以自主决定实施转化。

向境外组织、个人转化科技成果的，应当遵守国家有关规定。

第十一条　研究开发机构、高等院校等事业单位应当加强科技成果转化人才培养和专业化队伍建设，可以设立、确定专门机构，或者委托独立的专业服务机构，为科技成果转化服务。

第十二条　研究开发机构、高等院校等事业单位应当建立促进科技成果转化的管理制度，制定转化实施方案，明确实施步骤、权利义务、分配方案、组织保障、异议处理等事项。

研究开发机构、高等院校等事业单位制订科技成果转化实施方案，应当充分听取本单位职工意见，经公示后由职工代表大会审议通过。科技成果转化工作中涉及重大事项的，应当经领导班子集体研究决策。

第十三条　研究开发机构、高等院校等事业单位对其持有的科技成果可以自主决定转让、许可或者作价投资等方式实施转化。作价投资的，应当确认股权和出资比例，并对科技成果的权属、作价、折股数量或者出资比例、无形资产投资退出等事项作出明确约定。

第十四条　研究开发机构、高等院校等事业单位应当通过协议定价、第三方评估定价、技术交易市场挂牌交易、拍卖等方式确定科技成果价格。通过协议定价或第三方评估定价的，科技成果持有单位应当在本单位公示科技成果名称和拟交易价格，公示时间不少于 15 日。

研究开发机构、高等院校等事业单位可以通过签订协议的方式，授予科技成果完成团队或者个人对该成果的处置权，并协商确定成果转让、许可或者作价投资的最低可成交价格。科技成果的完成团队或者完成人可以在最低可成交价格的基础上，通过市场化方式，确定科技成果转让、许可或者投资价格。

第十五条 研究开发机构、高等院校等事业单位应当按照规定报送本单位上一年度科技成果转化情况的年度报告。政府相关部门根据科技成果转化年度报告等情况，对科技成果转化绩效突出的单位及人员加大科研资金的支持。

第十六条 鼓励企业承接研究开发机构、高等院校等事业单位的科技成果并实施转化。对承接科技成果实施转化的企业，省和设区的市人民政府可以按照技术合同交易额或者技术入股出资额的一定比例给予补助。

利用财政性资金设立的科技项目，可以由企业牵头组织实施。

第十七条 鼓励各类企业建立技术开发机构和采取各种措施，加强技术研究开发和实施科技成果转化。

支持企业为采用新技术、新工艺、新材料、新服务和生产新产品自行发布信息、委托专业服务机构征集其所需的科技成果，或者征寻科技成果转化的合作者。

鼓励科研机构进入企业，成为企业的技术开发机构，或者通过联营投资、参股、控股、合作等方式与企业联合，促进科技成果转化。

第十八条 支持企业和企业联合承担科技重大专项、科技基础设施建设、高新技术产业化项目和其他重大科技计划项目。县级以上地方人民政府科学技术和企业工作主管部门应当提供服务和指导。

第十九条 支持中小微企业承接研究开发机构、高等院校等事业单位持有的科技成果并实施转化。支持企业发展的财政专项资金，应当优先支持属于重点培育对象的中小微企业开展科技成果转化活动。

第二十条 民营企业开展科技成果转化活动，在立项、贷款、奖励等方面享受与国有企业同等待遇。

第二十一条 鼓励发展众创、众包、众扶、众筹等新型创新和创业模式，支持创业人员使用自有或者受让的科技成果创办企业。

第二十二条 鼓励研究开发机构、高等院校等事业单位建立面向企业的技术服务和协同创新平台，推动科技成果与企业需求有效对接。

支持企业与研究开发机构、高等院校等事业单位及其他组织采取联合建立研究开发平台和科技成果转化专业服务机构，共同开展研究开发、成果应用与推广、标准研究与制定等活动。

建立企业与研究开发机构、高等院校等事业单位及其他组织的人才合作交流机制。鼓励研究开发机构、高等院校等事业单位聘请企业及其他组织的科技人员兼职从事科研工作。

第二十三条　支持重点实验室、中间试验基地、工程（技术）研究中心、专业技术服务平台、企业技术中心等研究开发平台和机构提供共性技术开发、中间试验、工业性试验、工程化开发等服务，提高科技成果成熟度，优化科技成果市场供给。

利用财政性资金购买、建设大型科学仪器设施的管理单位应当依法向社会提供共享服务。支持研究开发机构、高等院校等事业单位和企业与社会共享大型科学仪器设施、实验室、科技文献等科技资源，为科技成果转化活动提供便利。

第二十四条　县级以上地方人民政府及其有关部门应当鼓励和支持研究开发机构、高等院校和企业参与军民融合的科技创新活动，对其合作项目、技术转移平台或者机构给予补助，加快军用与民用技术相互转化。

第二十五条　鼓励和支持跨境、跨区域开展科技成果转化和产业化合作。鼓励企业合理有效利用外资，引进国外先进技术、设备和管理经验，实施科技成果转化。

县级以上地方人民政府及其有关部门应当采取措施，推进本省研究开发机构、高等院校、企业、科技成果转化专业服务机构与港澳台、“一带一路”沿线国家和地区开展多种形式的科学研究，建设产业合作园区和制造基地，开展科技成果转化服务。

第二十六条　县级以上地方人民政府及其有关部门应当制定措施，引进与培养高层次科技人才和优秀科技成果转化人才。对在本省实施科技成果转化的境内外高层次人才及其创新创业团队，落实户籍、住房、医疗、子女就学等方面的优惠政策。

支持企业与研究开发机构、高等院校、职业技术学校及培训机构联合建立学生实习实践等教学科研基地，共同培养科技成果转化人才。

研究开发机构、高等院校等事业单位的专业技术人员，经征得本单位同意，可以离岗创业或者在履行岗位职责、完成本职工作的前提下在其他单位兼职，从事科技成果转化活动。

高等院校、职业技术学校在读学生经所在学校批准可以按照有关规定保留学籍开展科技成果转化等创业活动。

第三章　转化服务

第二十七条　培育和支持为科技成果转化提供下列服务的各类专业服务机构。

（一）科技成果信息的搜集、筛选、分析、加工；

（二）科技成果的价值评估；

（三）科技成果的对接服务和交易代理；

（四）科技成果转化人才培训；

（五）科技成果转化的其他服务。

县级以上地方人民政府及其有关部门应当综合运用平台建设、政府购买服务、人才培养等措施，加强对科技成果转化专业服务机构的扶持。

支持科技成果转化专业服务机构依法成立行业协会，推动行业组织制订技术转移和科技成果转化的服务标准和规范，建立技术转移和科技成果转化服务评价与信用机制，加强行业自律。

第二十八条 县级以上地方人民政府科学技术行政部门应当完善政府科技信息网络等公共服务平台，无偿为企业获取或者发布科技成果信息提供支持和帮助。

鼓励社会力量建设符合技术交易规律的科技成果交易网络平台，提供线上与线下相结合的专业化服务。

第二十九条 县级以上地方人民政府及其有关部门应当在规划、用地、资金、项目等方面支持创办科技企业孵化器、大学科技园、留学人员创业园、众创空间、生产力促进中心和技术转移机构等科技创新服务机构，为初创期科技企业和科技成果转化项目提供孵化场地、创业辅导、投融资对接、技术对接、研究开发与管理咨询等服务。

第三十条 县级以上地方人民政府应当培育和发展技术市场，鼓励和支持开展技术交易以及其他相关活动。县级以上地方人民政府科学技术行政部门负责本行政区域内技术市场的监督和管理。

在科技成果转化活动中，技术交易当事人订立的技术合同经过认定，可以按照国家和本省的规定享受优惠政策。

第三十一条 鼓励境内外科技成果转化专业服务机构在本省设立分支机构，集聚转化人才，开展转化合作。

第四章 保障措施

第三十二条 县级以上地方人民政府应当统筹安排、优先保障科技成果转化资金，加大科技成果转化的财政性投入。科技成果转化的财政经费，主要用于下列用途。

（一）列入省科技发展重大项目的科技成果转化投资；

（二）中间试验、工业性试验、示范性生产线以及农业试验示范工程；

（三）重大科技成果转化贷款的贴息；

（四）科技成果转化的引导资金；

（五）社会公益性的重大科技成果转化项目的补助资金；

（六）培育和引进科技成果转化专业服务机构；

（七）其他促进科技成果转化的资金。

第三十三条 省和设区的市人民政府应当投入一定的资本金，引导创业投资机构、风险投资机构的创立和运行。

鼓励社会力量运用市场机制，设立科技风险投资公司、科技担保公司和知识产权运营基金，支持社会资本对科技成果转化进行风险投资。

第三十四条　县级以上地方人民政府可以通过风险补偿、贷款贴息等方式，鼓励和支持银行和小额贷款公司等金融机构开展知识产权质押贷款等金融业务，为科技成果转化提供金融支持。

鼓励和支持保险机构开发符合科技成果转化特点的保险品种，为科技成果转化提供保险服务。

支持企业通过多层次资本市场直接融资，通过股权交易、发行股票和债券等直接融资方式为科技成果转化项目进行融资。

第三十五条　优先保障高新技术成果转化项目的用地和生产经营用房，采取以下方式提供土地使用权。

（一）对属于划拨用地目录范围内的高新技术成果转化项目用地，可以以划拨方式提供土地使用权；

（二）划拨用地目录范围外的高新技术成果转化项目用地，可以按照规定，以出让、作价入股或者租赁等有偿方式提供土地使用权。

第三十六条　县级以上地方人民政府按照国家有关规定，可以通过政府首购、订购等方式，鼓励和支持自主创新产品的研究和应用，优先支持自主创新产品的首次应用；通过政府竞争性谈判、竞争性磋商、单一来源等方式，采购新技术、新工艺、新材料、新产品、新服务，支持科技成果转化。

国家机关和使用财政性资金的其他组织应当优先采购和使用节能减排等有利于环境保护的新技术、新工艺、新材料、新产品、新服务。

第三十七条　县级以上地方人民政府对农业科研、技术推广和农业教学等单位用于农业科技成果试验示范的土地和设施，应当予以保障，并在资金等方面给予支持。

农业研究开发和技术推广机构、院校科技人员可以依法经营销售包括种子在内的自行或者合作研究开发的产品。

经省人民政府有关部门批准，对国家拥有的农业科技成果及与国计民生密切相关的社会公益性科技成果，有条件的单位可以无偿使用。

第三十八条　县级以上地方人民政府及其有关部门应当落实研究开发费用税前加计扣除、仪器设备加速折旧、技术合同认定、高新技术企业所得税优惠等政策，支持和引导企业增加研发投入，开展科技成果转化活动。

国有企业对科技成果转化的经费投入，按照国家和本省的有关规定，在经营业绩考核中视同于利润。

第三十九条　在科技成果转化活动中，单位负责人根据法律法规和本单位依法制订的规章制度，履行了民主决策程序、合理注意义务和监督管理职责的，视为已履行勤勉尽责义务。

通过技术交易市场挂牌交易、拍卖等方式确定价格，或者通过协议定价、第三方评估定价并按规定公示拟交易价格，单位负责人已履行勤勉尽责义务且没有牟取非法利益的，免除单位负责人因科技成果转化后续价值变化产生的决策责任。

研究开发机构、高等院校等事业单位以科技成果对外投资实施转化活动，已履行勤勉尽责义务且没有牟取非法利益仍发生亏损的，经主管部门会同财政部门审核后，不纳入国有资产对外投资保值增值考核范围，按照科技成果转化投资损失免责办理亏损资产核销手续。

第四十条 建立健全促进科技成果转化的绩效考核评价体系和知识价值导向的收入分配机制，将科技成果转化经济社会效益量化指标作为对相关单位和人员考核和奖励的重要依据。具体办法由省人民政府科学技术行政部门会同有关部门另行制定。

第四十一条 省人民政府人力资源和社会保障、科学技术、教育以及其他有关部门应当建立符合科技成果转化工作特点的职称评审制度，职称评审依据应当包括专利创造、标准制定及科技成果转化情况等内容。

科技人员参与职称评审与岗位考核时，科技成果转化应用情况与论文指标，技术转让成交额与课题指标应当同等对待。

第五章 技术权益

第四十二条 职务科技成果的权属单位组织实施科技成果转化时，应当保障科技成果完成人和参加人的知情权，并按照规定或者与科技人员的约定，给予奖励和报酬。

第四十三条 研究开发机构、高等院校等事业单位转化科技成果所获得的收入全部留归本单位，纳入单位预算。扣除对完成和转化职务科技成果做出重要贡献人员的奖励和报酬后的剩余部分，应当主要用于科学技术研发与成果转化等相关工作。

第四十四条 研究开发机构、高等院校等事业单位依法对完成、转化职务科技成果做出重要贡献的人员给予奖励时，按照下列规定执行。

（一）以技术转让或者许可方式转化职务科技成果的，应当从技术转让或者许可所取得的净收入中提取不低于 70% 的比例用于奖励；

（二）以职务科技成果作价投资实施转化的，应当从作价投资取得的股份或者出资比例中提取不低于 70% 的比例用于奖励；

（三）自行实施或者与他人合作实施职务科技成果的，在实施转化成功投产后，可以从开始盈利的年度起连续五年，每年从实施该项科技成果的营业利润中提取不低于10%的比例用于奖励。

研究开发机构、高等院校等事业单位对完成、转化职务科技成果的主要贡献人员给予奖励的份额不低于奖励总额的70%。

研究开发机构、高等院校等事业单位可以在科技成果转化过程中，奖励科技成果完成人一定比例的科技成果权属份额，取得科技成果权属份额的科技成果完成人不再参与该项科技成果转化后单位所获收益的分配。科技成果完成人要求按照前两款规定获取奖励的除外。

本条第一款所称净收入是指技术合同的实际成交额扣除成本和税金后的余值，其中前期项目研发投入不列入成本。

第四十五条　研究开发机构、高等院校等事业单位以市场委托或者政府采购方式取得的技术开发以及在科技成果转化工作中开展的技术咨询、技术服务、技术培训等技术活动收入，纳入单位财务管理，扣除成本支出后，可以对完成项目的科技人员给予奖励。

第四十六条　财政性资金资助形成的职务科技成果的权属单位及其科技成果完成人和参加人，应当促进职务科技成果转化。

财政性资金资助的职务科技成果完成人和参加人在不变更职务科技成果权属的前提下，可以根据与成果所有单位的协议进行该项科技成果的转化。

研究开发机构、高等院校等事业单位未与科技成果完成人签订转化实施协议，且在专利授权后或者在科技成果登记备案后超过一年未组织实施转化的，科技成果完成人可以自行实施或者与他人合作实施该项科技成果，并享有不低于本条例规定的转化收益。

第四十七条　研究开发机构、高等院校等事业单位及其所属具有独立法人资格的单位负责人，是职务科技成果主要完成人，或者对职务科技成果转化做出直接重要贡献的，可以按照有关规定获取奖励和报酬。

第四十八条　鼓励国有科技型企业对在科技成果转化中做出重要贡献的技术人员和经营管理人员实施股权和分红激励。

对研究开发机构、高等院校等事业单位以科技成果作价入股的企业，在其股权奖励和股权出售的激励总额中，用于股权奖励的部分可以超过激励总额的50%。

第四十九条　研究开发机构、高等院校等事业单位科技成果转化以及本条例第四十五条规定的奖励和报酬支出，计入当年本单位工资总额，但不受当年本单位工资总额限制、不纳入本单位工资总额基数。

第六章　法律责任

第五十条　国家机关工作人员在科技成果转化活动中不履行法定职责，有下列行为之一的，由任免机关或者监察机关对直接负责的主管人员和直接责任人员依法给予处分；构成犯罪的，依法追究刑事责任。

（一）阻碍、干扰科技成果转化活动，造成严重后果的；

（二）泄露国家秘密、他人商业秘密或者侵犯知识产权的；

（三）截留、挪用、贪污科技成果转化资金的；

（四）包庇他人骗取科技成果转化奖励资金的；

（五）其他滥用职权、玩忽职守、徇私舞弊的。

第五十一条 科技成果转化专业服务机构及其从业人员违反本条例的规定，故意提供虚假信息、实验结果或者评估意见等欺骗当事人，或者与当事人一方串通欺骗另一方当事人的，由县级以上地方人民政府有关部门责令改正，没收违法所得，并处以违法所得1倍以上3倍以下的罚款；没有违法所得的，处以10万元以下的罚款；情节严重的，由工商行政管理部门依法吊销营业执照；造成他人经济损失的，依法承担民事赔偿责任；构成犯罪的，依法追究刑事责任。

第五十二条 研究开发机构、高等院校等事业单位以及成果研发团队或者完成人违反法律规定，未提交科技报告、汇交科技成果和相关知识产权信息的，由主管部门责令改正；拒不改正的，给予通报批评，记入科研诚信档案，禁止其3年内承担利用本省财政性资金设立的科技项目。

第五十三条 在科技成果转化活动中骗取奖励、报酬和荣誉称号的，由县级以上地方人民政府有关部门依照规定取消该奖励、报酬和荣誉称号，并处以骗取的奖励和报酬数额1倍以上、3倍以下的罚款；构成犯罪的，依法追究刑事责任。

第七章 附 则

第五十四条 驻闽研究开发机构、高等院校承担本省财政性资金资助项目开展科技成果转化活动的，参照本条例有关规定执行。

第五十五条 本条例自2018年1月1日起施行。2000年9月21日福建省第九届人民代表大会常务委员会第二十一次会议通过的《福建省促进科技成果转化条例》同时废止。

附录 10　海南省优化科研管理提升科研绩效若干措施

为贯彻落实习近平新时代中国特色社会主义思想，深入践行创新发展理念，大力实施创新驱动战略，建立符合科研规律的科技创新管理制度，着力破除体制机制障碍，赋予科研人员更大自主权，最大程度释放科技创新活力，为海南自由贸易试验区和中国特色自由贸易港建设打下坚实的创新基础，根据《国务院关于优化科研管理提升科研绩效若干措施的通知》（国发〔2018〕25 号）精神，结合海南实际，制定以下措施。

一、优化科研项目管理

（一）加强科研管理信息化建设。以省级科技业务综合管理系统为基础，完善全省统一的省级财政科技计划项目管理系统，将省级财政科技计划项目全部纳入管理；按管理权限向行业主管部门、项目管理专业机构、项目承担单位、科研人员等开放，实现全省财政科技计划项目全过程管理信息化。鼓励科研院所、高等院校等科研单位开发和应用科研和财务一体化的科研项目管理信息系统，实现科研资金预算、调整、报销、核算、绩效发放等全过程管理。（责任单位：省科技厅、省财政厅、省社科联，各科研院所、高等院校）

（二）优化项目形成机制。探索建立符合科研规律的项目分类形成机制，省级财政科技计划项目一般采取公开竞争方式立项；战略性、前瞻性、急需性的重大科技项目、重大政策研究项目，可采取定向择优或定向委托方式立项；对符合未来国家和海南省规划布局的重大科技基础设施、创新平台等项目，可采取“一事一议”的方式立项；对事关全省重点产业发展的重大共性关键技术难题，可试行采取招标方式立项；对公益类基础研究项目，可采用稳定支持方式立项；目标明确的应用型科研项目，可实行合同制管理和政府购买服务方式立项。（责任单位：省科技厅、省社科联）

（三）优化科研项目申报。精简申报要求，减少不必要的申报材料，凡在省政府共享大数据中能查找的资料，不重复要求项目单位提供。优化科研项目材料申报，可通过省级财政科技计划项目管理系统认证的材料，可不提供纸质材料，逐步推行无纸化不见面申报。对科研信用良好的单位和科研人员，实行容缺受理，先报后补。（责任单位：省科技厅、省社科联）

（四）优化检查方式。建立科研项目监督检查统筹协调制度，在相对集中时间开展联合监督检查，充分利用大数据等信息技术提高监督检查效率，避免在同一年度对同一项目重复、多头监督检查，对同一科研项目，实行监督检查结果互认，省有关部门可直接运用相关监督、检查结果，大幅度减少对科研项目实施周期内的各类评估、检查、抽查等。基础研究项目和实施周期 3 年以下（不含 3 年）的项目以承担单位自我管理为主，一般不开展过程检查，项目管理办法有具体规定的，按其规定执行。全面推行“双随机、一公开”检查，合理确定检查比例。（责任单位：省科技厅、省社科联）

（五）推广综合验收。在省级财政科技计划项目验收中合并财务验收和技术验收，由项目主管单位或委托项目管理专业机构依据任务书在项目实施期结束后进行综合验收。财政资助经费 50 万元（含 50 万元）以上的项目，项目承担单位可自主选择具有资质的会计师事务所进行项目财务验收审计；财政资助经费 50 万元以下的项目，鼓励项目承担单位自主选择具有资质的会计师事务所或利用本单位内部审计机构进行项目财务验收审计，其财务审计材料作为项目综合验收的重要依据。（责任单位：省科技厅、省社科联）

（六）规范科研项目财务审计。制定省级财政科技计划项目财务验收审计指引，明确注册会计师事务所开展省级财政科技计划项目财务审计工作要求和技术规范，加强对会计师事务所监督，提高科研项目财务审计质量。对会计师事务所出具的财务审计报告或结论，有关部门可以直接使用，原则上不再进行重复检查。（责任单位：省科技厅、省社科联）

（七）全面实行学术助理和科研财务助理制度。各科研院所、高等院校等科研单位应建立学术助理和科研财务助理制度，可自主选择固定岗位、短期聘用、第三方外包等方式，设立学术助理和科研财务助理，所需费用可在项目承担单位日常运转费用、相应科研项目劳务费或间接费用中列支。（责任单位：各科研院所、高等院校）

（八）探索国际化的科研项目合作管理制度。试行省级财政科技计划对外开放政策，允许符合条件的在国内注册外资机构和与我国有长期合作关系的境外科技人员承担除涉及国家安全以外的科研项目，充分利用好全球科技创新资源。在部分对外合作的科技专项试行科研经费、科研设备和材料跨境使用，探索开放的国际科技合作制度。（责任单位：省科技厅）

二、充分下放管理权限

（九）扩展技术路线决策权。赋予科研人员自主选择和调整技术路线的权利。科研项目申报期间，以科研人员提出的技术路线为主进行论证；科研项目实施期间，科研人员可以在研究方向不变、不降低考核指标的前提下自主调整研究方案和技术路线。科研项目负责人可以根据项目需要，在申报期间按规定自主组建科研团队；结合项目进展情况，在实施期间按规定进行相应调整，并在遵守科研人员限项规定及符合诚信要求的前提下自主调整项目骨干、一般参与人员。相关调整事项报项目承担单位审批，并在项目单位内部进行公开。上述调整可作为项目验收、评估评审等依据。（责任单位：省科技

厅，各项目承担单位）

（十）优化预算管理。试行综合预算编制管理，优化科研项目直接费用和间接费用预算编制科目，将直接费用中的预算科目缩减归并为设备费、材料费 / 测试化验加工费 / 燃料动力费 / 出版 / 文献 / 信息传播 / 知识产权事务费、劳务费 / 专家咨询费、差旅费 / 会议费 / 国际合作与交流费以及其他费用，间接费用中的预算科目调整为管理费和绩效支出。简化预算编制管理，采取定额补助方式支持的科研项目（50 万元以下，不含 50 万元），由项目承担单位在立项时按照科研项目资金与研究任务相匹配原则，根据科研活动实际需要编制财政科研项目预算，只需编制一级费用科目，不需提供详细的测算依据。在总预算不变的情况下，科研人员可根据科研活动实际需要自主调整直接费用除设备费以外的全部科目支出数额及比例，调整事项报项目承担单位审批。项目承担单位应完善管理制度，及时为科研人员办理调剂手续，并在单位内部进行公开。鼓励项目单位先行投入项目研发，可追溯确认前期预研和筹备的经费投入，作为项目单位自筹部分确定项目预算，追溯期从项目立项之日起至项目申报之日止，最长不超过 6 个月。（责任单位：省科技厅、省财政厅、省社科联，各项目承担单位）

（十一）拓宽直接费用列支范围。选择部分省级财政科技计划专项进行试点，对没有财政工资性拨款的科研院所等科研单位在承担科研项目时，可参照相关部门公布的同类人员工资水平，使用科研项目经费列支项目组人员工资，其他单位不得在财政科研项目经费中开支人员工资和福利。在省级财政科技计划项目中，劳务费不设比例限制，由项目承担单位和科研人员据实编制，参与项目研究的高校学生、博士后、访问学者以及项目聘用的科研人员和科研辅助人员等，均可开支劳务费，其“五险一金”纳入劳务费科目列支。科研单位邀请国内外专家、学者和有关人员参加由其举办的与项目实施相关的会议，所发生的交通费、住宿费、餐饮费、国际旅费等，可在差旅费 / 会议费 / 国际合作与交流费中列支。（责任单位：省科技厅、省财政厅）

（十二）提高间接费用比例，拓宽间接费用使用范围。试点在对设备依赖程度低和实验材料耗费少的基础研究、软件开发、集成电路、软科学、哲学社会科学等智力密集型项目中，提高间接费用比例，500 万元以下的部分不超过 30%，500 万～1 000 万元的部分不超过 25%，1 000 万元以上的部分不超过 20%。对数学等纯理论研究项目和哲学社会科学项目，可根据实际情况将间接费用比例再提高 10%～20%。间接费用绩效支出在项目承担单位绩效工资总量中单列，不计入单位绩效工资总量基数，实际参与课题研究项目组成员，可据贡献量分配科研项目绩效。（责任单位：省科技厅、省财政厅、省人力资源社会保障厅、省社科联，各项目承担单位）

（十三）下放财务管理权限。科研院所、高等院校等科研单位需根据科研工作实际需要，按照精简高效、厉行节约的原则，研究制定差旅费、会议费管理办法和内部报销制度，合理确定科研人员乘坐交通工具等级和住宿费用标准，以及按照会议次数、天数、人数设定会议费开支范围和标准。对野外考察、心理测试等科研活动中确实无法取得税务发票或财政票据的，在确保真实的前提下，可自制凭证据实报销并附上相关证明材料。科研项目经费支出审批权限下放给项目负责人，确实需要项目承担单位审批的，精简审批层级。（责任单位：各科研院所、高等院校）

（十四）创新采购机制。对科研工作急需的设备和耗材，科研院所、高等院校等科研单位可不采用公开招标、邀请招标采购方式，自行选择竞争性谈判、询价、竞争性磋商方式采购。对于需要采取单一来源方式采购独家代理或生产的仪器设备、耗材的，由科研院所、高等院校按程序确定，不再报财政部门审批。所购限额标准以下的设备、耗材，不属于政府采购范围的，可按本单位内部管理规定自行购买。项目单位应切实做好设备采购的监督管理，按程序公开相关采购信息。（责任单位：省财政厅、省教育厅，各科研院所、高等院校）

（十五）自主规范管理横向委托项目。科研院所、高等院校等科研单位通过市场方式取得的横向委托项目，纳入单位财务统一管理。横向委托项目由项目承担单位按照合同约定实施，自主确定使用范围和标准以及分配方式，按合同约定或实际发放参与项目的科研人员绩效支出在本单位绩效工资总量中单列，不计入单位绩效工资总量基数。横向委托项目完成后获得的净收入，如合同约定分配事项，则按合同约定提取报酬；如无合同约定，允许归项目组成员自主分配并依法缴纳所得税。（责任单位：各科研院所、高等院校）

三、加大激励力度

（十六）试点实行承担重大科研攻关任务领衔人员年薪制。试点对全时全职承担重大技术攻关、科技成果转化或平台建设任务的项目负责人实行一项一策、清单式管理和年薪制。年薪所需经费允许在省级财政科技计划经费中列支并单独核算，在本单位绩效工资总量中单列，单位当年绩效工资总量相应增加。项目承担单位应在项目立项时确定人员名单和年薪标准，并列入预算，立项后报省人力资源社会保障厅、省财政厅备案。（责任单位：省人力资源社会保障厅、省财政厅，各科研院所、高等院校）

（十七）赋予科研人员职务科技成果所有权或使用权。对于接受企业、其他社会组织委托项目形成的职务科技成果，允许合同双方自主约定成果归属和使用、收益分配等事项；合同未约定的，在不影响国家安全、国家利益和公共利益的前提下，由单位按照权利与责任对等、贡献与回报匹配的原则，职务科技成果由项目承担单位自主处置，允许赋予科研人员所有权、长期使用权或收益权。对利用财政资金形成的职务科技成果，在不影响国家安全、国家利益、社会公共利益的前提下，赋予科研人员长期使用权和收益权。（责任单位：省科技厅，各科研院所、高等院校）

（十八）强化科技成果转化激励。科研院所、高等院校等科研单位，职务科技成果转化获得纯收益用于奖励研发团队的比例不低于70%，不超过95%。科研人员获得的现金激励，计入当年本单位绩效工资总量，但不受总量限制，不纳入绩效工资总量基数。其他转化收益不纳入单位绩效工资总量基数和工资总额基数管理范畴，国家另有规定的，从其规定。对非营利性科研院所、高等院校等单位的科研人员，通过科研与技术开发所创造的专利技术（含国防专利）、计算机软件著作权、集成电路布图设计专有权、植物新品种权、生物医药新品种等职务科技成果，在相关单位取得转化收入后3年内发放的现金奖励，减半计入科技人员当月个人工资薪金所得征收个人所得税。（责任单位：省人力资源社会保障厅、省税务局，各科研院所、高等院校）

（十九）建立法人担当激励机制。主管部门要把落实省级科研管理改革政策落实情况作为考核所属科研院所、高等院校等科研单位的重要内容。对于落实省级科研管理改革政策到位、创新绩效突出的科研院所、高等院校等科研单位，在省级财政科技计划和人才项目、科技创新基地建设等方面给予倾斜支持。对前沿基础研究类、公益性研究类机构加大经常性经费的稳定支持力度。（责任单位：省科技厅、省教育厅）

（二十）建立科研创新容错免责机制。建立激励科研创新宽容失败免责机制，区分科研创新、探索性试验中的无意过失与明知故犯、失职渎职、谋取私利等违纪违法行为。对在科技体制改革和科技创新过程中出现的偏差失误，只要不违反党的纪律和国家法律法规，勤勉尽责、未谋私利，能够及时纠错改正的科技管理部门、科研院所、高等院校等单位及从事科技管理和科研人员，不做负面评价，免除相关责任或从轻减轻处理。科研院所、高等院校等科研单位通过挂牌交易、拍卖或协议定价成交科技成果，单位领导和部门在勤勉尽责、没有牟取非法利益的前提下，免除其在科技成果定价中因科技成果转化后续价值变化产生的决策责任；采取作价入股方式转移转化科技成果，对已勤勉尽责的，主管部门不将其纳入资产增值保值考核范围。对勤勉尽责但因技术路线选择失误导致难以完成预定目标的单位和科研人员予以免责。（责任单位：省科技厅、省教育厅、省财政厅等，各科研院所、高等院校）

四、加强绩效管理

（二十一）推动项目管理从重数量、重过程向重质量、重结果转变。省级财政科技计划要按照分类评价要求提出项目绩效目标。目标导向类项目申报书和任务书要有科学、合理、具体的项目绩效目标和适用于考核的结果指标，并按照关键节点设定明确、细化的阶段性目标，用于判断实质性进展；立项评审应审核绩效目标、结果指标与指南要求的相符性，以及创新性、可行性、可考核性，实现项目绩效目标的能力和条件等；要加强项目关键环节考核，项目实施进度严重滞后或难以达到预期绩效目标的，及时予以调整或取消后续支持。（责任单位：省科技厅、省社科联）

（二十二）实行分类评价。建立以质量和贡献为导向的绩效评价体系，准确评价科研成果的科学价值、技术价值、经济价值、社会价值、文化价值。基础研究与应用基础研究类项目重点突出原创性和科学价值，技术和产品开发类项目重点突出技术价值和应用价值，应用示范类项目重点突出经济社会价值。开展“唯论文、唯职称、唯学历”问题集中清理，相关部门要对项目、人才、学科、基地等科技评价活动中涉及简单量化的做法进行清理。（责任单位：省科技厅、省教育厅、省财政厅，各科研院所、高等院校）

（二十三）强化结果应用。强化契约精神，严格依据项目合同书、协议等开展综合绩效评价，对绩效目标实现程度作出明确结论，不得“走过场”。把绩效评价结果作为项目调整、后续支持的重要依据，作为科研人员、管理人员和项目承担单位、项目管理专业机构业绩考核的参考依据。对绩效评价优秀的，在后续项目支持、表彰奖励等工作中给予倾斜。（责任单位：省科技厅、省教育厅）

（二十四）全面推行科研诚信制度。加强科研活动全流程诚信管理，在科研项目、创新载体平台、科技奖励、科技人才等管理工作中全面推行科研诚信承诺制度，建立覆盖项目负责人、项目组成员、评审专家等自然人，项目承担单位、项目管理专业机构、评估机构、科研服务机构等法人的科研诚信管理体系。建立守信激励和失信惩戒机制，实施科研诚信“黑名单”制度，对失信行为加大惩戒力度，对严重失信行为实行终身追究，一经发现，随时调查处理。（责任单位：省科技厅、省教育厅、省工业和信息化厅、省人力资源社会保障厅、省科协、省社科联）

（二十五）建立健全信息公开制度。除涉密及法律法规另有规定的，主管部门应按规定及时向社会公开科研项目的相关信息，接受社会监督。项目承担单位应建立信息公开制度，在单位内部公开科研项目立项、主要研究人员、财政资金使用情况，技术路线、直接费用、科研团队调整情况，项目终止和验收、仪器设备及材料采购、专家咨询及差旅费用、参与项目的科研人员绩效支出、学术和财务助理支出情况等，接受内部监督。（责任单位：省科技厅，各科研院所、高等院校）

五、明确各方责任

（二十六）行政部门要加强监督指导。省有关部门要督促和指导项目承担单位做好科研项目管理改革配套制度建设，对落实情况进行通报。探索常态化科研管理工作督查制度，针对科研项目管理、配套制度建设等进行重点督查。加强科研项目监督、检查等信息共享互认。（责任单位：省科技厅、省财政厅、省教育厅、省社科联）

（二十七）项目承担单位要落实管理主体责任。项目承担单位应对本单位科研管理负主体责任，强化内部监督管理机制，切实履行在项目申请、组织实施、验收和资金使用等方面的管理职责。要制定规范便捷的技术路线调整、直接费用调整、间接费用使用、结转结余资金留用处理、设备自主采购管理、成果转化、横向课题管理等制度。要落实科研管理改革政策，推进科研管理“一站式”服务。建立内部风险防控机制，强化资金使用绩效评价，确保资金使用安全规范高效。（责任单位：各项目承担单位）

（二十八）科研人员要落实承担主体责任。科研人员应勤勉尽责，强化责任和诚信意识，不弄虚作假，认真完成科研任务，对科研成果的真实性、完整性负责。科研人员应厉行节约，依法依规开展科研活动，出现新情况、新问题应及时与项目承担单位和行业主管部门沟通。（责任单位：各项目承担单位）

六、完善保障机制

（二十九）加强组织领导。定期召开省级财政科技计划管理厅际联席会议，协调解决科研管理中存在的突出问题。相关部门和单位要加快科研领域“放管服”改革，优化管理与服务，提升效率，加强事中事后监管，守好底线，营造良好的管理创新环境。（责任单位：省科技厅、省财政厅，各项目承担单位）

（三十）落实责任分工。相关主管部门应主动担当，大胆创新，督促检查相关改革事项落实情况。项目承担单位应根据文件要求，制定详细内部管理细则，打通科研创新“最后一公里”。（责任单位：省科技厅、省财政厅、省教育厅，各项目承担单位）

（三十一）营造良好氛围。加强科研创新政策宣传力度，大力开展政策解读和宣讲活动，把相关政策宣传好，营造科研创新的浓厚氛围和良好环境。（责任单位：省科技厅、省教育厅，各项目承担单位）

参考文献

白春礼，2011. 科研事业单位人力资源管理研究与实践探索 [M]. 北京：科学出版社 .

蔡利超，2019. 广东科技创新绩效分析——基于 2014 — 2018 年广东 SCI 论文产出统计数据 [J]. 广东科技，28（12）：37–42.

曹坤华（2016–11–29）. 用活用好有限的财政科技经费 [EB/OL].[2020–12–25]. https：//www. sohu. com/a/120175193_162758.

曹栎，孔建，常红娟，2016. 农业科研单位科研管理创新性探讨——以陕西省杂交油菜研究中心为例 [J]. 农业科技管理，35（4）：29–31.

程静，牛艳，冀宪武，2018. 新形势下农业科研管理路径探索研究——以山西省农业科学院为例 [J]. 农业科技管理，37（2）：15–17，41.

成文东，2017. 广西高校科研经费管理机制管理现状与对策分析 [J]. 企业管理（3）：36–37.

楚小强，秦涵淳，单国燕，等，2014. 农业科研院所科研项目管理探讨——以中国热带农业科学院环境与植物保护研究所为例 [J]. 热带农业工程，38（5）：47–51.

邓永权，2019. 科研绩效管理若干问题的研究 [J]. 科技管理研究（6）：100–107.

董文伟，朱李根，2016. 我国绩效管理研究综述 [J]. 法制博览（24）：220–222.

杜霖春，董丽晶，2016. 新时期农业科研管理创新发展的思考 [J]. 管理观察（7）：22–23.

都市时报（2018–03–30）. 云南发布人才新政：经费 3 000 万、配偶子女可直聘事业单位 [EB/OL].[2020–12–26]. http://www. chinagwy. org/html/gdzk/yunnan/201803/78_238472. html.

范瑞泉，2015. 高校省级重点实验室科技创新能力提升的对策分析——基于中山大学（医科）广东省重点实验室的研究 [J]. 科技管理研究，24（35）：99–102.

福建省统计局，国家统计局福建调查总队，2020. 福建统计年鉴 2019[M]. 北京：中国统计出版社 .

高彩红，杨璞，2016. 新时期农业科研管理创新发展思考 [J]. 农民致富之友（20）：99.

龚旭，夏文莉，2003. 美国联邦政府开展的基础研究绩效评价及其启示 [J]. 科研管理（2）：1–8.

顾雁峰，2011. 美国政府科技经费监督与绩效评价 [J]. 全球科技经济瞭望，26（6）：58–67.

广西日报（2013–02–01）. 广西科技迈向国际合作更高层 提升科技国际化水平 [EB/OL]. [2020–12–20]. http://www. gov. cn/gzdt/2013–02/01/content_2324734. htm.

广西日报（2019–05–17）. 广西出台首个港澳台人才引进专项计划 [EB/OL]. [2020–12–20]. http://www.

gxzf. gov. cn/sytt/20190517-748152. shtml.

广西新闻网（2019-01-23）. 创新撬动活力广西——2018 年全区科技创新工作亮点回眸 . [EB/OL]. [2020-12-20].http://www. gxnews. com. cn/staticpages/20190212/newgx5c627100-18031133. shtml?pcview=1.

还红华，刘钦，周明月，2017. 以重大成果产出为导向创新科研管理的实践与思考——以江苏省农业科学院为例 [J]. 农业科技管理，36（1）：57-60.

韩立英，武菊英，范希峰，2019. 农业科研院所科技管理创新存在的问题及对策 [J]. 现代农业科技（20）：240-241.

郝少盼，陈达，2019. 高校科技成果转化现状与对策探析 [J]. 科技创新导报，16（33）：244-245.

何健南，2015. 农业科研管理的创新问题 [J]. 北京农业（33）：198-199.

胡八一，2010. 高绩效革命：提升公共部门绩效的钥匙 [M]. 北京：中国致公版社.

胡铭，2007. 质量管理学 [M]. 武汉：武汉大学出版社 .

黄如鑫，2008. 新时期农业科研管理工作的难点与对策 [J]. 安徽农学通报（14）：155-156，161.

吉晓芹，姜爱兰，俞路，等，2010. 新时期农业科研管理工作存在的问题及对策 [J]. 现代农业科技（18）：361-362，364.

纪军，黄朝英，2017. 国内外科技项目管理对比研究 [J]. 创新科技（1）：66-68.

江笑颜，李栋亮，2016. 多层次、智能化的项目评审专家管理体系构建研究——基于广东科研项目评审专家管理的优化 [J]. 科技管理研究（16）：212-217.

姜德福，梁美萍，2018. 国外农业科研管理改革及对我国的启示 [J]. 农业开发与装备（8）：57.

姜德福，2016. 新时期农业科研管理工作存在的问题及对策 [J]. 农业开发与装备（7）：99.

姜桂兴，2018. 英国面向 2030 年的科技创新政策研究 [J]. 全球科技经济瞭望，33（1）：1-6.

孔伟丽，薄茜，郑志灵，等，2016. 基于战略导向的科研事业单位绩效管理探析——以中国水产科学研究院为例 [J]. 农业科研经济管理（2）：2-5.

孔伟丽，孙慧武，莽琦，等，2016. 浅谈公益性农业科研单位绩效管理 [J]. 中国渔业经济，34（1）：107-112.

李东璠，2019. 逆全球化下广东科技创新能力建设研究 [D]. 广州：广东社会科学院.

李国锋，邹轶，孙立宏，2015. 从科研管理角度浅谈科研团队建设——以江苏省农业科学院为例 [J]. 农业科技管理，34（6）：91-93.

李继怀，金永龙，2009. 机制创新：高校科研绩效评价体系的构建 [J]. 现代教育管理（6）：35-38.

李建丽，2006. EVA 和平衡计分卡对企业绩效评价的贡献 [J]. 交通企业管理（7）：18-19.

李巨光，李璐，2009. 科研院所绩效管理的难点与对策 [J]. 中国人才（23）：69 70.

李俊霖，马蔚蔚，蔡小薇，2018. 高校科研项目绩效评价的现状及优化策略探析 [J]. 高校管理（9）：105-106.

李开林，2018. 关于促进广西财政科研管理工作的思考 [J]. 经济研究参考（29）：49–52.
李敏，2017. 云南柔性引才用才机制研究 [J]. 决策探索（11）：18–19.
李强，李晓轩，2007. 美国国家科学基金会的绩效管理与评价实践 [J]. 中国科技论坛（6）：133–139.
李尚民，窦新红，童海兵，等，2015. 地方农业科研院所创新科研管理的思路探讨 [J]. 农业科技管理，34（1）：28–30.
李雅静，冯楠，李燕，等，2020. 高校科研管理存在的问题剖析及对策建议 [J]. 课程教育研究（4）：249，250.
李妍，韩莉娜，2020. 广东科技创新体制机制若干突出问题及建议 [J]. 科技中国（4）：78–81.
李妍，幸雯，2018. 广东科技创新指数构建与评价研究 [J]. 科技管理研究，38（20）：98–103.
李燕萍，黄霞，郭玮，2011. 英国科研经费使用支出管理对我国的启示 [J]. 中国城市经济（11）：68–69.
李张华，2019. 简谈科研项目经费管理使用中存在的问题与对策 [J]. 云南科技管理，32（4）：22–24.
林连升，孔伟丽，周状，等，2013. 科研院所绩效管理创新实践——以中国水产科学研究院为例 [J]. 中国渔业经济，31（6）：64–68.
刘东，2015. 四川科技服务业现状、问题及发展对策研究 [J]. 资源开发与市场，31（10）：1 233–1 234，1 276.
刘小燕，2013. 基于灰色关联分析的海南科技投入与经济增长实证研究 [J]. 长春理工大学学报（社会科学版），26（1）：102–103，120.
刘友梅，樊军，杨立军，2019. 新时期农业科研管理存在的问题及对策 [J]. 湖北农业科学，58（S2）：460–462.
卢劲梅，何炎森，陈玉水，2015. 探究农业科研管理存在的问题及改善建议 [J]. 福建热作科技，40（3）：65–67.
卢劲梅，林国容，陈玉水，2018. 新时期农业科研管理创新发展的思考 [J]. 福建热作科技，43（1）：67–70.
卢振举，2007. 科研机构学科带头人绩效考核办法与实践 [J]. 科研管理（S1）：121–125.
罗红霞，曹建华，王玲玲，2013. 2003—2008 年海南农业科研经费的投入现状与对策建议 [J]. 贵州农业科学，41（8）：228–231.
罗劲梅，李德芳，2009. 农业科研机构绩效考核指标设计建议 [J]. 管理观察（12）：226–227.
罗莎莎，刘德娟，曾玉荣，2018. 公益类科研院所绩效评价研究综述 [J]. 农业科技管理，37（6）：71–75.
吕亮雯，2012. 广东基础研究经费支出现状分析与建议——全省第二次 R&D 资源清查数据分析 [J]. 广东科技（2）：1–2.
孟溦，刘智渊，2009. 英国研究理事会绩效管理与评价 [J]. 中国科学基金，23（4）：247–252.

穆德智，尹卫，2012. 浅议国外农业科研管理体制和机制 [J]. 青海农林科技（1）：34-36.

戚湧，李千目，2009. 科学研究绩效评价的理论与方法 [M]. 北京：科学出版社 .

人民网（2016-11-02）. 广西：高层次人才将分为五个层次 [EB/OL]. [2020-5-30] . https：www. sohu. com/a/117983539_114731.

申红芳，廖西元，胡慧英，2010. 农业科研机构科技产出绩效评价及其影响因素分析 [J]. 科研管理，31（6）：126-135，150.

沈银书，2015. 关于农业科研院所推行绩效管理的几点思考 [J]. 江苏农业科学，43（12）：591-594.

孙敏杰，王超，李瑞春，2019. 加强农业科研院所科研管理工作的思考——以辽宁省经济作物研究所为例 [J]. 辽宁农业科学（3）：74-76.

田红英，2016. 新时期农业科研管理创新发展思考 [J]. 农业与技术，36（12）：159.

汪秀华，张以山，邓庆飞，等，2010. 农业科研院所科研项目管理工作探讨 [J]. 农业科技管理，29（6）：58-60.

王春敏，何瑞，2019. 浅谈农业科研管理工作存在的问题及对策 [J]. 天津农林科技（6）：43-44.

王福军，吴志刚，王虹，等，2008. 浅析农业高校科研管理机制存在的问题及其对策 [J]. 农业科技管理（1）：49-51.

王化成，刘俊勇，2004. 解析瑞蚨祥的业绩评价和激励机制 [J]. 新理财（1）：60-63.

王莉莉，2020. 高校科研管理信息化中的问题和对策分析 [J]. 中国校外教育（2）：48-49.

王前文，张立琴，2018. 加快云南省高层次科技创新人才发展的对策建议 [J]. 理论与实践（2）：148.

王庆波，2005. 浅谈美国政府绩效法与国家科研机构兼论对我国科技政策的启示 [J]. 中国科技信息（5）：38.

王曙文，蔡红岩，刘洪霞，等，2010. 创新科研管理模式促进农业创新能力的提高 [J]. 农业科技管理，29（5）：56-58.

王伟安，夏海英，2008. 农业科研事业单位绩效考核评价体系探讨 [J]. 农业科研经济管理（4）：15-18.

王芸芸，2016. 农业科研管理存在的问题及相应对策 [J]. 天津农业科学，22（10）：148-151.

王梓，2020. 高校科研管理问题与策略研究 [J]. 交流与探讨（254）：83-84.

吴德，2007. 激励机制引导：人力资源优化的创新策略 [J]. 学术交流（7）：187-189.

吴建南，马亮，郑永和，2009. 科学基金国际评价如何报告绩效——关于日本学术振兴会绩效报告的叙事分析 [J]. 科学与科学技术管理（12）：57-61，71.

夏伏建，2019. 新时代农业科研管理存在的问题及对策 [J]. 新农业（7）：104.

肖愚，2008. 科研院所绩效考核的问题、原因和对策 [J]. 中小企业管理与科技（29）：36-37.

徐晓霞，2003. 中国科技资源的现状及开发利用中存在的问题 [J]. 资源科学（5）：83-89.

颜敏，2009. 美国国立卫生研究院（NIH）绩效管理研究 [J]. 医学信息学杂志，30（6）：38-41.

杨永坤，赵华，2013. 对创新视阈下农业科研机构科研管理体制机制创新的思考 [J]. 农业科技管理，32

（5）：16–18.
杨煜，2010. 对科研院所科研管理创新思路的探讨 [J]. 科技资讯（26）：233.
杨哲欣，2011. 科研人员人力资源管理的现状与对策 [J]. 河北青年管理干部学院学报，23（2）：39–41.
杨振锋，陆致成，陈亚东，等，2014. 国外果树科研机构及管理体制 [J]. 农业图书情报学刊，26（6）：15–17.
叶青，2014. 广东科研项目将实现“痕迹”管理 加强监管，实行科研项目分类管理 [J]. 广东科技（19）：45–46.
岳冬冬，王鲁民，2013. 我国渔业发展战略研究现状分析与初步思考 [J]. 中国农业科技导报，15（4）：168–175.
岳佩琪，2020. 科技创新背景下高校科研管理创新研究 [J]. 科技传播，12（4）：166–167.
曾榆婷，2014. 广东科研机构现代项目管理的研究 [J]. 科技管理研究（11）：70–74.
张爱宁，李晓玲，2013. 地方科研院所创新发展绩效评价方法研究——以甘肃省属科研院所为例 [J]. 科研管理，34（S1）：31–38.
张幗俊，李容容，2017. 中美农业科研管理体制比较研究 [J]. 世界农业（3）：110–114.
张行易，杨阳，李希，等，2019. 英、美国立医学科研机构绩效评价体系的比较及借鉴 [J]. 科技导报，37（9）：75–86.
张立颖，赵萌，高亮，等，2019. 浅谈农业科研院所科研管理存在的突出问题及应对措施 [J]. 农业与技术，39（22）：173–174.
张连菊，2018. 新形势下农业科研项目经费管理问题与建议 [J]. 安徽农业科学，46（29）：66–67.
张鹏，龙飞，2020. 高校科研院所知识产权保护与成果转化率研究 [J]. 科技视界（20）：144–145.
张小燕，徐兵强，方骥贤，等，2016. 加强科研院所科研管理创新性的思考 [J]. 农业科技管理，35（5）：21–22.
张有龙，付金元，耿智广，等，2018. 基层农业科研管理存在的问题及对策 [J]. 现代农业科技（8）：247–248.
赵春明，2007. 管理评估：使“管理”成为可被管理的对象 [J]. 企业管理（9）：90–93.
赵春山，2012. 科研单位科研人员绩效管理分析 [J]. 商情（45）：212.
赵军明，孙继华，2015. 基于国际三大检索工具分析海南省科技论文产出情况 [J]. 科技管理研究（19）：251–254.
赵军明，孙继华，2015. 基于科技产出情况评价海南省科技竞争力水平 [J]. 科技和产业，15（4）：1–5.
赵丽萍，王冬梅，刘书聪，等，2016. 关于科研事业单位绩效评价体系的现状分析 [J]. 科技经济市场（3）：204.
赵全超，赵国杰，王举颖，2004. 基于 BP 神经网络模型的企业综合绩效评价方法研究 [J]. 天津理工学院学报（2）：12–15.

郑丽艳，张景春，2010. 事业单位人力资源绩效考核现状及对策 [J]. 科技创新导报（33）：212.

郑森，王小理，孙继林，2007. 英美主要医学研究机构的同行评议实践 [J]. 科技管理研究，27（11）：93–95.

钟春艳，张斌，2019. 德国农业农村科研管理及创新政策 [J]. 科学管理研究，37（6）：171–176.

钟娟，2014. 农业科研院所内部管理“去行政化”问题探究 [J]. 农业科技管理，33（1）：12–14.

钟伶涵，张丽萍，2018. 新时代农业科研管理存在的问题及对策 [J]. 现代农业科技（14）：254，256.

周沁乔，2006. 科研事业单位绩效考核指标的优化设计 [J]. 江苏科技信息（3）：50–52.

周舒毅，2019. 浅谈科研管理体制创新和信息化建设策略研究 [J]. 管理创新（34）：44–45.

朱琳，李锋，屈昊，2016. 国立科研机构绩效评价模式的思考 [J]. 农业科研经济管理（2）：28–29，39.

朱庆平，蒋玉宏，祝学华，2018. 美国国立卫生研究院项目和绩效管理做法及启示 [J]. 全球科技经济瞭望，33（9）：42–46，53.

朱庆平，钱万强，2014. 美国 NIH 科技评价制度浅析及其启示 [J]. 中国基础科学，16（3）：33–36.

朱熊，2014. 科研院所绩效管理与评价研究 [D]. 上海：华东政法大学 .

BORMAN W C, MOTOWIDOL S J, 1993. Expanding the criterion to include elements of contextual performance, In N. Scimitt& W. C. Borman (Eds), Personnel Selection in Organizationn[M]. San Francisco: Jossey-Bass.

CAMPBELL J P, MCCLOY R A, OPPLER S H et al. , 1993. Personnel selection in Organization[M]. San Francisco: Josey-Bass.

FOURNIER R, 2001. “Teamwork is the key to remote development” [J]. InfoWorld, 23(10): 48–50.

JORDAN G B, 2011. Measuring the Performance of American science and technology laboratories [M]. Netherlands: IOS Press.

JAMES W M, 2002. Best H R practices for Today’s innovation management[J]. Research Technology Management, 45(1): 57–60.

KELLER R T, 2001. Cross-functional project groups in research and new product development: diversity, communications, job stress and outcomes[J]. The Academy of Management Journal, 44(3): 549–555.

KAPLAN R S, NORTON D P, 1996. Using balance scorecard as strategy management system[J]. Havard Business Review, 74(1) : 75–86.

THOR C G, 1994. The measure of success: creating a high performance organization[M]. Essex Junction VT: Oliver Wright Publication Inc.